Solder Joint Technology：Materials, Properties, and Reliability

电子软钎焊连接技术：
材料、性能及可靠性

[美]杜经宁（King-Ning Tu）◎ 著

赵修臣　霍永隽　宁先进◎译

北京理工大学出版社

BEIJING INSTITUTE OF TECHNOLOGY PRESS

图书在版编目（CIP）数据

电子软钎焊连接技术：材料、性能及可靠性/（美）杜经宁著；赵修臣，霍永隽，宁先进译．--北京：北京理工大学出版社，2021.5

书名原文：Solder Joint Technology：Materials，Properties，and Reliability

ISBN 978-7-5682-9812-4

Ⅰ.①电⋯　Ⅱ.①杜⋯②赵⋯③霍⋯④宁⋯　Ⅲ.①电子装联-软钎焊-焊接工艺　Ⅳ.①TG454

中国版本图书馆 CIP 数据核字（2021）第 086943 号

北京市版权局著作权合同登记号 图字：01-2017-5481

Translation from the English language edition：

Solder Joint Technology

Materials，Properties，and Reliability

by King-Ning Tu

Copyright © Springer Science+Business Media, LLC 2007

This work is published by Springer Nature

The registered company is Springer Science+Business Media, LLC

All Rights Reserved

出版发行 / 北京理工大学出版社有限责任公司

社　　址 / 北京市海淀区中关村南大街 5 号

邮　　编 / 100081

电　　话 / （010）68914775（总编室）

　　　　　（010）82562903（教材售后服务热线）

　　　　　（010）68944723（其他图书服务热线）

网　　址 / http://www.bitpress.com.cn

经　　销 / 全国各地新华书店

印　　刷 / 保定市中画美凯印刷有限公司

开　　本 / 787 毫米×1092 毫米　1/16

印　　张 / 17　　　　　　　　　　　　　　　责任编辑 / 封　雪

字　　数 / 392 千字　　　　　　　　　　　　文案编辑 / 封　雪

版　　次 / 2021 年 5 月第 1 版　2021 年 5 月第 1 次印刷　　责任校对 / 周瑞红

定　　价 / 108.00 元　　　　　　　　　　　责任印制 / 王美丽

序

消费类电子产品的发展趋势是越来越无线化、便携化和便于手持。为了制造这些多功能的电子产品，硅芯片与其基板之间的高密度电路互连是必不可少的。对利用面阵列布置的焊料凸点实现芯片与其基板互连的倒装芯片焊料连接技术的需求正在快速增长。可以说，倒装芯片焊料凸点互连技术是唯一的一种可以很可靠地实现大面积多点互连的焊接技术。在这种技术中，焊料接头广泛存在于各类电子产品里。

由于有毒性的含铅焊料会对环境造成的一系列的严重危害，欧盟议会（European Union Parliament）在 2006 年 7 月 1 日颁布了相关命令来禁止含铅焊料在消费性电子产品中的使用。因此，大范围的使用无铅焊料变得非常急迫，当时对无铅焊料的研发和设计变得迫切而活跃。尽管焊料连接技术已经非常成熟，但是无铅焊料连接技术显然尚未发展成熟，因此大规模的在实际应用上使用无铅焊料所带来的可靠性问题还需要深入研究。例如，锡须生长所导致的电路短路问题、电迁移造成的电路开路问题以及便携式电子产品在跌落之后所引起的互连焊点的开裂问题都是未来应用无铅焊料所面临的挑战性难题。为了在以科技为基础的生产制造业中解决这些问题，我们需要对电子行业中所用的无铅焊料进行科学研究、加深理解并找出相应的解决方案。金属铜和金属锡之间的反应是形成焊料互连接头的本质，而这些接头的失效是由外部施加的应力所引起的，例如电迁移形成的压应力或拉应力，因此，对于铜和锡反应的基本理解以及外部应力对焊料接头可靠性的影响是至关重要的，所以，在本书中将会重点介绍这方面的内容。

本书有两个主题：一是关于时间和温度影响下的铜锡反应问题，二是涉及外部应力对铜锡反应的影响问题。实际上，在第二主题中还强调了一个在非均匀边界条件下的相变问题。众所周知，在恒定温度和压力下吉布斯自由能的减小会引起冶金学上相变的发生，然而，在焊料接头中由热迁移或者应力迁移（蠕变）所引起的相变并非发生在恒定的温度和压力下，而是存在一个温度梯度或应力梯度，因此并不满足自由能最低的平衡态。而在电迁移现象中，焊接接头内部还存在电场梯度。因此，这里所讨论的相变过程是不可逆的。

除第 1 章导论外，本书分为两个部分：第一部分为第 2 章到第 7 章，主要介绍了金属铜与金属锡的反应问题；第二部分为第8章到第12章，主要介绍了焊料接头中的电迁移和热迁移现象。

第1章为倒装芯片焊接技术概述，主要介绍了倒装芯片技术的重要性及目前存在的问题。此外，在这一章还阐述了电子封装技术的未来趋势及焊料连接技术在电子封装技术中的重要作用。第2章涉及了熔融状态下共晶锡铅焊料和铜箔的润湿反应，对特殊的、扇贝状的铜锡金属间化合物的形成过程进行了详细阐述和分析。第3章考虑了薄膜样品下的铜锡反应。薄膜反应是非常重要的，因为硅半导体器件上金属化层的互连是在薄膜状态下形成的。因此，薄膜金属间化合物的剥落问题是在此条件下的一个非常特殊的可靠性问题。第4章介绍了在倒装芯片结构中焊料凸点反应，因为在此结构的两个互连界面都有铜锡间的反应问题。这两个界面上的反应及它们之间的相互作用带来了倒装芯片互连接头的可靠性问题。第5章给出了在恒定表面面积限制条件下由扩散通量驱动的扇贝状铜锡金属间化合物晶粒竞争性生长的理论分析，并对比了理论推导出的扇贝状结构分布和实际测量的扇贝状结构分布。第6章探讨了由焊料蠕变引起的锡须自发生长，讨论了锡须生长的充分和必要条件，且提出了如何设计和实施一个锡须生长的加速试验，以及如何抑制锡须生长。第7章简要讨论了在金属镍、钯和金表面上发生的焊料反应。在电子器件中，除了金属铜之外，镍、钯、金这些金属常被用作凸点下金属化层的材料。第8章内容包括电迁移的基本原理及在焊料合金中发生的电迁移与在金属铝或铜导线中发生电迁移的差别问题。同时对为什么在焊料接头中发生的电迁移仅仅在近期才成为一个可靠性问题给予了解释。第9章是本书中的关键一章，该章阐述了在焊料凸点倒装芯片互连接头中电迁移的特殊行为，特别是电流拥挤效应，同时给出了一种在阴极接触界面处形成薄饼状孔洞的特殊失效模型。第10章从实验角度介绍了在焊料接头中的电场力和化学力的相互作用，同时提出了电迁移对焊料接头阴极界面和阳极界面处金属间化合物形成的极性效应。第11章介绍了电场力和机械力之间的相互作用。对于便携式电子产品而言，一个偶然掉落是产品失效的最常见的原因，因此，在这一章分析了焊料接头的力学冲击测试和跌落测试，同时，讨论了电迁移对这两种测试的影响。第12章考虑了在焊料接头中的热迁移现象，分析了电场力与热应力之间的相互作用，并提出了在一个共晶两相结构中由温度梯度引起的微观结构的不稳定性。

我从1965年开始进行焊料的研究，那时候我博士论文进行的是锡铅焊料中锡片层的蜂窝状析出研究。然而，这本书的内容主要来自1996年来加州大学洛杉矶分校的13篇博士论文的研究成果，这些研究受到了各机构资金的资助（包括国家科学基金、半导体研究公司及多家微电子公司），如B. MacDonald博士得到了国家科学基金的资助，H. Hosack博士得到了半导体研究公司的资助，P. A. Totta博士得到了纽约东菲什基尔的IBM公司的资助，F. Hua博士得到了美国加利福尼亚州圣克拉拉的Intel

公司的资助，D. Frear 博士得到了菲尼克斯的飞思卡尔公司的资助和 Y. S. Lai 博士得到台湾日月光的资助。感谢 H. K. Kim、P. Kim、C. Y. Liu、T. Y. Lee、W. J. Choi、H. Gan、A. T. Wu、E. S. Q. Ou、M. Y. Yan、F. Ren、J. O. Suh、A. Huang 以及 F. Y. Ouyang 博士们的研究，同时也要感谢 G. Pan、J. W. Jang、E. C. C. Yeh、K. J. Zeng、J. W. Nah、L. Y. Zhang 几位博士后以及 W. Yang、A. A. Liu、J. P. Almaraz、Q. T. Huynh、X. Gu、R. Agarwal、J. Huang、J. Preciado 几位硕士生的研究工作，是他们的辛勤工作和努力付出使此书得以问世。

许多科研工作者对焊料的研究都做出了突出的贡献。本书仅是对焊料连接技术的简单介绍，并且只涵盖了这个研究领域里很少的一部分内容，我无法在本书中涉及已经发表的关于焊料连接研究的所有工作。我对那些没有包含在本书中的研究内容及其作者们致以歉意。我希望本书能成为触及具有广阔前景的、新型焊料这一研究领域的基石，也希望能成为未来研究和设计新型焊料的一本有用的参考资料。实际上，大量关于无铅焊料接头可靠性的研究都还没有进行，有待未来进一步系统、深入地研究。

本书可为电子制造行业里从事焊料连接技术工作的工程师和科学家提供一个参考，同时，本书也可作为高年级本科生及研究生学习电子封装技术可靠性理论的参考教材。因关于电子封装技术及其可靠性科学的教材凤毛麟角，我在附录中补充了面心立方结构中基于空位扩散机理的扩散系数、晶粒长大过程中球形颗粒的生长和溶解方程及电迁移过程中的 Huntington 电子风力的推导过程，以方便广大读者在分析本书讨论的焊料接头基本的动力学行为时参考。电子风力的推导过程取自乌克兰切尔卡瑟国立大学的 A. M. Gusak 教授的笔记，他对本书中的动力学分析给予了很大的帮助。我要感谢 Y. H. Xu 博士及华中科技大学的吴懿平教授，他们对本书第 11 章跌落试验提出了宝贵意见。我还要感谢台湾交通大学的 C. Chen 教授及台湾中央大学的 C. Y. Liu 教授对本书的审阅，加州大学洛杉矶分校的 J. O. Suh 先生对书中所有图片的整理及 F. Y. Ouyang 女士对本书的校对。最后，我要感谢香港城市大学的 Y. C. Chan 教授和香港科技大学的 W. J. Wen 教授对我在香港生活期间的支持和帮助，使我能够专心完成这部书的终稿。

2006 年 6 月

译者序

随着 5G 物联网技术所引领的"后摩尔"时代的来临，芯片封装电学互连密度日益快速增长，进而对微型化高密度互连焊点的性能及可靠性提出了更为严苛的要求。因此，电子封装技术领域的科学工作者与研发工程师必须从底层物理出发，对电子软钎焊技术及其焊料微焊点在电、热、力作用下的性能变化进行深入的理论分析与研究，从而进一步克服高密度互连焊点所面临的显著的尺寸效应。本书从电子软钎焊技术的深层次机理出发，系统性地介绍了铜-锡反应机理、锡须生长机制、焊料接头电迁移与热迁移等可靠性物理机制，可作为电子封装技术、微电子制造工程等专业学生的专业课教材，同时对从事电子封装与组装等相关领域工作与研究的科技工作者与工程师也有很好的参考价值。

本书作者杜经宁（King-Ning Tu）教授是电子软钎焊连接技术领域的国际学术泰斗，于 1968 年获得美国哈佛大学应用物理学博士学位，之后在美国 IBM 公司 T. J. Watson 中心从事了 25 年的研究工作。杜教授于 1993 年加入加利福尼亚大学洛杉矶分校（UCLA），曾任材料科学与工程系及电子工程系的特聘教授，任教 23 年，于 2016 年退休。杜教授是美国物理学会（American Physical Society）、冶金学会（The Metallurgical Society）、材料研究学会（Materials Research Society）等著名学术组织会员，并获得电子封装学会最高荣誉奖项（2017 The IEEE Rao R. Tummala Electronics Packaging Awards），在国际电子封装技术学界享有盛誉。

本书翻译工作由北京理工大学电子封装技术专业赵修臣、霍永隽和宁先进三位老师共同完成。其中，赵修臣负责翻译了本书序言、第 1 章至第 4 章以及附录等内容，霍永隽负责了本书第 7 至第 10 章内容的翻译工作，宁先进负责了本书第 5、6 章与第 11、12 章的翻译工作。北京理工大学刘影夏博士，以及毕业校友谷悦博士、吴佳奇博士和汪洋博士对本书译稿进行了校译，董雅茹、李红、石素君、常佳慧负责了本译著文字及图表处理工作。最终，全书由赵修臣老师进行总校译。

在本书翻译过程中，译者遵照原文的叙述逻辑与数据理论，对其中一些图表进行了改版与重新绘制。译者十分感谢杜经宁教授的信任，将本书的翻译工作交由译者来承担，在翻译过程中得到了杜教授的指导与帮助，受益良多。

由于译者翻译水平与研究经验所限，本书的译文之中可能还会存在一些不足之处，望广大读者与同行专家给予谅解并提出宝贵意见。

目　录
CONTENTS

10　电迁移在焊料反应中的极化作用 205

11　铜锡反应与电迁移引起的焊点韧脆转变 216

1 导 论

1.1 焊料接头简介

焊料广泛用于现代建筑中的铜制管道连接和电子产品中的铜导线连接。焊料接头随处可见。在焊接过程中，金属铜与金属锡之间发生化学反应从而生成具有强金属键的金属间化合物是其最为重要的过程。除了铁-碳二元体系，铜-锡二元体系可能是对人类文明影响最为深远二元冶金学体系，这可以从青铜（Cu-Sn 合金）器时代的发展得到印证。

典型的锡铅焊料合金用来连接铜制部件，然而，由于铅的毒性对环境的污染，管道焊接已经实现了无铅化，且无铅焊料也逐渐被应用于电子电气产品中。例如，2006 年 7 月 1 日，欧盟颁布法令，禁止在消费类电子产品中使用含铅焊料。对于大规模在电子产品中使用无铅焊料来说，其可靠性仍然是一个值得考虑的问题。

长期以来，在电子封装产业中，焊料连接技术的可靠性一直是一个备受关注的问题，如，倒装芯片中由硅片和基板之间的循环热应力而引发的锡铅焊料的低周疲劳问题。一方面，由于创新性地采用了环氧树脂填充芯片和基板的间隙，目前，因疲劳引起的失效风险大大降低。另一方面，用无铅焊料替代锡铅焊料又引发了新的焊料可靠性问题，其主要原因是无铅焊料中锡的含量非常高。此外，由于便携电子产品的性能要求越来越高，焊料中的电迁移现象成了一个严重威胁可靠性的问题，这是因为功率型电子器件的焊料接头需要承载的电流密度更高。

本书力求理解焊料接头可靠性问题的基本理论，特别是重点介绍了焊料反应和电迁移的科学问题。本章简要介绍焊接技术和相关的可靠性问题。其余章节将分为两部分，第一部分介绍铜锡之间的反应问题；第二部分介绍倒装芯片中焊点接头电迁移、热迁移及相关的可靠性问题。

焊料接头为具有两个连接界面的独特结构，接头的失效倾向于在这两个界面处发生。虽然金属间化合物的生成对于界面处金属之间的键合是必须的，但界面金属间化合物也会严重影响焊料接头的性能和可靠性。同样地，焊料接头的电迁移失效通常也是发生在阴极界面处。

焊料合金优先采用共晶成分，这不仅是因为共晶合金的熔点要低于组成此合金的两种纯金属的熔点，更重要的是共晶成分的合金拥有单一的熔点。这样一来，当温度达到共晶温度时，整个焊接接头会瞬间熔化，使两个界面同时与其接触的基板金属发生互连。当数以千计的焊球在硅芯片上作为输入/输出互连接头时，它们必须同时熔化并同时连接，从而使芯片和基板之间的焊接接头可以在一个简单的加热或回流过程中同时形成。当芯片上大规模集成电路与封装基板上的电路互连时，倒装芯片技术（在本章和第 4 章中将详细介绍）具有显著的优势，即大量的焊料接头或电路引脚可以在成型气氛下的低温加热工艺中同时完成。由于很多焊接引脚接头可以分布在芯片的中心区域来防止芯片边缘引脚上的电压产生电压降，因此也可以节约能源。倒装芯片技术需要所有的焊接接头在同一温度下熔化和凝固，所以共晶合金更适宜作为倒装焊料使用。

锡铅共晶合金的熔点为 183 ℃（456 K）。锡铅合金在这样低的温度下就能与铜形成金属连接，这是锡铅焊料接头长期在世界范围内广泛使用的最为重要的原因。另外，焊料接头应用的典型温度接近室温或者是电子器件工作温度（100 ℃），它们是焊料合金高温应用的温度。以锡铅共晶焊料的熔点 456 K 为例，室温和 100 ℃ 分别接近它熔点的 0.66 和 0.82。在这样高的温度之下，如原子扩散的热激活过程不能被忽略。焊料接头的力学性能、在低应变速率下焊料接头力学性能的测试、低周疲劳引起的可靠性问题都应该考虑热激活过程的影响，如蠕变和回复再结晶。

为了形成良好的焊料接头，熔化的焊料和固体铜之间的润湿反应依赖于化学助焊剂。合适且性能优良的化学助焊剂是必不可少的，因此在焊料接头的制造过程中，助焊剂是最重要的因素，它能去除铜和焊料表面的氧化物，使熔融的焊料可以与洁净的铜表面发生润湿。

典型的焊料反应主要涉及三个化学元素，即焊料中的锡、铅和导线中的铜。存在两种焊料反应：焊料合金的液态反应以及焊料合金的固态反应。在润湿反应中，焊料处于液态，而铜导线处于固态。在电子封装制造过程中，润湿反应通常被称为"回流"。在一次回流过程中，焊料接头会经历一个温度循环，其中，某段温度必须高于焊料的熔点，并保持大约 0.5 min。由于电子产品的制造过程必须经历多次回流，因此形成电子器件的一个焊料接头的回流总共需要几分钟的时间。另外，为了满足电子器件可靠性要求，焊料接头还必须在 150 ℃ 温度条件下时效处理 1 000 h。在时效测试中，虽然焊料和铜导线均处于固态，但它们之间也会发生化学反应。对需要在汽车发动机盖内的高温环境下工作的焊料接头来说，固态时效测试具有特殊的意义。焊料和铜之间的固态反应也会在室温下发生，这将在第 3 章和第 6 章介绍。

当共晶合金处于固态时，其温度低于合金的共晶温度。恒温状态下，共晶合金有特殊的热力学性质，其化学势始终是恒定的，不随成分变化而改变。固态共晶合金的微观结构是先析出相的两相混合结构，而且这两相是相互平衡、相互独立的。所以，在这两相微观结构中，不需要化学势的变化，相的分离也能发生。结果，受到外力作用时，如在电迁移或热迁移时，在共晶焊料中很容易发生相分离，同时形成十分独特的微观结构，这些内容将在第 9 章和第 12 章介绍。

锡铅共晶合金中，铅与铜不发生反应，不会形成金属间化合物。铅铜二元体系是不互溶的，因此焊料反应仅发生在锡和铜之间，而合金化元素铅的目的是降低焊料锡的熔点、软化焊料合金增加其延展性以及使焊料接头表面更光滑。此外，众所周知，锡铅共晶合金不会有锡晶须的成长。由于铅带来的环境问题，美国国会出台了四项反铅条例，其中一项由环境保护部门出台。2006 年 7 月 1 日，欧盟 WEEE（电子电器设备废弃物）颁布了一项指令来呼吁全面抵制含铅焊料在电子产品中的使用。目前，还没有发现能替代铅并且具有与铅一样作用的化学元素。最有前景的、能替代锡铅共晶焊料的无铅焊料是锡银铜共晶焊料、锡银共晶焊料以及锡铜共晶焊料。这些锡基焊料中锡的含量都非常高，例如，锡铜共晶焊料中含有质量分数为 99.3% 的锡，锡银铜共晶焊料中含有质量分数为 95%~96% 的锡。因此，本质上这些无铅焊料与铜之间的反应就是锡-铜之间的反应。

接下来,将会简要介绍到电子产品生产中涉及的主要焊料连接技术。这些技术包括表面贴装技术、针通孔插装技术以及倒装芯片技术[1-2]。为了揭示与可靠性相关的问题,在下面章节将清晰地展示微电子器件中为什么会使用以及在何处使用锡基焊料。接着,也将简要提出这些技术带来的可靠性问题,包括锡须生长、界面金属间化合物的剥落、低周疲劳,以及倒装芯片互连接头上的电迁移和热迁移。最后,将讨论微电子封装的未来趋势以及焊料接头在未来发展中的作用。由于电子器件和封装技术小型化的趋势,在不远的将来,对可靠性问题的持续研究是非常必要的。目前已有诸多学术著作研究了热应力引发的疲劳现象和蠕变现象,因此,对这两类现象本书不再赘述。铜和锡之间的反应、电迁移与热迁移问题是影响焊料接头可靠性的两个重要因素,本书会着重介绍。

1.2 无铅焊料

1.2.1 共晶无铅焊料

目前,几乎所有的共晶无铅焊料都是锡基的。其中,有一类特殊的共晶焊料是由锡(Sn)与贵金属组成,如金(Au)、银(Ag)和铜(Cu)。此外,也考虑了与锡组成共晶合金的其他元素,如铋(Bi)、铟(In)、锌(Zn)、锑(Sb)以及锗(Ge)。表格1.1对比了二元共晶无铅焊料和锡铅共晶焊料的熔点。由表中可明显看出,在Sn-Zn焊料的共晶温度(198.5 ℃)和Sn-Bi焊料的共晶温度(139 ℃)之间很大的温度范围内,没有已知的二元无铅焊料体系存在。

表1.1　二元共晶无铅焊料和锡铅共晶焊料

体系	共晶点温度/℃	共晶组分的质量分数/%
Sn-Cu	227	0.7
Sn-Ag	221	3.5
Sn-Au	217	10
Sn-Zn	198.5	9
Sn-Pb	183	38.1
Sn-Bi	139	57
Sn-In	120	51

Zn价格便宜且很容易获得,但是它会迅速形成一层稳定的氧化膜,导致波峰焊过程中出现大量残渣,更糟糕的是,由于这层致密氧化膜的存在,这种焊料的润湿性很差,因此,焊接时需要特殊的气体环境。在所有的共晶无铅焊料里,Sn-Zn共晶焊料的熔点最接近Sn-Pb的熔点,所以它受到了广泛关注,尤其在日本。Bi具有非常好的润湿性,因此Sn-Bi共晶焊料被应用于针通孔插装技术中,这在下一节会介绍。由于Bi主要来源于提炼金属Pb时的副产物,Pb被限制使用后,Bi的来源会大大减少,因此其应用也会受到影响。Sb已被联合国环境保护部门认定为有害金属元素。Ge由于其反应特性,也被作为微合金化元素应用

于多组分焊料合金中。In 由于非常稀缺且价格昂贵而无法被广泛使用，此外，它还非常容易形成氧化物。

与锡铅共晶焊料相比，Sn 和贵金属组成的共晶焊料有一个普遍的特点，即熔点高且 Sn 的含量很高，因此相应的回流焊温度会比锡铅共晶焊料高大约 40 ℃。这可能会增大 Cu 和镍（Ni）在熔融焊料中的溶解速率和溶解量以及与 Cu 或 Ni 凸点下金属化层形成金属间化合物（Intermetallic Compound，IMC）的速度。如果考虑到表面能和界面能，那么这些无铅焊料的表面能高于锡铅焊料，因此，它们在铜的表面形成较大的润湿角度，为 35°~40°。

从微观结构来看，由于无铅焊料中 Sn 含量很高，因而其微观组织表现为 Sn 和金属间化合物的混合体，这与 SnPb 共晶焊料中不含金属间化合物的组织特征不同金属 Sn 具有体心立方结构并且倾向于以孪生的形式发生变形，其力学性能具有各向异性，同时 Sn 的导电性也具有各向异性，因而这类高 Sn 含量的无铅共晶焊料的力学性能和导电性都具有各向异性，其金属间化合物（特别是 Ag_3Sn）的分布可能会导致非均匀微观结构的形成。在 Sn-Ag 共晶焊料接头截面照片中，Ag_3Sn 呈现出长针状晶体形貌。但经过深腐蚀将焊料主体去除后，Ag_3Sn 就变成了层片状形态，如图 1.1 所示。如果这种粗大片层状 Ag_3Sn 在高应力区形成，如焊料凸点的边角处，则裂纹可能会在 Ag_3Sn 与焊料的界面处萌生并且沿着界面扩展，导致图 1.2 所示的断裂失效。为了避免这种大片状金属间化合物的形成，焊料中 Ag 的质量分数必须小于 3%，低于表 1.1 中给出的 3.5%。对于 Sn-Cu 共晶焊料来说，仅含有质量分数为 0.7% 的 Cu，所以焊料几乎是由纯 Sn 组成。此外，锡须[3-5]、锡瘤[6]、锡鸣[7]现象也值得注意。如果采用电镀工艺制备焊料时，焊料组分的含量控制很难将误差控制在 1% 以内。以 Au-Sn 焊料为例，$AuSn_4$ 的生成意味着一个 Au 原子会吸引四个 Sn 原子，因此，少量的 Au 可以形成大量的金属间化合物，这也是 Au 的质量分数超过 5% 的焊料形成低温脆性接头的根本原因。

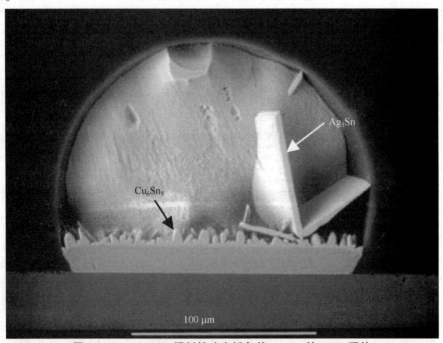

图 1.1　Sn-Ag-Cu 焊料接头中板条状 Ag_3Sn 的 SEM 照片

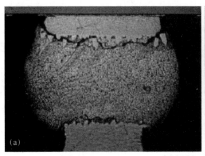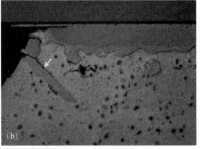

图 1.2　Sn-Ag-Cu 焊料接头中边角处裂缝的 SEM 照片

大多数三组元以及更多组元的焊料主要是基于 Sn-Ag、Sn-Cu、Sn-Zn 和 Sn-Bi 二元共晶焊料发展而来的。其中，最有应用前景的是 Sn-Ag-Cu 三元共晶焊料。Sn-Ag-Cu 三元共晶合金焊料能与 Cu 形成良好的接头，同时其热力学性能优于传统的 Sn-Pb 焊料。Sn-Ag-Cu 的共晶温度约为 217 ℃，但关于它的共晶组分一直存在争议。根据金相实验分析、差示扫描量热仪分析以及差热分析结果，Sn-Ag-Cu 共晶组分约为质量分数为3.5%±0.3%的银、0.9%±0.2%的铜以及余量的锡[8-10]。如图 1.3 所示，这些数据被标记到了热力学相图上，计算出的平衡态共晶成分点是 Sn-3.38Ag-0.84Cu。精确确定共晶成分点不仅是一个学术兴趣，而且在实际应用上也是非常重要的问题。由于熔点较高，其回流温度也会比锡铅共晶焊料高，Sn-Ag-Cu 共晶焊料的回流温度大约是 240 ℃。这是一个制造问题，因为生产中所用的聚合物基板具有较低的玻璃化转变温度，同时焊膏中的助焊剂在较高温下焊接时具有高蒸发率。由于无铅焊料助焊剂的化学成分还没有被优化，相比于锡铅共晶焊膏，无铅焊料的焊膏在回流过程中会在焊料接头处产生更多的残余孔洞，这些孔洞会向焊料与焊盘界面处迁移，从而带来可靠性问题。

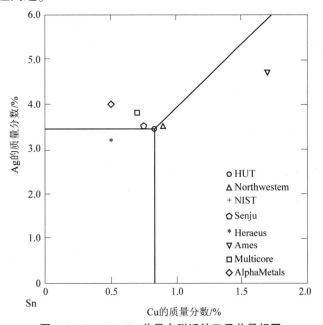

图 1.3　Sn-Ag-Cu 共晶点附近的三元共晶相图

铜和镍的薄膜均被广泛应用于芯片上凸点下的金属化层（Under-bump Metallization, UBM）中，但在回流焊过程中它们会与熔融焊料反应从而被溶解，导致金属间化合物层的剥落，这个严重的可靠性问题将在 1.4.2 节中介绍。因此，当与薄膜凸点下金属化层一起使用时，共晶成分的焊料并非是最理想的。为了减小金属化层的溶解，焊料必须含有过饱和的 Cu 或 Ni，约 1%。所以，推荐的 Sn-Ag-Cu 焊料成分大约是 Sn-3Ag-3Cu。虽然这偏离了共晶的成分点，造成没有一个确定的熔点，但这对焊料熔化温度的影响非常小，在工业生产中可以忽略不计。

1.2.2 高温无铅焊料

目前除了 70Au30Sn，还没有其他高温无铅焊料可以代替 95Pb5Sn 。比共晶成分含有更高 Ag 或 Cu 含量的 Sn-Ag 或 Sn-Cu 系 Sn 基焊料的液相线和固相线之间具有较大的温差，当温差较大时，部分或不均匀熔化，因而其作为焊料是不理想的。70Au30Sn（原子百分含量）合金的共晶温度是 280 ℃，所以可视作一种高温无铅焊料，但它的回流焊性能很差且成本很高。二元体系的 Au-AuSb$_2$ 共晶温度是 360 ℃，然而它与 Cu 的润湿性还不清楚。Sb-Sn 合金也被认为是一种高温无铅焊料，但它们液相线和固相线之间的温差也很大。Sn-Zn 合金也有类似的问题。

在元素周期表中，Ge 和 Si 属于同一族，Sn 和 Pb 也属于同一族，所以，研究这些元素与贵金属组成的共晶合金是很有意义的，如共晶温度为 356 ℃ 的 Au-Ge 合金。考虑到它们在 Cu 表面的润湿性，必须使用活性助焊剂来防止 Ge 或 Si 发生氧化。然而，这些共晶金属在凝固时体积会发生膨胀。当 Ge 和 Si 与贵金属化合并处于熔融态时，它们的液态结构相当紧凑。但是，凝固形成两相共晶结构时，Ge 和 Si 具有疏松的金刚石结构。由于 Si 和 Ge 并不是金属，这些共晶焊料接头的力学性能可能相当差。为了解决这个问题，我们可以考虑用硅化物或锗化物代替 Si 或 Ge，即研究硅化物与贵金属或者近贵金属的共晶结构。

由于 Ge 原子数含量为 27% 的 Au-Ge 二元合金的共晶温度为 356 ℃，因此，Au-Ge-Co 三元体系具有十分重要的研究价值。此外，Au-Co 二元共晶的共晶温度为 996 ℃。Co 与 Ge 可形成几种锗化物，例如 Co$_2$Ge、CoGe 和 CoGe$_2$。我们还不知道 Au 是否能与具有低共晶温度的锗化物形成共晶结构，然而，必须先研究它们的三元相图，计算出这种三元体系的共晶点，并找出可用的助焊剂。

考虑到小型化的发展趋势，倒装芯片焊料接头的直径尺寸应在 50 μm 以下，如 25 μm。对于如此小的焊料接头，在回流温度下大约 1 min，该接头可通过焊料反应完全转化为金属间化合物。本书 7.3 节将讨论 Pd 和 Sn 形成 Pd-Sn 化合物的快速反应。由于金属间化合物具有较高的熔点，当它形成以后，在回流温度下将不会被熔化。因为该焊料不含 Pb，因此它可作高温无铅焊料使用。

1.3 焊料焊接技术

1.3.1 表面贴装技术

在大多数便携式电子产品如移动式手提电话当中，引线键合技术是最常见的用来连接硅芯片上的电路和引线框架基板的方法，引线框架通过引脚与外部进行电互连。硅芯片和引线框架之间的引线键合示意如图 1.4 所示。引线框架的引脚通过钎焊连接至封装好的集成电路的焊盘上。

　　焊料接头制造是通过在焊盘上印刷一定量的焊锡膏，每个引脚均被放置在印刷好的焊膏上固定，接着，上述组装结构会被放置在传送带上并送入具有保护气体的管式炉中，被加热到焊膏熔点之上的某一温度进行连接。图 1.5 是引脚和基板之间的焊料接头示意。这种加热过程被称为"回流"，典型的回流温度应比焊料熔点高 30～40 ℃并持续大约 0.5 min。在这个过程中，焊锡膏熔化，并与

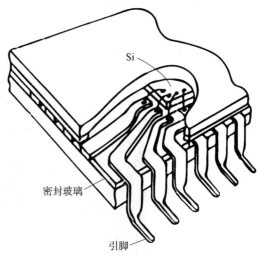

图 1.4　硅芯片和引线框架之间的引线键合示意

引线框架和焊盘反应形成金属接头。为了便于使所有引脚在 0.5 min 内形成连接，引线框架表面要包覆一层锡铅共晶焊料。考虑环境方面的因素，这层包覆材料已经由共晶锡铜合金或纯锡代替。然而，这些无铅的锡基涂层会引起锡须的自发生长。这些锡须可能会造成引脚间的短路，引起目前的一个可靠性问题。除了锡须之外，因焊料反应引发的孔洞形成或杂质的聚集还会造成裂纹，其沿着引脚与焊料界面开裂。

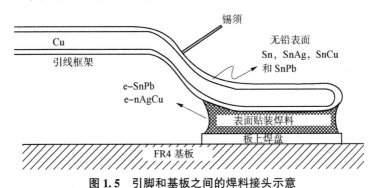

图 1.5　引脚和基板之间的焊料接头示意

1.3.2　针通孔插装技术

　　在表面贴装技术中引线框架的引脚通常被折叠成翅形或"J"形，以便放置在基板的焊膏表面。然而，对于军用电子器件而言，为了提高接头的机械可靠性，引脚为笔直的，以便其能够像针一样被直接插入印制线路板上钻出的通孔中。这些通孔的内表面已经镀铜、浸锡，以便于当插有针状引脚的线路板送入装有熔融焊料的波峰焊炉槽中时，熔融的焊料接触到线路板底面后，与通孔内表面的浸锡层发生润湿，并通过毛细作用沿着电镀通孔内表面向上爬升，从而使针状引脚通过线路板上的通孔与线路板焊到了一起。正因如此，这种技术被称作针通孔插装技术。相较于表面贴装技术，这种针通孔插装技术具有更好的机械可靠性，但成本也更高。

浸锡层的表面会影响毛细作用的大小，从而决定熔融焊料的润湿行为。如果镀锡槽中含有杂质硫，则浸锡层的表面会呈现灰色、发暗，且无法被熔融的焊料润湿。在一个好的镀锡槽中形成的浸锡层应该呈现亮白色。镀铜、浸锡后的通孔截面照片如图 1.6 所示，其中部分通孔没有被焊料填充，这种未完全填充是由灰锡导致的[11]。

图 1.6　镀铜、浸锡后的通孔截面照片

针通孔插装技术的潜在应用是用于硅片上大尺度通孔的镀覆。在 1.4.3 节倒装芯片技术中的热应力问题讨论后，这将会被明确提出。通孔的直径是 $10 \sim 100~\mu m$，这与倒装芯片的焊球尺寸接近。在倒装芯片技术中，可以用焊料或铜来填充大尺度通孔，且用带有镀覆通孔的硅片作为基板。此时，当硅片和硅基板连接时，热应力会非常小甚至不存在。

1.3.3　可控塌陷倒装芯片焊接技术

在像服务器这样的大型计算机上，连接硅芯片与基板之间的焊料接头是非常复杂的。我们先来看看芯片上互连的两个简单例子来了解它的复杂性。目前超大规模集成芯片电路（Very-large-scale Integration，VLSI）上的铝或者铜互连线的宽度为 $0.5~\mu m$（或更小）。假设两条平行的互连线间的间距也为 $0.5~\mu m$，那么两条互连中心线间的距离就是 $1~\mu m$。因此，在 $1~cm^2$ 的芯片上可以布置 10^4 条每根长度为 $1~cm$ 的线。这意味着在单层布线时，线的总长度可达到 $100~m$。由于一块芯片上有 $6 \sim 7$ 层布线，再加上层间的通孔长度，在 $1~cm^2$ 芯片上的互连线长度可达 $1~km$。我们需要这么多的互连线来连接芯片上的数百万个晶体管，以便它们可以共同发挥作用，这是芯片与基板互连复杂的第一个原因。同时，为了给芯片上的所有这些互连线提供外部通电引脚，一个逻辑芯片的表面可能需要几千个输入/输出（Input/Output，I / O）焊盘。目前，提供如此高密度 I / O 焊盘的唯一方法是使用面阵列焊料小球。将直径为 $50~\mu m$ 的焊料小球以 $50~\mu m$ 的间距进行放置，则两球之间的中心距为 $100~\mu m$，那么在 $1~cm$ 长度方向上可放置 100 个焊料小球，或在 $1~cm^2$ 的面积可以放置 10 000 个焊料小球。因此，在芯片和基板之间互连复杂的第二个原因是在芯片表面需要

10 000个I/O端子或者焊料小球。由于预期使用尺寸很小、数量巨大的焊料小球，国际半导体技术蓝图（International Technology Roadmap for Semiconductors，ITRS）自 1999 年以来就将"倒装芯片技术中的焊料接头"在制造过程中的良品率和使用可靠性作为一个重要的研究课题。实际上，现在正在开发直径为 25 μm 的焊料小球。

什么是芯片的倒装？它是一种在硅芯片与陶瓷基板或印制电路板之间实现连接的方法。硅芯片表面朝下以使超大规模集成电路面向基板，通过芯片和基板之间布置的面阵列焊料小球来实现电连接。不同于引线键合由芯片周边引出互连线，倒装芯片互连是面阵列焊料凸点，覆盖整个或大部分芯片表面。

图 1.4 为将硅芯片和引线框架互连的引线键合示意。框架上的引脚通过表面贴装技术或者针通孔插装技术焊接到电路板上。芯片上载有超大规模集成电路的一面在引线键合过程中朝上，这是因为引线键合需要超声波振动，键合过程中所施加的应力可能会损坏键合区域周边及内部的结构，所以必须在芯片的边缘进行，以便能远离芯片中间部分的功能性超大规模集成电路区域。这样，即使我们采用 20 μm 的引线以及 20 μm 的引线间距进行布线，那么在 1 cm^2 大小的芯片边缘也只能引出大约 1 000 个 I/O 端子，这个数量远小于在同样大小芯片表面采用沉积或电镀工艺布置的焊料小球数量（10 000 个）。由于引线键合焊盘占据了芯片的边缘，因此也浪费了大量的芯片表面。

若将焊料小球直接放置在功能性超大规模集成电路区域并布置于整个硅芯片的表面，是不会产生应力问题的。芯片表面的焊料小球面阵列如图 1.7 所示。为了将芯片连接到基板上，芯片会被倒置，这样芯片上载有超大规模集成电路的一面会面向基板。

通常，倒装芯片技术的优点是封装尺寸小，I/O 引脚数量大，性能好。在封装尺寸几乎与芯片尺寸相同的小尺寸封装中，已经实现无边缘键合区域的小的封装尺寸。较多的 I/O 引脚数是靠面阵列互连焊点实现的；由于位于中心区域的凸点允许器件在较低电压和较高速度下工作，因而可获得更好的性能。对于需要具备这些性能特点的器件而言，例如手持式电子器件，倒装芯片是目前唯一可提供所需可靠性的技术。

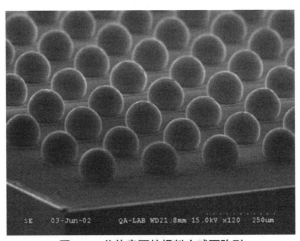

图 1.7　芯片表面的焊料小球面阵列

国际半导体国际技术蓝图[12]预计，在可预见的未来（约 2015 年），硅芯片技术仍能够每两到三年推进新一代产品。为了跟上硅芯片技术的发展，芯片封装技术也要不断进步。因此，封装基板上布置的电路密度以及 I/O 引脚的数量必须增加。对于未来的使用的技术和产品必须要讨论其可靠性问题。

倒装芯片互连技术已经在大型计算机中使用了 30 多年。它起源于 19 世纪 60 年代开始在陶瓷基板上封装芯片所使用的"可控塌陷芯片互连"技术（简称"C-4"技术)[13-14]。关于可控塌陷芯片互连技术的详细讨论及其发展历史，读者可以参考 Puttlitz 和 Totta 所写的文献综述 [1]。

开发超大规模集成电路芯片技术时需要考虑封装中的高密度布线和互连。这促进了用于大型计算机中的多层金属陶瓷组件和多芯片组件的发展。在多层金属-陶瓷基板中，多层的金属钼线被埋在陶瓷基板中。每一个基板可以搭载多达 100 个芯片。多个陶瓷组件被连接到大的印制电路板上时，即可形成如图 1.8 所示的用于大型计算机中的两层互连的封装结构。它包括第一层的芯片与陶瓷基板的封装组件和第二层的陶瓷组件与印刷线路板的封装体。在第一层封装中，芯片上焊料 UBM 层由 Cr/Cu/Au 的三层金属薄膜组成。实际上在这三层中，Cr/Cu 是一种嵌入相的微结构（作为黏附层，Cr 嵌入 Cu 膜的结构），以改善 Cr 和 Cu 之间的结合力，增强其对焊料反应的抵抗能力，使其可经受多次回流。陶瓷表面的键合焊盘材料是 Ni/Au，十分典型。连接 UBM 层和焊盘的焊料是高铅合金，如 95Pb5Sn 或 97Pb3Sn。倒装芯片焊料接头的横截面示意如图 1.9 所示。芯片上的焊料凸点采用蒸发技术进行沉积并通过刻蚀技术进行图案化获得，目前采用选择性电镀沉积法进行制备。高铅焊料凸点的熔点高于 300 ℃。第一次回流（约 350 ℃）过程中，在 UBM 层上会获得球形凸点。由于 SiO_2 的表面不能被熔融焊料润湿，熔化的焊料凸点的底部形状由 UBM 层的接触开口形状确定，因此熔化的焊料凸点在 UBM 层上形成小球状凸点。所以，当给定焊球体积时，UBM 层便控制了焊球的尺寸（高度和直径）。通常，UBM 被称为"限制焊料小球的金属化"（Ball-limiting Metallization，BLM）。BLM 控制着固定体积焊球熔化时的高度，这是所谓"可控塌陷芯片互连"中"可控"的含义。如果没有这一控制，焊球将润湿铺展，那么芯片和基板之间的间隙就会变得特别小。

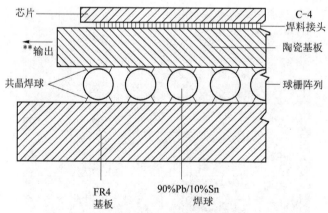

图 1.8　大型计算机中芯片、陶瓷基板及印刷线路板之间
两层互连的封装结构的横截面示意

为了将芯片连接到一块陶瓷基板上，需要进行第二次回流。在第二次回流期间，熔融的焊料凸点的表面能提供自动对准力，使芯片自动定位在基板上。当焊料熔化从而将芯片连接

到基板上时，芯片将略微下降并稍微旋转。下降和旋转是由于熔融的焊料小球表面张力的减少，这实现了芯片与基板之间的对准，因此被称为可控塌陷工艺。

我们注意到，虽然高铅焊料是高熔点焊料，但是芯片和陶瓷基板均可承受回流时的高温而不会出现问题。此外，高铅焊料与 Cu 反应会形成层状 Cu_3Sn，其可以持续多次回流而不发生失效。此外，Cr/Cu/Au 三种金属的选用都有其特别的原因。首先，焊料不能与 Al 线润湿，因此利用 Cu 与 Sn 可反

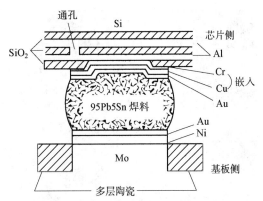

图 1.9　倒装芯片焊料接头的横截面示意

应形成金属间化合物而选择 Cu。其次，Cu 不能很好地黏附到 SiO_2 的电介质表面，因此，选择 Cr 作为黏附层促进 Cu 与 SiO_2 黏附。现在已经开发了 Cu-Cr 嵌入相的 UBM 以改善 Cu 和 Cr 之间的黏附性。由于 Cr 和 Cu 是不互溶的，当共沉积时它们的晶粒会形成相互嵌套的微结构。嵌入相的 Cu-Cr 微观结构的晶格照片将在第 2 章中给出。在这种嵌入相的微观结构中，Cu 更好地黏附在 Cr 上，使其在回流过程中更难扩散脱离界面而与 Sn 形成金属间化合物。此外，嵌入相的微结构提供了金属间化合物的一种机械卡咬。最后，Au 用作表面钝化涂层以防止 Cu 氧化或腐蚀，它还作为表面光洁剂来增强焊料润湿。

在第二级的陶瓷基板与印制线路板的封装中，为了将陶瓷基板连接到聚合物电路板，在陶瓷基板的背面上设计了另外一个焊料互连面阵列。它们被称为球栅阵列（Ball-grid-array，BGA）焊球，其直径比 C-4 焊球大得多，通常约为 760 μm。它们为共晶锡铅焊料，熔点较低（183 ℃），可在 220 ℃ 左右回流。有时也会使用高铅和锡铅共晶焊料的复合焊球，其中高铅为焊球核心。很明显，在这次回流时（第三次），第一级封装中的高铅焊料接头不会熔化。

总之，在 C-4 倒装芯片连接中需要三步。第一步是通过电镀或通过丝印工艺在芯片表面形成面阵列焊料凸点，接着是将焊料凸点通过回流工艺转变成焊料小球。第二步是采用第二次回流工艺将芯片以倒装芯片形式键合到基板上。基板面阵列布置的焊盘承接芯片上的焊球。第三步是用环氧树脂填充芯片和基板之间的间隙。然而，第二级的 BGA 封装并没有进行底部填充。

1.4　软钎互连技术中的可靠性问题

1.4.1　锡须

1998 年 5 月，银河 4 号卫星在太空中因锡须的生长而毁坏，其中卫星控制处理器中的一个晶须使一对金属触点发生桥接或短路。卫星的损失仅仅是那些需要长期、高可靠工作的电子器件中由锡须引起的显而易见的可靠性问题实例之一。由于锡铅共晶焊料将被锡基无铅焊料代替，锡须问题备受关注。引线框架引脚上的锡须的扫描电子显微镜（Scanning Electron Microscopy，SEM）照片如图 1.10 所示，可明显看到一条很长的晶须桥接了一对引脚。

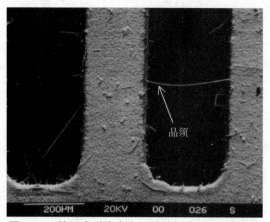

图 1.10　使两个引脚发生短路的锡须的 SEM 照片

β-Sn 上锡须的生长是焊料蠕变产生的表面应力释放的结果。它由压应力梯度驱动并在外表面产生。锡须生长是自发的，这表明压应力是自生的，不需要外部施加。否则，当外部施加的应力耗尽后，如果不再持续施加，锡须生长则会减慢甚至停止。因此，以下问题广受关注：锡须生长所依赖的自发生成的驱动力来自何处？这种驱动力是如何维持以实现锡须自发地、持续地生长？此外，引起锡须生长所需的压应力有多大？

锡须的自发生长可轻易发生在铜上的哑光锡表面。当今，由于无铅焊料被广泛用于消费电子产品封装中的铜导体上，锡须生长已经变成了被广泛认识的可靠性问题。当铜引线框架表面镀覆了共晶 SnCu 或亚光锡后，就可观察到锡须。在第 6 章中我们将看到锡须生长驱动力自发产生的原因是铜引线框架表面无铅化镀层中铜和锡之间在室温反应形成了 Cu_6Sn_5。一些锡须可以长到几百微米，这个长度足以造成引线框架上相邻引脚间的电路短路。随着封装尺寸的缩小，较短的锡须也能带来此类问题。因此，如何对锡须生长进行系统研究，以了解其驱动力、动力学和生长机制以及如何抑制锡须生长等问题是当今电子封装行业中具有挑战性的工作。

1.4.2　芯片直接贴装中界面金属间化合物的剥落

1.3.3 节关于倒装芯片技术的介绍中已经展示了一种两层封装方案，它在大型计算机上运行良好，但陶瓷基板对于低成本和大批量生产的消费品来说价格太高。为了节省成本，电子工业去除掉了陶瓷基板（或第一层封装），使芯片可以直接贴装到聚合物印刷线路板上，这就是所谓的"芯片直接贴装"或"有机基板倒装芯片技术"。由于聚合物基板玻璃化转变温度低，所以要求有机基板上的倒装芯片的回流温度较低，因此不能使用高铅焊料。

由于 Cr/Cu/Au 薄膜已成功用于可控塌陷芯片互连技术中芯片上的金属化，因此人们自然试图将其用于芯片直接贴装中，即将具有 Cr/Cu/Au 金属化层的芯片通过锡铅焊料连接到有机基板上。然而，当锡铅共晶焊料用于润湿 Cr/Cu/Au 金属化层甚至具有 Cu-Cr 嵌入相的金属化层时，接头会在多次回流后失效。低熔点的共晶焊料中含有高浓度的 Sn（原子百分含量为 74%Sn），它可以非常快地消耗所有的 Cu 薄膜（在 200 ℃下速率约为 1 μm/min），从而导致 Cu-Sn 金属间化合物的剥落[15-17]。因此，由于在焊料和残留的铬层之间没有黏结层，焊料接头力学性能变得非常弱。在 200 ℃热处理 1 min、1.5 min 及 10 min 后，锡铅共晶焊料与 Au/Cu/Cu-Cr UBM 层之间的界面横截面 SEM 照片如图 1.11 所示。在图 1.11（c）中可见许多球形颗粒已经从 Cr/SiO_2 表面分离，剥落到了熔融焊料中。然而，此时由于焊料将直接与不能润湿的 Cr 层接触，使焊料接头在化学性能和力学性能上都变差，因此这种剥落的现象是不希望发生的。实际上，当我们对两个具有 Cu/Cr 金属化层的硅芯片之间夹有焊料小球的三明治状试样进行力学测试时，随着热处理时间的增加，试样接头所能承受的断裂载荷急剧降低[18,19]。

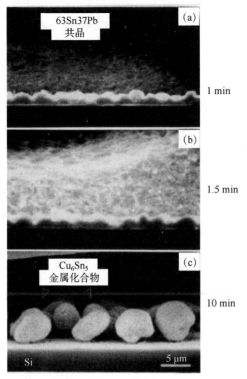

**图 1.11　200 ℃热处理不同时间后锡铅共晶焊料与 Au／Cu／Cu–Cr
UBM 层之间的界面横截面 SEM 照片**

（a）200 ℃热处理 1 min；（b）200 ℃热处理 15 min；（c）200 ℃热处理 10 min

　　本质上，如果我们将图 1.9 所示的高铅焊料用锡铅共晶焊料代替，则熔融的锡铅共晶焊料与 Au／Cu／Cr UBM 层之间的润湿反应将变成一个问题。解决这个由熔融焊料与 UBM 层之间反应所引起的问题有两种途径：改善焊料性能，或者改善 UBM 的性能，如图 1.12（a）和图 1.12（b）所示。

　　对于第一种途径，由于嵌入相的 Au／Cu／Cr UBM 层与高铅焊料具有良好的匹配性，故保留此 UBM 层结构。但我们将使用低熔点共晶焊料来连接高铅焊料，即所谓的"复合焊料"的方法，如图 1.12（a）所示。关于复合焊料焊接接头的详细讨论将在 4.2 节中介绍。共晶焊料凸点可在键合前沉积在有机基板上。这种方法最主要的优点是它由于只需要熔化能与高铅焊料润湿的低熔点共晶焊料即可，因此所需要的回流温度较低。然而，这种方法存在一个潜在的问题。回流过程中，熔融的共晶焊料可沿着高铅焊料凸点的外表面浸润至 Au／Cu／Cr UBM 层的周边。因此，UBM 层周围仍会发生一定量的金属间化合物的剥落。更严重的是，当电子流从芯片流向基板时，电迁移将驱动 Sn 原子从基板一侧向芯片一侧扩散，从而取代高铅焊料中的 Pb，这将在第 9 章中讨论。

　　第二种途径则使用典型的 Ni 基 UBM 层代替铜基 UBM 层以减缓焊料反应，如图 1.12（b）所示。我们回忆一下：Ni 已被用于陶瓷基板上的焊盘，且已发现 Ni 与锡铅共晶焊料均具有非常慢的焊料反应速率（将在第 7 章中讨论）。然而，蒸镀或溅射的 Ni 薄膜倾向于具有较高的残余应力，而应力将会造成芯片表面上的 SiO_2 介电层的开裂，而这就是为什么镍只能用在陶瓷基板一侧的原因。而在芯片凸点中，目前正在使用两种低应力的 Ni 基 UBM 层：一种是厚度超过 10 μm 的化学镀 Ni（P）UBM 层；另一种是 Cu/Ni（V）/Al 溅射薄膜，其中 Ni（V）薄膜的厚度约 0.3 μm。我们将在第 3.6 和 3.7 节讨论它们的润湿反应。除了 Ni 基 UBM 层之外，如果不考虑应力问题，还可以使用非常厚的 Cu UBM 层。较厚的 Cu UBM 层或 Cu 柱凸点可经受住多次回流且不会发生金属间化合物的剥落。只要在 UBM 层中存在自由 Cu 原子，Cu_6Sn_5 化合物就可黏附到 Cu 上而不发生剥落。

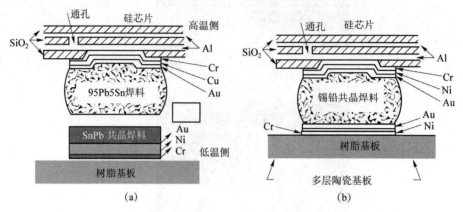

图 1.12 解决由熔融焊料与 UBM 层之间反应引起的问题的两种途径
（a）采用复合焊料的芯片直接贴装；（b）采用 Ni UBM 层的芯片直接贴装

目前已知的所有无铅焊料都是高锡焊料。例如，SnAg 共晶焊料中 Sn 的原子百分含量约为 96%。由于无铅焊料中 Sn 的原子组分非常高，因此使用这些无铅焊料会产生更加严重的金属间化合物剥落的问题。

倒装芯片技术中焊料反应具有两面性：一方面，我们需要一个非常快的焊料反应以便一个芯片数以千计的焊料凸点能同时完成连接；另一方面，由于基板上的底部金属化层太薄以至于不能允许过长时间的反应，因此也希望焊料反应在连接完成后立即停止。尽管如此，电子器件制造过程中仍然需要这些焊料接头能够承受多次回流，在该过程中焊料为熔融状态的时间大概有几分钟。当焊料是无铅的并且 Sn 含量高时，铜锡反应速率迅速提高。此外，不论回流过程还是固态时效过程，Cu 和 Ni 通过一个直径为 100 μm 的焊料接头的扩散速度极快，以至于芯片与封装之间会发生交互作用，并影响焊料接头的可靠性，这将在下文进行说明。

图 1.13（a）所示为倒装芯片焊料接头横截面的金相结构示意。芯片一侧的薄膜 UBM 层由 300 nm Cu/400 nm Ni（V）/400 nm Al 组成。而在基板一侧的较厚金属焊盘则在非常厚的 Cu 导线上，由 125 nm Au/10 μm Ni（P）组成。Cu 薄膜和 Au 薄膜分别是芯片侧和基板侧的表面金属化层，在它们之间是 SnAgCu 共晶焊料凸点。图 1.13（b）所示为芯片（底部）与基板（顶部）互连的焊料接头的横截面 SEM 照片，从中可观察到焊料的两个界面处形成的笋钉状界面金属间化合物。图 1.13（c）所示为同一个焊料接头经历了 10 次回流之后的照片。芯片侧的金属间化合物已经剥落到了焊料之中。换句话说，金属间化合物已经从芯片剥离并转移到了焊料中。结果造成在焊料和芯片之间界面处的黏附力非常弱。即，该界面化学性能和力学性能的结合力均较弱。

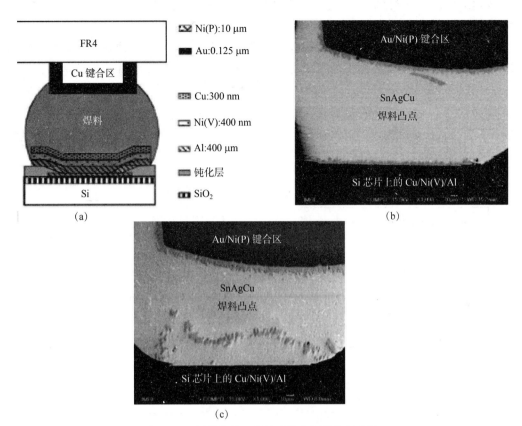

图 1.13　倒装芯片互连接头的金相结构示意及
同一接头 10 次回流前后的扫描电镜照片
（a）倒装芯片焊料接头的金相结构示意；（b）芯片（底部）与基板（顶部）互连的
焊料接头的横截面 SEM 照片；（c）同一个焊料接头 10 次回流后的照片

因此，对焊料反应，特别是薄膜上的焊料反应的关注点，是弄清楚金属间化合物的剥落问题，并防止其发生，以保证焊料接头的强度较高，并能够持续使用较长的时间。金属间化合物的扇贝状形貌本身也广受关注。为什么金属间化合物会形成这样的形貌以及为什么该形貌在 200 ℃ 等温退火长达 40 min 后依然稳定（除熟化外），这些问题均广受关注。电子封装产业希望倒装芯片接头能承受制造过程中的数次回流，且在实际使用时，倒装芯片接头也能在承受固态老化、热应力循环以及电迁移作用后依然具有较好的可靠性。

1.4.3　热机械应力

Si 芯片与其基板之间的热膨胀系数的差异是造成热应力的原因。由于热应力引起的低周疲劳或者 Coffin-Manson 疲劳模式长期以来一直是可控塌陷倒装芯片焊接技术中的可靠性问题。为了克服这个问题，人们开发了具有与 Si 热膨胀系数几乎相同的陶瓷基板；此外，开发了使用 Si 晶圆作为 Si 芯片基板的技术。然而，对于低成本的消费产品，有机基板上的倒装芯片的热应力非常大，如图 1.14（a）所示。由于 Si（$\alpha = 2.6 \times 10^{-6}/℃$）和有机 FR4 基板

（$\alpha = 1.8 \times 10^{-6}$/℃）的热膨胀系数之间具有非常大的差异，因此当芯片直接贴装时，芯片边角处的焊料接头存在着非常大的剪切应变。当焊料处于熔融状态时［图 1.14（b）］，虽然有机基板的膨胀远大于芯片本身，但没有热应力存在；而在冷却时，焊料凝固，热膨胀系数不匹配开始起作用。我们考虑室温与 183 ℃ 之间的温差，其中 183 ℃ 是锡铅共晶焊料的凝固温度，此外我们考虑 1 cm×1 cm 大小芯片边角处的焊料凸点，其剪切力等于 $\Delta l/l = \Delta\alpha\Delta T$。如果取 $l = \sqrt{2}/2$ cm，即芯片对角线距离的一半，则可得 $\Delta l = 18~\mu m$。假定芯片是刚性的，则基板会向下弯曲，这是因为固态焊料凸点阻止基板上表面收缩，所以基板下部收缩时产生弯曲［图 1.14（c）］。

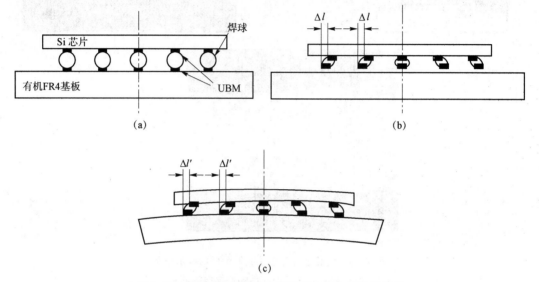

图 1.14　倒装芯片结构中热机械应力产生的结构示意

(a) 焊接前有机基板上的倒装芯片；(b) 当焊料处于熔融状态时
UBM 层与焊盘之间未对准；(c) 冷却至室温后板向下弯曲

　　事实上，由于基板发生了弯曲，且焊料接头和芯片并非完全刚性，实际的 Δl 值将小于上文中给出的 18 μm 的计算值。图 1.15（a）所示为在倒装芯片和 FR4 基板之间的锡铅共晶焊料凸点的示意以及对角线方向上横截面的 SEM 照片。图 1.15（b）所示为芯片中心部分的焊点接头的 SEM 照片，在中心位置处的上部芯片 UBM 层与下部基板上的焊盘之间对位良好。图 1.15（c）所示为芯片右侧边角处的焊点互连情况，可观察到电路板上底部焊盘已向右移位约 10 μm。图 1.15（d）所示为芯片左侧边角处的焊点情况，焊盘向左移动了同样的距离。标称剪切应变为 $\Delta l/h = 10/60$，其中 $h = 60~\mu m$ 是芯片和基板之间的间隙。此外，芯片向下弯曲，弯曲的曲率半径为 57 cm。显然，芯片、基板和凸点受到了应力作用。除了剪切应变之外，在焊料接头中可能存在正应力，特别是处于芯片中心位置处的那些焊料凸点。在回流过程中，这种热循环是反复作用的。器件正常工作期间，由于焦耳加热作用芯片将承载近 100 ℃ 的工作温度，并在室温和 100 ℃ 之间产生低周循环热应力导致焊料接头发生疲劳。尽管电子工业已经引入环氧树脂底充胶重新分布应力，但这种可靠性问题依然存在。

　　由于我们在图 1.15（c）所示的结构中引入底部填充材料时，焊料接头已经处于变形状态，因此，更好的方式是在焊料接头还没有发生形变时就使用底部填充材料。即使可以这样做，我们仍然不能避免热应力问题。这是因为在随后的固态时效、热循环以及器件工作时，应力会重新恢复。如果焊料接头本身或其界面较弱，应力可能会导致其破坏。值得注意的是，正是这种大的剪切应变限制了倒装芯片制造中硅芯片的尺寸。直到我们已解决热应力问题前，芯片尺寸都会被限制在约 1 cm×1 cm 上。不过，现在也正在研制尺寸为 2 cm×2 cm 的芯片。

如图 1.15 所示，很明显，如果保持芯片和基板尺寸相同，且减小芯片与板之间的间隙 h（或焊料凸点的直径），则剪切应变增大。但不明显的是，如果保持间隙不变，而增加 UBM 层和键合焊盘的厚度，可减少它们之间焊料凸点的实际厚度，并且将大大增加焊料接头的剪切应变。从图 1.15（b）~图 1.15（d）中可清楚观察到，其中 UBM 层和键合焊盘相当厚，因此它们之间的焊料层厚约为 23 μm。假设 UBM 层和其键合焊盘是刚性的，且焊料承受了所有剪切力，则其剪切应变将是 $\Delta l/h = 10/23$，而不是如上所给出的 $\Delta l/h = 10/60$。众所周知，较高的焊料接头将承受更低的热循环疲劳，但当前的趋势是使用更小尺寸的焊料凸点和更厚的 UBM 层。

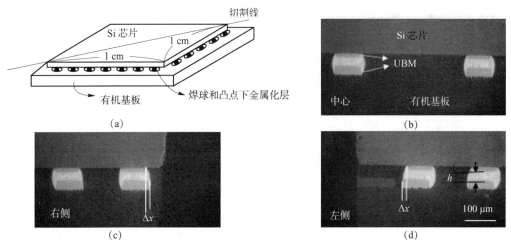

图 1.15　倒装芯片和 FR4 基板之间的共晶锡铅焊料凸点示意及对角线方向部分位置处的横截面 SEM 照片

（a）倒装芯片和 FR4 基板之间的锡铅共晶焊料凸点示意；（b）芯片中心部分焊料接头的 SEM 照片；
（c）芯片右侧角落处的 SEM 照片；（d）芯片左侧角落处的 SEM 照片

此外，在 UBM 层和焊料之间形成厚的金属间化合物也将进一步减小未反应焊料的厚度，并增加剪切应变。尽管金属间化合物的总厚度仅为几微米，但如果我们采用小而薄的焊料接头，则其厚度效应不能忽略。虽然可以使用诸如 Cu 柱等厚 UBM 层来克服金属间化合物的剥落问题并增加接头的总高度，但其减小了焊料的厚度，因而会引起大剪切应变的新问题。当采用直径小于 50 μm 的焊料凸点时，这个问题将会更加严重。若假设图 1.15（d）中焊料凸点的直径为 50 μm，且 UBM 层和键合焊盘的厚度保持一致，那么它们之间的焊料层将更薄，且剪切应变将更大。由于不能降低反应温度和时间，因此也无法降低 UBM 层和焊料之间形成的金属间化合物厚度。

1.4.4 冲击断裂

虽然在 C-4 焊料接头中引入环氧树脂底部填充材料可以提高接头键合强度，在球栅阵列（BGA）接头中并未引入底充胶。通常 BGA 中焊球直径约为 760 μm，因此其体积和重量比 C-4 封装中 76 μm 直径的焊球体积和重量大 3 个数量级。在没有底部填充的情况下，非常大的焊球本身的重力在撞击或冲击过程中会使其从基板上断裂。考虑到无线的、便携的和手持式的消费类电子产品经常意外掉到地面，而跌落的影响可能引起 BGA 焊料互连接头在界面处断裂，因此这是此类器件最严重的失效模式之一。从消费类产品的可靠性来看，冲击中的高速剪切应力至少与以上讨论的低周循环热应力一样重要。为了表征焊料接头的冲击韧性，实验采用微型夏比冲击试验机来测试焊料接头的冲击韧性以及研究焊料接头中的韧性-脆性转变[20]。时效过程中，在焊料接头界面处形成大量的柯肯达尔孔洞或者某种杂质在界面处偏析引起脆化，从而导致韧性-脆性转变的发生。关于冲击和跌落试验的更多讨论将在第 11 章中给出。

1.4.5 电迁移和热迁移

现在的封装设计规则是在五个焊料凸点上分配 1 A 电流，或者说每个凸点承受 0.2 A 的电流。对于直径为 100 μm 的焊料凸点，电流密度约为 $2 \times 10^3 A/cm^2$。由于凸点的接触面积远小于其横截面，所以当电流进入焊料凸点时，实际电流密度可以比理论值高 2 倍。虽然该电流密度比 Al 或 Cu 互连线中的电流密度小约 2 个数量级，但由于焊料合金的熔点低，原子扩散系数高，因此焊料凸点中的电迁移不能被忽略[21-24]。对于熔点为 183 ℃ 的共晶锡铅焊料，从数值上来讲，当以绝对温标 K 为单位时，室温约为其熔点的 2/3。对于无铅焊料也有相似的情况。第二个原因是焊料合金"临界值"较低，使其在非常低的电流密度甚至在低至 $5 \times 10^3 A/cm^2$ 条件下也可能发生电迁移。这一点将在第 8 章中详细讨论。第三个原因是互连线与凸点所形成的几何结构，使得在互连线和焊料凸点连接处存在一个电流密度的突变，导致互连线与凸点接触界面处发生电流拥挤，此外，电流密度比凸点中的平均电流密度高 10~20 倍。从电迁移失效的角度来说，电流拥挤效应是倒装芯片焊料接头中最严重的可靠性问题[25]。第四个原因是凸点与接触的 Al 或 Cu 互连线之间产生的焦耳热。焦耳热不仅会增加焊料凸点的温度，从而增加电迁移速率，还可能在焊料凸点上产生小的温度差，从而导致热迁移。在 100 μm 直径的焊料凸点上，10 ℃ 的温度差将造成 1 000 ℃/cm 的温度梯度，这是不能忽视的[26]。热迁移将在第 12 章中讨论。

焊料接头中另一个非常独特和重要的电迁移行为是它有两个反应界面。在互连接头的阴极和阳极处，界面金属间化合物生长的极性效应都会发生。电迁移驱动原子从阴极运动到阳极，导致金属间化合物在阴极处趋向于溶解或生长受到抑制，而在阳极处堆积或生长受到促进[27-29]。图 1.16 所示为阴极接触界面处电迁移导致的失效的 SEM 横截面照片，其中额定电流密度约为 $2 \times 10^4 A/cm^2$，试验温度为 100 ℃。接触界面左上角的金属 Cu 的 UBM 层和 Cu 导线的溶解量随时间而不断增加的情况如图 1.16（a）~图 1.16（c）所示，图 1.16（d）展现了 Cu 导线中孔洞的形成。因为失效是在电流进入焊料凸点的地方开始的，所以电流拥挤效应可以被非常清楚地看出来。这将在第 9 章中给出详细讨论。

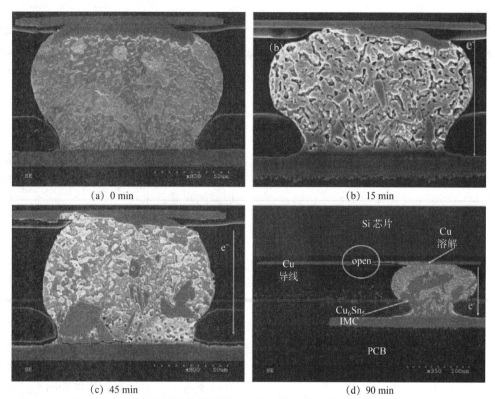

(a) 0 min

(b) 15 min

(c) 45 min

(d) 90 min

图 1.16 一组由倒装芯片焊料接头阴极处的电流拥挤造成的 14 μm 厚的金属 Cu 的 UBM 层溶解导致的电迁移失效 SEM 照片

1.4.6　基于非平衡热力学的可靠性科学

上面给出的可靠性问题的例子表明焊料接头中由时间决定的微结构变化或不稳定性不同于传统冶金系统中的相变。后者通常发生在两个平衡终止态之间，例如在 GP 区中的沉淀析出或在记忆合金中的马氏体转变[30-32]。当给出恒定温度和恒定压力下的焓和熵时，终止态的吉布斯自由能就能够确定。温度-时间-转变曲线（TTT）描述了由时间决定的动力学行为。然而，在电子可靠性问题中，实际上是电迁移过程中的外力作用（例如在电势不恒定的地方）导致材料的相变，继而在阴极端由于孔洞形成造成电路开路，或在阳极端被挤出而造成短路。此外，在热迁移中，相变的产生源自温度梯度，所以温度不是恒定的，只能将该过程定义为稳态而无法定义为平衡态。应力迁移引起的孔洞形成是在应力或压力梯度下的蠕变现象，因此压力也不是恒定的。室温下的晶须生长也是蠕变现象。因此，这些微观结构失效或失稳问题是由外力造成的，它们没有如恒温和恒压这样均匀的边界条件。它们是非平衡热力学中的不可逆过程。然而，我们应该思考在这些不可逆过程中什么是新现象和新问题，我们在下面提到三个有趣的特点。

第一个是界面效应，在界面处产生扩散通量的差异，而过饱和的空位将导致孔洞的形核和长大。第二个是在互连处和倒装芯片焊料接头中的电流拥挤现象（将在第 8 章和第 9 章讨论），导致驱动力不保持恒定。第三个特点是具有两相微结构的共晶体系，所以存在彼此相互作用的扩散通量（将在第9章和第12章中讨论）。

然而，除温度变化外，在没有外力作用的情况下，焊料接头工艺中也存在相变，如润湿反应和焊料接头固态老化过程。因此，以下章节分为两部分：第一部分讨论 Cu-Sn 反应，第二部分讨论电迁移和热迁移。

1.5　电子封装的未来趋势

微电子技术领域有三个趋势值得我们考虑，即小型化趋势、封装集成的趋势以及在互连技术中 Cu/超低介质常数材料（超低 k 材料）集成引起的更为严重的芯片-封装相互作用的趋势。另一个未来可能的趋势是不借助助焊剂和焊料的封装技术。

1.5.1　小型化趋势

未来，电子设备小型化趋势可能达到纳米级尺寸。当今，场效应晶体管（Field-effect Transistor，FET）的特征尺寸已经在纳米范围内，例如，栅极宽度已经在 100 nm 以下。由于 Si 存储器技术超高密度的实际需求，便携式设备上使用的基于在薄膜磁盘上激光钻孔的硬盘存储器将被基于场效应晶体管 Si 技术的固态硬盘替代，原因在于后者尺寸小、没有活动部件和耐冲击的特性。因此，未来很可能制备出手持式的计算机。为了封装纳米尺寸器件，封装结构的尺寸将很可能缩小大约 2 个数量级，如直径为 1 μm 的焊料凸点。虽然通过光刻技术和沉积技术制备这样小的焊料凸点并不是什么挑战，但是在回流焊和固态时效过程中（如 150 ℃下老化 1 000 h），标准 Sn-Cn 之间的焊料反应将会使整个焊料凸点转化为金属间化合物。换句话说，整个接头都变成金属间化合物，因此在未来的封装技术中，Cu-Sn 金属间化合物的物理性能将变得更加重要。

若焊料凸点直径从 100 μm 缩小到 25 μm，那么焊料凸点的体积也将减少为原来的 1/64；相对来说，在较小的焊料凸点中，金属间化合物在体积分数将增加 64 倍。这将极大改变焊料凸点的物理性质，如其机械强度，并将使 Cu-Sn 反应成为更严重的可靠性问题。这是由于我们仍然不能在进行较小焊料接头互连时，降低其反应温度和反应时间。

本书重点强调了倒装芯片焊料接头在分别单独受到化学力、机械力或电子力作用时的可靠性问题。随着电子器件小型化的发展趋势，这几种作用力预期将耦合起来同时作用，这会使可靠性问题更加突显。

1.5.2　集成封装的发展趋势——SIP，SOP 与 SOC

在集成封装发展方面，便携式消费电子产品预期会发生巨大的改变。在不久的将来，手持式电子器件中的封装设计及有限空间的高效使用将成为封装技术中最具挑战性的问题。这些集成封装形式有系统级封装（System-in-packaging，SIP）、系统整合封装（System-on-packaging，SOP）、芯片上系统（System-on-chip，SOC）及其他形式。封装技术不再是将单个芯片连接到单个基板上的技术，也不再是将几个同类芯片与其他分立部件连接到一个基板上的技术。

SIP 是先进的多功能封装形式。它是在一个单封装中（多数是层压基板）集成所有的组件。换句话说，它是将若干不同的已封装器件和组件集成组装在基板上，并且无源组件会被埋置在基板中或进行表面安装，这是一种异质集成技术。不同的组件（逻辑集成电路、存储性集成电路、无源组件等）、不同的半导体芯片（Si、SiGe、GaAs、GaN 等）以及不同的技术（微电子、光电子、MEMS、生物传感器等）将在高密度互连基板上合并在一起。为此，封装基板大小接近于芯片大小的芯片尺寸封装变得至关重要，以确保在基板上每个芯片或器件不占用额外的空间从而实现有成本效益的组装。例如，随着器件功能的不断增加，如何在诸如手机的器件中有效地使用基板空间非常关键。芯片尺寸封装的发展趋势将导致倒装芯片技术中焊料凸点的间距越来越小。除芯片尺寸封装外，还需要重视柔性基板上的芯片技术和三维方向上各种芯片的堆叠技术。而在芯片的三维堆叠技术中，还需要将结合引线键合技术和焊料凸点互连技术，或者采用多级软钎焊工艺以及组合运用两种高、低温熔点无铅焊料。最终，通过 Si 通孔进行互连的 Si 芯片堆叠将是最有效的封装方式。在不久的将来，SIP 将成为消费类电子产品的主导技术。

SOP 是在设计阶段将各种器件集成到一个模块或基板上形成一个系统的封装形式，因此，相比于 SIP 仅将独立组件互连在基板上的系统集成形式，SOP 的系统集成技术更高效。SOP 设计由特定应用的系统需求驱动，例如，对于混合信号应用而言，可将微电子器件和光电子器件集成在一起。SOP 和 SIP 之间的差异是非常小的，且将来的差别会越来越小。

由于芯片制造成本越来越低，因此 SOC 技术在单个芯片上设计和集成系统。换句话说，它是将有源器件如存储器和逻辑器件以及一些封装组件集成在一个 Si 芯片上，使芯片技术和芯片尺寸封装技术可以越来越近，并且最终合在一起。SOC 更多的是一种同质的集成技术。SIP 是源于封装技术的概念，即用一个基板将多个芯片和组件在基板上连接，而 SOC 源于 Si 芯片技术，即用一个 Si 芯片在芯片上构建多个功能性封装组件。小型化的趋势将最终推动 SIP 向 SOC 发展，如通过闪存存储器替换硬盘存储器。

1.5.3　芯片–封装相互作用

为了减少芯片上多层互连结构中的 RC 延迟，现在正在开发介电常数值接近 2 的超低 k 材料，并将其与 Cu 导体进行集成。由于 Cu 和超低 k 材料间热膨胀系数差异导致了热应力问题的出现，因此需要关注超低 k 材料的力学性能，但是更严重的热应力则来自芯片与封装的相互作用，后者将是未来主要的可靠性问题。在诸如服务器等高端器件中采用的倒装芯片技术中，Cu/超低 k 多层结构将通过面阵列焊料接头连接到一个封装基板上。在将芯片连接到其封装上时，需要在芯片侧有 UBM 层和 Cu/超低 k 多层结构，且在基板侧有键合焊盘，接着在芯片和基板之间要有焊料凸点。在芯片连接和运行过程中，芯片和基板之间会产生热应力，如 1.4.3 节所述。热应力将不仅影响焊料凸点的机械完整性，而且还将影响 Cu/超低 k 多层结构。它已经导致了众所周知的焊料接头低周疲劳失效，但由芯片与封装相互作用导致的热应力对 Cu/超低 k 多层结构的影响尚不清楚。

特别是在芯片和基板间填充环氧树脂的方法协助下，微电子工业已经能够承受因疲劳问题带来的影响，否则当今我们的计算机仍不能正常工作。这是由于在 Al/SiO_2 或 Cu/低 k 技术中，SiO_2 和低 k 材料（碳掺杂的 SiO_2、k 值稍低于 3）的机械强度相当强，因此热应力主要会影响焊料凸点及其界面，而不是层间介电材料。然而，对于超低 k 材料，实际情况可能不是这样，至少其较弱的力学性能是值得注意的。超低 k 材料倾向于是多孔材料或者是与一定量聚合物的混合物，因此它们在应力下容易产生裂纹。在极端情况下，若考虑将在面阵列倒装芯片焊料凸点放置在柔性的超低 k 材料上，那么焊料凸点的任何位移都将在柔性超低 k 材料以及埋置在它内部的 Cu 线上产生应变，这将是一个非常严重的可靠性问题。为了避免来自芯片-封装相互作用产生的热应力，对于 Si 芯片来说，使用 Si 基板似乎更好，因为在 Si 芯片和 Si 基板之间不产生热应力。

1.5.4　无焊料接头

原则上，我们可以无焊料接头，一个例子就是使用各向异性导电聚合物代替焊料接头，尽管对高端封装技术而言，聚合物的导电性和黏附性还不够好。在焊料连接反应中有三个基本标准：一是低温，二是金属导电，三是其界面黏合或键合强度应该与金属中原子键一样强。只要我们能够找到满足这些标准的界面结合工艺，且它能像在面阵列焊料接头中一样可以应用在有源器件的那一面上，那么我们就可以替换焊料接头[33]；否则，我们可以使用引线键合技术。

我们可以考虑采用晶圆键合技术原理来开发无焊料接头。两个 Si 晶圆的键合可以在室温下，不需要助焊剂，且不需要施加热和压力的条件下进行。助焊剂曾作为真空剂来解决界面处表面氧化的问题。假设两个被连接表面如晶圆原子一样键合光滑地、干净地结合在一起，那么就可以实现在超高真空中无助焊剂且无互扩散的界面键合，并在室温下形成化合物。如果没有超高真空和助焊剂，可能要考虑使用纯 Au 凸点或表面包覆一层非常厚 Au 的 Cu 凸点。为了实现 Au-Au 的直接键合，需要尽可能地抛平两个 Au 凸点，并在室温不通过化学反应而将它们直接键合。为了提高 Au 的硬度以便于抛光，可使用 Au 含量高的合金，如 18K Au 或 Pt 等。然而，挑战不在于单纯键合一对 Au 凸点，而是在于键合芯片和基板间的 Au 凸点面阵列。

参考文献

[1] K.Puttlitz and P.Totta, "Area Array Technology Handbook for Micro- electronic Packaging," Kluwer Academic, Norwell, MA(2001).

[2] J.H.Lau, "Flip Chip Technologies," McGraw-Hill, New York(1996).

[3] I.Amato, "Tin whiskers: The next Y2K problem?" Fortune Magazine, Vol.151, Issue 1, p.27 (2005).

[4] B.Spiegel, "Threat of tin whiskers haunts rush to lead-free," Electronic News, 03/17/2005.

[5] http://www.nemi.org/projects/ese/tin whisker.html

[6] Y.Kariya, C.Gagg, and W.J.Plumbridge, "Tin pest in lead-free solders," Sold.Surf.Mount Technol., 13, 39-40(2001).

[7] K.N.Tu and D.Turnbull, "Direct observation of twinning in tin lamellae," Acta Metall., 18, 915(1970).

[8] C.M.Miller, I.E.Anderson, and J.F.Smith, "A viable Sn-Pb solder substitute: Sn-Ag-Cu," J.Electron.Mater.23, 595-601(1994).

[9] M.E.Loomans and M.E.Fine, "Tin-silver-copper eutectic temperature and composition," Metall. Mater.Trans., 31A, 1155-1162(2000).

［10］ K. - W. Moon, W. J. Boettinger, U. R. Kattner, F. S. Biancaniello, and C. A. Handwerker, "Experimental and thermodynamic assessment of Sn- Ag-Cu solder alloys," J.Electron.Mater., 29, 1122-1136(2000).

［11］ Z.Kovac and K.N.Tu, "Immersion tin: its chemistry, metallurgy and application in electronic packaging technology," IBM J.Res.Dev.28, 726-734(1984).

［12］ "1999 International Roadmap for Semiconductor Technology," Semi - conductor Industry Association, San Jose, CA(1999).See Website http://public.itrs.net/

［13］ L.F.Miller, "Controlled collapse reflow chip joining," IBM J.Res.Dev., 13, 239-250(1969).

［14］ P.A.Totta and R.P.Sopher, "SLT device metallurgy and its monolithic extensions," IBM J. Res.Dev., 13, 226-238(1969).

［15］ B.S.Berry and I.Ames, "Studies of SLT chip terminal metallurgy," IBM J.Res.Dev., 13, 286-296(1969).

［16］ A.A.Liu, H.K.Kim, K.N.Tu, and P.A.Totta, "Spalling of Cu_6Sn_5 spheroids in the soldering reaction of eutectic SnPb on Cr/Cu/Au thin films," J.Appl.Phys., 80, 2774-2780 (1996).

［17］ H.K.Kim, K.N.Tu, and P.A.Totta, "Ripening-assisted asymmetric spalling of Cu-Sn compound spheroidsin solder joints on Si wafers," Appl. Phys. Lett., 68, 2204 - 2206 (1996).

［18］ C.Y.Liu, C.Chih, A.K.Mal, and K.N.Tu, "Direct correlation between mechanical failure and metallurgical reaction in flip chip solder joints," J. Appl. Phys., 85, 3882 - 3886 (1999).

［19］ J.W.Jang,C.Y.Liu,P.G.Kim,K.N.Tu,A.K.Mal,and D.R.Frear, "Interfacial morphology and shear deformation of flip chip solder joints," J.Mater.Res., 15, 1679-1687(2000).

［20］ M.Date, T.Shoji, M.Fujiyoshi, K.Sato, and K.N.Tu, "Ductile-to-brittle transition in Sn-Zn solder joints measured by impact test," Scr.Mater.51, 641-645(2004).

［21］ S. Brandenburg and S.Yeh, "Electromigration studies of flip chip bump solder joints," in Proc.Surface Mount International Conference and Ex- position, SMTA, Edina, MN, 1998, p.337-344.

［22］ S.-W.Chen, C.-M.Chen, and W.-C.Liu, "Electric current effects upon the Sn/Cu and Sn/Ni interfacial reactions," J.Electron.Mater., 27, 1193- 1197(1998).

［23］ C.Y.Liu, C.Chih, C.N.Liao, and K.N.Tu, "Microstructure- electromigration correlation in a thin stripe of eutectic SnPb solder stressed between Cu electrodes," Appl.Phys.Lett., 75, 58-60(1999).

［24］ T.Y.Lee, K.N.Tu, S.M.Kuo, and D.R.Frear, "Electromigration of eutectic SnPb solder interconnects for flip chip technology," J.Appl.Phys., 89, 3189-3194(2001).

［25］ E.C.C.Yeh, W.J.Choi, K.N.Tu, P.Elenius, and H.Balkan, "Current crowding induced electromigration failure in flip chip technology," Appl.Phys.Lett., 80, 580-582(2002).

［26］ A.T.Huang, A.M.Gusak, K.N.Tu, and Y.-S.Lai, "Thermomigration in SnPb composite flip chip solder joints," Appl.Phys.Lett., 88, 141911(2006).

［27］ Y.C.Hu, Y.L.Lin, C.R.Kao, and K.N.Tu, "Electromigration failure in flip chip solder joints due to rapid dissolution of Cu," J.Mater.Res., 18, 2544-2548(2003).

[28] Y.H.Lin, C.M.Tsai, Y.C.Hu, Y.L.Lin, and C.R.Kao, "Electromi- gration induced failure in flip chip solder joints," J.Electron.Mater., 34, 27-33(2005).

[29] H.Gan and K.N.Tu, "Polarity effect of electromigration on kinetics of intermetallic compound formation in Pb-free solder v-groove samples," J. Appl. Phys., 97, 063514-1 to -10 (2005).

[30] P.G.Shewmon, "Transformations in Metals," Indo American Books, Delhi(2006).

[31] D.A.Porter and K.E.Easterling, "Phase Transformation in Metals and Alloys," Chapman & Hall, London(1992).

[32] J.W.Christian, "The Theory of Transformations in Metals and Alloys; Part 1 Equilibrium and General Kinetic Theory," 2nd ed., Pergamon Press, Oxford (1975).

[33] Chin C. Lee and Ricky Chuang, "Fluxless non-eutectic joints Fabricated using Au-In multilayer composites," IEEE Trans.Components and Pack- aging Technology, 26, 416-422 (2003).

2 块体样品中的铜锡反应

2.1 引言

焊料反应是指熔融的焊料在固态 Cu 表面的润湿过程。典型的就是，当一小滴熔融的焊料接触到比较大的 Cu 表面时，液滴便会在 Cu 表面铺展，并形成球冠状。球冠状液滴的润湿角极为稳定，通常由三相界面点处的杨氏方程确定。该润湿反应在熔融焊料与 Cu 的接触面处会形成金属间化合物，接触面冷却后会形成金属键的结合，因此两块 Cu 通过钎焊接头得以连接。虽然从制造过程中生产效率的角度来看，润湿反应是非常重要的，但是从可靠性的角度，我们还必须考虑焊料与 Cu 在 100~150 ℃ 的固态反应，原因在于 Si 器件的工作温度大约在 100 ℃，而可靠性的测试标准中要求在 150 ℃ 环境下进行 1 000 h 的老化测试。

金属 Cu 与金属 Sn 的金属间化合物有两种，分别是 Cu_6Sn_5 和 Cu_3Sn。根据 Cu-Sn 二元相图，这两种金属间化合物在固态反应和润湿反应过程中均会生成。这其中有一个很有趣的现象，即润湿反应中 Cu 与 Sn 的金属间化合物的形成速率与固态反应条件下的形成速率差别很大，在两种反应温度仅差 10 ℃ 时，Cu 与 Sn 的金属间化合物的形成速率会相差 4 个数量级。

因为 Pb 不与 Cu 反应形成金属间化合物，所以 SnPb 和 Cu 反应形成的金属间化合物与 Sn 和 Cu 反应形成的金属间化合物相似。Pb 对 Cu-Sn 反应的影响可根据不同温度下的 Sn-Pb-Cu 三元相图给予验证。接下来，我们将首先讨论共晶成分的 SnPb 在 Cu 箔上的润湿反应试验结果，并采用 Sn-Pb-Cu 三元相图进行解释。在润湿反应中笋钉状 Cu_6Sn_5 形成的形貌十分独特，是因为它是一种受供给限制的反应，与广为人知的扩散限制的反应或界面反应限制的反应形成对照。之后将讨论固态反应，该反应过程中会形成层状 Cu_6Sn_5，且它的形成遵循扩散限制反应机制；然后会对润湿反应和固态反应进行对比[1]。

尽管我们对无铅焊料的焊料反应很感兴趣，但是无铅焊料与 Cu 之间金属间化合物的形成与 SnPb 焊料类似，这是因为最重要的几种无铅焊料分别为共晶 SnAgCu、共晶 SnAg、共晶 SnCu 或纯 Sn[2]。因此，Cu-Sn 反应就是这些焊料与铜连接的关键所在。由于 SnPb 焊料在 Cu 上已经使用很久了，且现在已对 Sn-Pb-Cu 三元体系做了许多的研究，所以回顾 SnPb 在 Cu 上的焊料反应对于理解无铅焊料与 Cu 的反应是很有帮助的。这一章会重点强调 Cu-Sn 反应的热力学和动力学原理。

2.2　SnPb 共晶焊料在 Cu 箔上的润湿反应

实验借助弱活性松香助焊剂（RMA），将 SnPb 共晶合金小球（质量组分为 63Sn37Pb）在 Cu 箔上熔化，从而制备得到 SnPb 共晶焊料在 Cu 上润湿的试样。直径 0.5 mm 的焊料小球制备过程如下：从一卷商业钎料焊丝上切下约 2 mg 的焊料小块，再将其放入一个含有 RMA 的圆盘中，并将该圆盘放置于加热板上并保持 200 ℃，焊料块融化并在表面张力的作用下形成焊料小球[3]。把圆盘从加热板上移开，使其冷却至室温，我们就可以得到留存在助焊剂上的固态焊料小球。其次，对面积为 1 cm×1 cm、厚度为 0.5 mm 的 Cu 箔进行抛光和清洗，并将其充分浸润在 200 ℃±3 ℃的助焊剂中。将一个焊料小球放到 Cu 箔上，

图 2.1　在 Cu 表面熔化并铺展成球冠状的焊料小球

小球熔化并在 Cu 箔表面铺展形成球冠状，如图 2.1 所示。在加热板上经 0.5～40 min 不同的保温时间后，将球冠状焊料小球试样冷却至室温。为了研究球冠状焊料与 Cu 间界面处金属间化合物的形成，将试样纵向剖开，并进行表面抛光和轻微腐蚀，再在 SEM 下进行观测，如图 2.2 所示。通过试样的侧视图，可测量润湿角随润湿时间变化的函数关系，其曲线如图 2.3 所示。熔融 SnPb 共晶焊料在 Cu 上的润湿角稳定在 11°。由图 2.3 可知，纯 Sn 在 Cu 上的润湿角与 SnBi 在 Cu 上的润湿角相近，均比 SnPb 焊料在 Cu 上的润湿角大得多[4,5]。

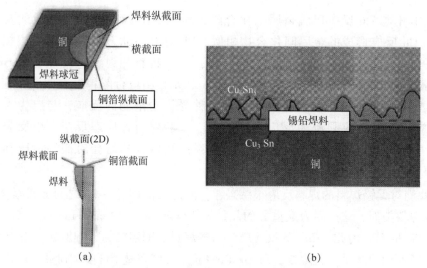

(a)　　　　　　　　　　　　　　　(b)

图 2.2　Cu 箔上球冠状焊料试样纵向截面示意以及 SnPb 焊料与 Cu 箔界面处金属间化合物的 SEM 形貌

（a）焊料试样纵向截面示意；（b）金属间化合物的 SEM 照片

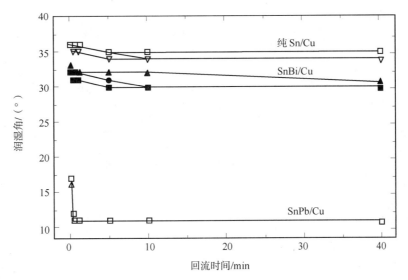

图 2.3 润湿角随润湿时间变化的函数关系曲线

为了观察界面处金属间化合物的三维形貌，需要对试样进行有选择性的深腐蚀，即腐蚀掉界面金属间化合物上面的 Pb 和 Sn，但不能腐蚀界面金属间化合物。在一定倾角下观察到的金属间化合物的 SEM 照片揭示了界面金属间化合物的三维笋钉状形貌，如图 2.4（a）和 2.4（b）所示。图 2.4（a）和 2.4（b）分别所示为选择性腐蚀前后相同位置处的金属间化合物笋钉状形貌，可从中观察到两张照片中金属间化合物具有相同的轮廓。图 2.5 为 200 ℃下润湿不同时间所得到的一系列笋钉状金属间化合物的 SEM 照片，它们都是在同一放大倍数下拍摄的。从图 2.5 中可观察到笋钉状金属间化合物的平均尺寸随润湿时间而增大。由于笋钉状金属间化合物彼此十分接近，故该生长过程是"吞食"反应，即大尺寸金属间化合物吞并与其相邻的、小尺寸的金属间化合物从而不断生长，换句话说，这是一个熟化反应。但是这个熟化过程是不可逆的，这是由于随着时间增加，伴随着 Cu 箔上的 Cu 与熔融焊料中的 Sn 不断发生 Cu-Sn 化学反应使金属间化合物不断生长，界面处笋钉状金属间化合物的总体积也随时间增加而增大。这种不可逆的熟化反应动力学分析将在第 5 章中详细介绍。

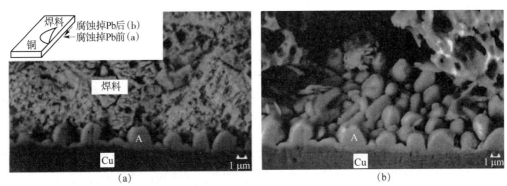

图 2.4 相同位置处腐蚀前后的笋钉状金属间化合物照片

（a）腐蚀前；（b）腐蚀后

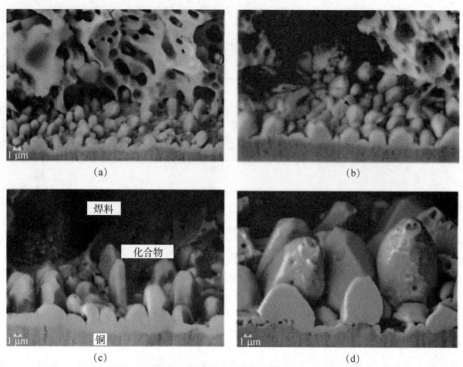

图 2.5　笋钉状金属间化合物随润湿时间变化的一系列 SEM 照片

(a) 10 s；(b) 1 min；(c) 10 min；(d) 40 min

　　由于一个电子器件的制造要经历多次润湿，所以实际电子器件中焊料接头在整个制造过程中所经历润湿反应的总时间累计起来可能达到几分钟。因此，润湿反应长达 40 min 的实验研究只具有理论研究意义。在持续时间较长的润湿反应中，可发现笋钉状金属间化合物伸长了，也就是说，它们的高度远大于直径。在焊料接头的纵向截面上经常可以观察到一些长而中空的 Cu_6Sn_5 管。它们的形成并不是因为界面反应，而是因为熔融焊料中过饱和的 Cu 的沉积作用，特别是当焊料凸点小球的表面早于 Cu-Sn 界面凝固时，这一现象更为明显。这些中空的 Cu_6Sn_5 管形核于焊料凸点小球表面，而不是其凸点界面处。

　　关于笋钉状金属间化合物形貌、生长动力学及与 Cu 之间晶体学取向关系将会在第 5 章中详细讨论。

　　SnPb 共晶合金在 Cu 箔上的一个相当特殊的润湿行为就是围绕着球冠状焊料帽的前沿、在 Cu 箔表面润湿带或润湿环的形成。在润湿过程中，当润湿发生几分钟后球冠状焊料帽的直径就稳定了，而润湿环的直径却会随着润湿时间的增加而生长并扩大。图 2.6 所示为 SnPb 共晶焊料在 Cu 箔表面上铺展时润湿环的 SEM 照片。图 2.7 所示为 200 ℃下润湿环的生长速率。尽管球冠状焊料帽的直径在润湿环形成初期是稳定的，但是润湿环可能会改变焊料帽润湿前沿的平衡情况。我们可以观察到润湿环生长几分钟后，焊料帽会变得不稳定，并快速地铺展开来以覆盖润湿环的整个区域。

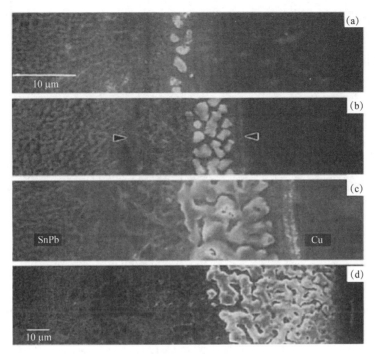

图 2.6　SnPb 在 Cu 上铺展时润湿环的 SEM 照片
（a）30 s；（b）1 min；（c）5 min；（d）10 min

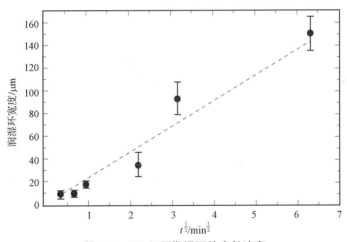

图 2.7　200 ℃下润湿环的生长速率

2.2.1　笋钉状 Cu_6Sn_5 与 Cu 之间的晶体学关系

图 2.8 所示为 Cu 基板上笋钉状 Cu_6Sn_5 俯视图的 SEM 照片，且确定了笋钉状金属间化合物和 Cu 之间的晶体学取向关系。200 ℃下借助助焊剂，将 55Sn45Pb（质量百分比）的焊料小球（约 0.5 mg）置于镜面抛光的 Cu 箔上，经 30 s～8 min 不等时间润湿后，即可得到实验试样。将多余的焊料腐蚀掉，以露出笋钉状金属间化合物。如图 2.8 所示，笋钉状金属间化合物尺寸为 1～3 μm，且每一个笋钉状金属间化合物均为一个 Cu_6Sn_5 单晶。Cu 箔中的 Cu 晶粒尺寸是毫米尺度的。通过显微 X 射线束同步辐射扫描试样中一个面积约 100 μm×

100 μm 的区域，就可以获得数千个笋钉状金属间化合物及其下方 Cu 晶粒的晶体学信息。由于 Cu_6Sn_5 金属间化合物很薄，所以同步辐射显微 X 射线束可以穿透整个 Cu_6Sn_5 金属间化合物层。与此同时，还可以获得笋钉状金属间化合物和 Cu 基板的劳厄花样。

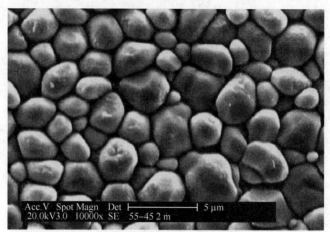

图 2.8　Cu 基板上笋钉状 Cu_6Sn_5 俯视图的 SEM 照片

实际上，因为 Cu 晶粒尺寸（毫米级）比 Cu_6Sn_5 尺寸（1~2 μm）大得多，所以 X 射线束可深深穿入 Cu 晶粒，故最强的劳厄斑点来自 Cu 晶粒。首先对 Cu 的晶粒取向进行分析，之后，去除来自 Cu 的劳厄斑点，之后再分析 Cu_6Sn_5 的劳厄花样。在反应初期，并没有检测到 Cu_3Sn 的劳厄斑点，可能是由于 Cu_3Sn 尚未形成，或者是由于形成的 Cu_3Sn 厚度太薄以至于产生不了足以被检测到的劳厄斑点。

η-Cu_6Sn_5 晶体结构曾被认为是六方晶系，但是最近一项采用电子衍射技术的研究表明，实际上其是单斜晶系（空间群 = $P2_1/c$，$a = c = 9.83$ Å[①]，$b = 7.27$ Å，$\beta = 62.5°$）[6]。根据劳厄花样模拟晶体结构的三维计算模型，来确定 Cu 和单斜晶系的 Cu_6Sn_5 之间的取向关系，发现了六种类型的择优取向关系：

$$(0\,1\,0)_{Cu_6Sn_5} /\!/ (0\,0\,1)_{Cu} \quad [\bar{1}\,0\,1]_{Cu_6Sn_5} /\!/ [1\,1\,0]_{Cu} \tag{2.1}$$

$$(3\,4\,3)_{Cu_6Sn_5} /\!/ (0\,0\,1)_{Cu} \quad [\bar{1}\,0\,1]_{Cu_6Sn_5} /\!/ [1\,1\,0]_{Cu} \tag{2.2}$$

$$(\bar{3}\,4\,\bar{3})_{Cu_6Sn_5} /\!/ (0\,0\,1)_{Cu} \quad [\bar{1}\,0\,1]_{Cu_6Sn_5} /\!/ [1\,1\,0]_{Cu} \tag{2.3}$$

$$(0\,1\,0)_{Cu_6Sn_5} /\!/ (0\,0\,1)_{Cu} \quad [\bar{1}\,0\,1]_{Cu_6Sn_5} /\!/ [1\,1\,0]_{Cu} \tag{2.4}$$

$$(1\,4\,1)_{Cu_6Sn_5} /\!/ (0\,0\,1)_{Cu} \quad [\bar{1}\,0\,1]_{Cu_6Sn_5} /\!/ [1\,1\,0]_{Cu} \tag{2.5}$$

$$(\bar{1}\,4\,\bar{1})_{Cu_6Sn_5} /\!/ (0\,0\,1)_{Cu} \quad [\bar{1}\,0\,1]_{Cu_6Sn_5} /\!/ [1\,1\,0]_{Cu} \tag{2.6}$$

每种情况下，Cu_6Sn_5 的 $[\bar{1}\,0\,1]$ 方向都与 Cu 的 $[1\,1\,0]$ 方向平行。图 2.9（a）所示为经 4 min 润湿反应后，Cu_6Sn_5 的 $[\bar{1}\,0\,1]$ 方向和 Cu 的 $[1\,1\,0]$ 方向之间的角度面分布图。扫描区域为 100 μm×100 μm，扫描步长为 2 μm。面分布图中，大多数位置点的角度都接近 0°。图 2.9（b）所示为与图 2.9（a）相对应的取向分布直方图。对于大多数的数据点

---

① 1 Å = 0.1 nm。

来说，角度是接近 0° 的，表明 Cu_6Sn_5 与 Cu 之间有很强的取向关系。式（2.1）到式（2.6）的六组取向关系可分为两组，这是由于 Cu_6Sn_5 中的 Cu 原子具有很强的伪六角对称关系。图 2.10（a）显示了沿着 $[\bar{1}\,0\,1]$ 方向投影的 Cu_6Sn_5 结构，Cu_6Sn_5 的 Cu 原子用小圆点代替，呈六角形分布。在图 2.10（b）中，上述六种取向关系的晶面被标注在了 Cu 原子构成的六边形中，（0 1 0）、（3 4 3）和（$\bar{3}$ 4 $\bar{3}$）晶面归为一组，而（1 0 1）、（1 4 1）和（$\bar{1}$ 4 $\bar{1}$）归为另一组。

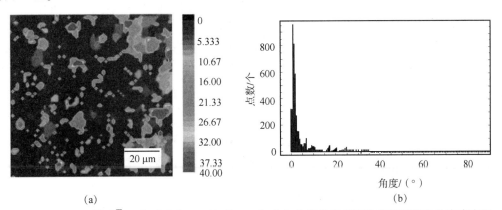

(a)   (b)

图 2.9　Cu_6Sn_5 的 $[\bar{1}\,0\,1]$ 方向与 Cu 的 $[1\,1\,0]$ 方向之间的角度面分布图及取向分布直方图

（a）经 4 min 润湿反应后 Cu_6Sn_5 的 $[\bar{1}\,0\,1]$ 方向和 Cu 的 $[1\,1\,0]$ 方向间的角度面分布图；（b）取向分布直方图

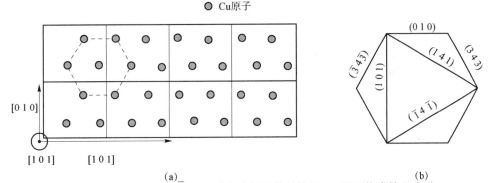

(a)   (b)

图 2.10　Cu_6Sn_5 在 $[\bar{1}\,0\,1]$ 方向上投影的结构及 Cu 原子构成的六边形

（a）Cu_6Sn_5 在 $[\bar{1}\,0\,1]$ 方向上投影的结构；（b）Cu 原子构成的六边形

Cu_6Sn_5 的 $[\bar{1}\,0\,1]$ 方向更倾向平行于 Cu 的 $[1\,1\,0]$ 方向的原因是晶格错配度较低。沿着单斜晶系 Cu_6Sn_5 的 $[\bar{1}\,0\,1]$ 方向，Cu 原子的间隔距离为 2.557 3 Å。由于面心立方 Cu 的晶格常数 $a = 3.607\,8$ Å，那么沿着（0 0 1）晶面对角线方向的两个原子间的距离为

$$\frac{\sqrt{2}}{2} a_{Cu} = \frac{\sqrt{2}}{2} \times 3.607\,8 = 2.551\,1\,(\text{Å})$$

因此 Cu 和 Cu_6Sn_5 的晶格错配度为

$$f = \frac{|\,2.551\,1 - 2.557\,3\,|}{2.551\,1} = 0.002\,44 = 0.24\%$$

Cu 晶体与 Cu_6Sn_5 晶体位向间强的取向关系表明在界面金属间化合物形成初期，Cu_6Sn_5 比 Cu_3Sn 优先形成。Cu_3Sn 的晶格结构是正交晶系 Cu_3Ti 型[7]，并且与 Cu 或 Cu_6Sn_5 没有任何具有较低晶格错配度的低指数晶面或晶向。如果 Cu_3Sn 比 Cu_6Sn_5 更早生成，它不可能像 Cu_6Sn_5 那样与 Cu 形成一个强的位向关系。

既然 Cu_6Sn_5 和 Cu 之间低晶格错配度的方向位于 Cu 的（0 0 1）晶面上，那么采用（0 0 1）晶面的单晶 Cu 作为焊料润湿的基板就可以验证 Cu_6Sn_5 晶体与 Cu 晶粒之间的位向关系。图 2.11 所示为在（0 0 1）单晶 Cu 上形成的 Cu_6Sn_5 的形貌，可见，Cu_6Sn_5 在（0 0 1）单晶 Cu 上的形貌发生了巨大的改变。笋钉状的 Cu_6Sn_5 沿着两个相互垂直的方向延伸生长，显示出了一种屋脊状的形貌。采用电子背散射衍射技术（Electron Back Scattered Diffraction，EBSD）对这些屋脊状的 Cu_6Sn_5 和单晶 Cu 基板进行分析，结果表明：Cu_6Sn_5 延伸生长的方向对应于 Cu（0 0 1）晶面表面上的两个<1 1 0>晶向，也就是 Cu_6Sn_5 与（0 0 1）单晶 Cu 具有低晶格错配度的两个方向。

图 2.11　（0 0 1）单晶 Cu 上形成的 Cu_6Sn_5 的形貌

图 2.12 所示为润湿或反应时间对图 2.8 中笋钉状金属间化合物和 Cu 基板之间取向关系的影响，并给出了 Cu［1 1 0］方向和 Cu_6Sn_5［0 0 1］方向之间夹角的直方图。应当注意到，如果 Cu_6Sn_5 与 Cu 之间有强取向关系，那么大部分数据的角度都会接近 0°。测量结果中，反应最短时间是 30 s，图 2.12（a）给出了经历 30 s 反应后 Cu［1 1 0］方向和 Cu_6Sn_5［0 0 1］方向夹角数据分布，可看出其数据分布要比其他反应温度的数据分布要更加随机。从反应时间为 1 min 的数据分布［图 2.12（b）］可看出，笋钉状 Cu_6Sn_5 与 Cu 晶粒之间具有强取向关系，而这种取向关系在反应时间为 4 min 时表现得非常强［图 2.12（c）］，但当反应时间增加到 8 min 时反而变弱了［图 2.12（d）］。这种数据分布上的变化可以由 Cu_6Sn_5 和 Cu_3Sn 的形核和长大过程来解释。起初，笋钉状 Cu_6Sn_5 在一定程度上随机形核，从而造成了图 2.12（a）中数据的随机分布。随着笋钉状 Cu_6Sn_5 的长大和熟化，与 Cu 晶粒之间具有弱取向关系的笋钉状 Cu_6Sn_5 会由于具有较大的界面能而被消耗，因此，与 Cu 晶粒之间具有强取向关系的笋钉状 Cu_6Sn_5 的比例增加。这就解释了为什么从图 2.12（a）到图 2.12（c）中的数据分布逐渐集中于 0°。再经过一段反应时间后，Cu_6Sn_5 与 Cu 之间的取向关系就会被

在它们之间形核和长大的 Cu_3Sn 所影响。在 Cu_6Sn_5 和 Cu 之间通过固态反应所形成的 Cu_3Sn 可能会不均匀。在长时间润湿后，某些 Cu_3Sn 的晶粒将会变厚，且与 Cu_6Sn_5 和 Cu 均不协调。那些不协调的 Cu_3Sn 晶粒可能会使笋钉状 Cu_6Sn_5 晶粒旋转，以减少晶格错配应变能，所以 Cu_6Sn_5 取向分布数据发生了变化。润湿对（001）单晶 Cu 上形成的屋脊状 Cu_6Sn_5 金属间化合物取向的影响非常小。

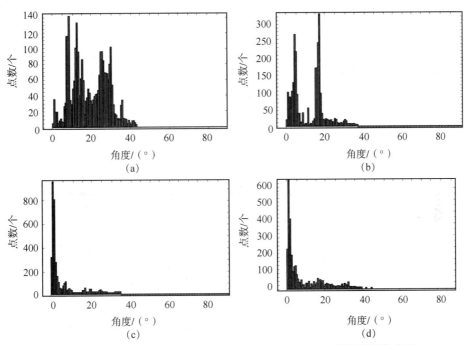

图 2.12　Cu ［1 1 0］ 方向和 Cu_6Sn_5 ［0 0 1］ 方向之间夹角的直方图

（a）30 s；（b）1 min；（c）4 min；（d）8 min

2.2.2　Cu 在与 SnPb 共晶焊料钎焊反应中的消耗速率

Cu 在钎焊反应中的消耗速率一直是电子封装技术中十分重要的问题，这是因为在除使用 Cu 柱凸点外的大多数 UBM 层中，Cu 的厚度是十分有限的，在多次润湿中，必须控制 Cu 的消耗，以避免 Cu 被完全耗尽。通过统计试样纵截面和横截面上 Cu_6Sn_5 高度、直径和数量的信息，可确定 SnPb 共晶焊料与 Cu 形成的 Cu_6Sn_5 界面金属间化合物的总量与温度（200～240 ℃）及时间（到 10 min）的函数关系。3 种温度下，Cu 消耗的厚度随时间变化的曲线如图 2.13 所示。从曲线的斜率可计算出各自温度下 Cu 的消耗速率（dh/dt，单位是 μm/s）。Cu 的消耗速率在润湿初期相对较高，并随时间增加而降低。在 200 ℃、220 ℃ 和 240 ℃ 温度下润湿 1 min 后，Cu 的消耗量分别是 0.36 μm，0.47 μm 和 0.69 μm。

2.3　SnPb 焊料在 Cu 箔上的润湿反应与焊料成分的函数关系

为了研究 SnPb 焊料在 Cu 上的润湿反应与焊料成分的关系，试验准备了 7 种 SnPb 焊料合金，分别是纯 Pb、5Sn95Pb、10Sn90Pb、40Sn60Pb、63Sn37Pb、80Sn20Pb 以及纯 Sn，这 7 种焊料合金的熔点分别为 327 ℃、305 ℃、299 ℃、245 ℃、183 ℃、205 ℃ 以及 232 ℃[8-9]。

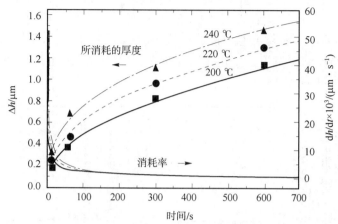

图 2.13　在 200 ℃、220 ℃和 240 ℃下
Cu 消耗厚度与时间的关系

　　将直径约为 0.5 mm 的合金焊料小球放置于面积为 1 cm×1 cm、厚度为 0.5 mm 的 Cu 箔上，并浸入装有 RMA 的浅杯中，将其放置在一个加热板上并在高于焊料合金熔化温度 10 ℃的温度下进行润湿。大约 1 min 后，当球冠状焊料帽在 Cu 箔表面稳定时，对其进行冷却、清洁，以便测量润湿角。一系列球冠状焊料帽随 SnPb 成分变化的侧视图如图 2.14 所示。润湿角随焊料成分变化的曲线如图 2.15 所示。经典杨氏方程定义润湿角为

$$\gamma_{sl} = \gamma_{vs} + \gamma_{lv} \times \cos\theta \qquad (2.7)$$

式中，γ 是界面张力，下标 l、v、s 分别表示液态焊剂、熔融焊料和母材铜。在满足杨氏方程条件下润湿角界面张力平衡情况如图 2.16 所示。

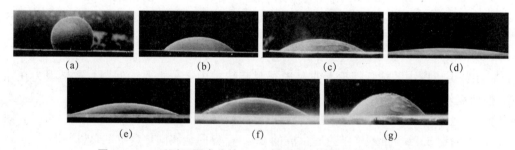

图 2.14　一系列不同成分的 SnPb 焊料合金润湿后焊料帽侧视图
（a）Pb；（b）5Sn95Pb；（c）10Sn90Pb；（d）40Sn60Pb；
（e）63Sn37Pb；（f）80Sn20Pb；（g）纯 Sn

　　由于在界面处形成金属间化合物，SnPb 合金在 Cu 上润湿是一个反应铺展过程。根据之前的研究，在助焊剂中熔融 SnPb 合金焊料的界面张力随 Sn 含量变化关系曲线中显示没有最小值，如图 2.17 所示。SnPb 合金的界面张力在高 Pb 区域为常数，且随着 Sn 含量的增加，界面张力增大。如果使用此结果和杨氏方程去计算润湿角，理论上是不存在最小润湿角的，但在图 2.15 中，存在一个最小润湿角。这个矛盾表明，如果只考虑界面张力的平衡，就不能解释测量得到的 SnPb 合金润湿角随焊料合金成分变化的关系。

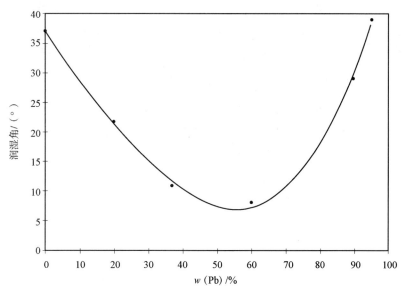

图 2.15　SnPb 焊料润湿角随 Pb 含量的变化关系曲线

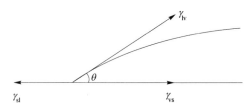

图 2.16　满足杨氏方程润湿平衡条件下
润湿角处界面张力的平衡情况

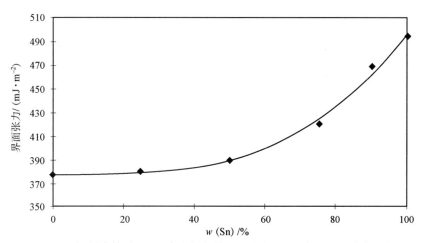

图 2.17　助焊剂中熔融 SnPb 合金焊料的界面张力随 Sn 含量增加的变化曲线

正如图 2.15 所示，纯 Pb 焊料在 Cu 表面有很大的润湿角，然而在加入少量的 Sn 后，焊料润湿角急剧减小。另外，由图 2.17 可知，在纯 Pb 焊料中添加的少量 Sn 并不能明显改变焊料的界面张力。少量 Sn 的加入对减小润湿角具有强烈影响的原因可归结于在 Cu 表面形成界面金属间化合物的 Sn-Cu 反应。这一化学反应能够提供改变润湿角的平衡条件的附加驱动力。考虑到反应对润湿过程的影响，Yost 和 Romig 给了一个估算公式[10-11]：

$$\frac{1}{2\pi r} \cdot \frac{\mathrm{d}E}{\mathrm{d}r} = \sigma + \Gamma(\theta) \tag{2.8}$$

这里的 σ 相当于形成金属间化合物的驱动力，$\Gamma(\theta)$ 是非平衡界面张力的驱动力。另一方面，若仅仅考虑金属间化合物的形成或化学活性，那就很难解释为什么纯 Sn 比一些 SnPb 焊料有更大的润湿角，因为相比于其他 SnPb 焊料，纯 Sn 应该有更高的化学活性，可形成更厚的金属间化合物。在熔点以上 10 ℃温度下反应 1 min 后，笋钉状界面金属间化合物的平均厚度随焊料合金成分变化的曲线如图 2.18 所示。由图 2.18 可知，纯 Sn 的金属间化合物平均厚度是 SnPb 焊料中最大的，但从图 2.17 中可知，纯 Sn 的界面张力同样是最大的。综合界面张力和形成金属化合物的影响，就能够解释图 2.15 中随焊料合金成分变化时出现最小润湿角的现象。

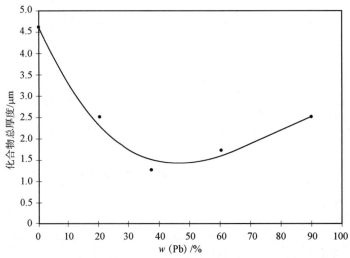

图 2.18　在熔点以上 10 ℃温度下反应 1 min 后笋钉状界面金属间化合物的平均厚度随焊料合金成分变化的曲线

然而，在没有对润湿驱动力和润湿动力学有全面理解的情况下，很难分析润湿时三相平衡处的铺展机制并确定出润湿角的大小。一个重要的问题是在润湿过程中，即从熔融焊料小球接触 Cu 表面开始到形成球冠状焊料帽的时间内，到底生成了多少界面金属间化合物。同时，由于润湿过程很短以及熔融焊料在 Cu 表面的铺展率很高，也很难确定润湿过程中的界面反应。

2.4　纯 Sn 在 Cu 箔上的润湿反应

因为 Cu-Sn 反应是本书的中心主题，在这儿还将讨论熔融 Sn 和 Cu 之间的反应，因为无铅焊料是高 Sn 焊料，因此这对于无铅焊料的钎焊反应来说十分重要。在第 3 章中将讨论薄膜 Sn 和薄膜 Cu 之间的反应。熔融 Sn 和 Cu 之间的反应会生成 Cu_6Sn_5 和 Cu_3Sn，

Cu_6Sn_5 具有笋钉状形貌，而 Cu_3Sn 具有层状形貌，这与共晶 SnPb 和 Cu 之间的熔融反应很相似。然而，纯 Sn 和 Cu 之间生成 Cu_6Sn_5 的笋钉状形貌与共晶 SnPb 和 Cu 之间形成的 Cu_6Sn_5 形貌差别很大[12]。图 2.19（a）所示为 40Sn60Pb 在 Cu 上形成的圆顶形笋钉状 Cu_6Sn_5 的 SEM 照片，该照片是将未与 Cu 反应的 SnPb 腐蚀掉后、暴露出来的笋钉状 Cu_6Sn_5 的顶部俯视照片。图 2.19（b）所示为 Sn 和 Cu 之间形成的多面体笋钉状 Cu_6Sn_5 的 SEM 照片。尽管两种笋钉状化合物都是 Cu_6Sn_5，但它们的形貌完全不同。圆顶形笋钉状 Cu_6Sn_5 的出现是因为熔融的 SnPb 焊料与 Cu_6Sn_5 之间的界面能具有各向同性，而多面体形笋钉状 Cu_6Sn_5 的形成是因为熔融 Sn 与 Cu_6Sn_5 之间的界面能具有明显的各向异性。在 Sn 焊料中添加 Pb 影响了界面能或者键合能。在圆顶形笋钉状金属间化合物中，根据反应界面的纵向截面中测得的宽高比可将其近似长效成半球，而多面体形笋钉状界面金属间化合物则具有更大的宽高比。

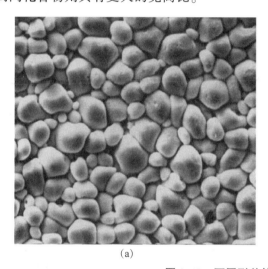 

(a)　　　　　　　　　　　　　　(b)

图 2.19　不同形貌的 Cu_6Sn_5 SEM 照片

（a）40Sn60Pb 与 Cu 之间形成的圆顶形笋钉状 Cu_6Sn_5 SEM 照片；
（b）Sn 和 Cu 之间形成的多面体形笋钉状 Cu_6Sn_5 SEM 照片

另外，这两种笋钉状金属间化合物的生长动力学非常相似，都遵循 $t^{\frac{1}{3}}$ 生长定律。图 2.20 所示为笋钉状金属间化合物的平均晶粒尺寸与回流时间的关系曲线。在曲线中，横向宽度（从俯视图可见）和高度（由纵向截面侧视图可见）可分别估算出来。在 245 ℃温度下回流 4 min 后，层状 Cu_3Sn 的厚度大约是 300 nm，而笋钉状 Cu_6Sn_5 高 1~2 μm。笋钉状金属间化合物生长的基本参数是它们之间的狭窄沟道。在第 5 章将会分析此沟道。

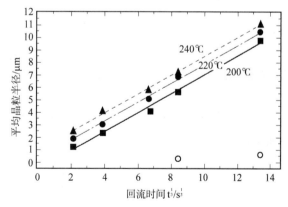

图 2.20　笋钉状金属间化合物的平均晶粒尺寸与回流时间的关系曲线

2.5 Sn-Pb-Cu 三元相图

由于焊料与金属的反应涉及最初的与熔融焊料的固-液反应、随后的凝固过程和在靠性测试以及电子器件使用中的固态时效过程，因此获得焊料熔点上、下较宽温度范围的相图是非常必要的。借助计算机辅助的相图计算技术（Calculation of Phase Diagram，CALPHAD）已经发展到能够研究多组分体系的相平衡。在这项技术中，采用单相吉布斯自由能的热力学模型来分析一个系统的热力学性质。SnPbCu 液相吉布斯自由能以如下形式表示：

$$G_m^{\text{liq}} = x_{\text{Cu}}{}^{\text{o}}G_{\text{Cu}}^{\text{liq}} + x_{\text{Pb}}{}^{\text{o}}G_{\text{Pb}}^{\text{liq}} + x_{\text{Sn}}{}^{\text{o}}G_{\text{Sn}}^{\text{liq}} +$$
$$RT(x_{\text{Cu}}\ln x_{\text{Cu}} + x_{\text{Pb}}\ln x_{\text{Pb}} + x_{\text{Sn}}\ln x_{\text{Sn}}) + {}^{\text{E}}G_m^{\text{liq}} \tag{2.9}$$

式中，x_i 是元素 i 的摩尔分数；${}^{\text{o}}G_i^{\text{liq}}$ 是元素 i 在液态时的摩尔吉布斯自由能；${}^{\text{E}}G_m^{\text{liq}}$ 是附加吉布斯自由能，其具体表示如下：

$$^{\text{E}}G_m^{\text{liq}} = x_{\text{Cu}}x_{\text{Pb}}L_{\text{Cu, Pb}}^{\text{liq}} + x_{\text{Cu}}x_{\text{Sn}}L_{\text{Cu, Sn}}^{\text{liq}} + x_{\text{Pb}}x_{\text{Sn}}L_{\text{Pb, Sn}}^{\text{liq}} +$$
$$x_{\text{Cu}}x_{\text{Pb}}x_{\text{Sn}}L_{\text{Cu, Pb, Sn}}^{\text{liq}} \tag{2.10}$$

$L_{i,j}^{\text{liq}}$ 是 i-j 系统的二元相互作用参数，并由成分和时间决定。参数 $L_{\text{Cu,Pb,Sn}}^{\text{liq}}$ 代表三元相互作用，根据式（2.11）可知其同样是由成分决定的：

$$L_{\text{Cu, Pb, Sn}}^{\text{liq}} = x_{\text{Cu}}{}^0L_{\text{Cu, Pb, Sn}}^{\text{liq}} + x_{\text{Pb}}{}^1L_{\text{Cu, Pb, Sn}}^{\text{liq}} + x_{\text{Sn}}{}^2L_{\text{Cu, Pb, Sn}}^{\text{liq}} \tag{2.11}$$

参数 $^nL_{\text{Cu,Pb,Sn}}^{\text{liq}}$ 同样由温度决定。

一旦获得了体系中所有相的吉布斯自由能函数，理论上就可以计算出任意相图以及我们感兴趣的热力学性质。当无法获得决定三元相互作用参数所需的实验数据时，这项技术能帮助我们从那些已优过化的子系统来外推出多组分系统的热力学性能。从式（2.9）可看出当合金化元素的含量为百分之几时，对于多组分体系来说，热力学外推值是较好的近似结果。

文献 [13-15] 计算了 Cu-Sn、Cu-Pb 和 Sn-Pb 二元体系合金的全部热力学性质。例如，将式（2.10）中的三元相互作用参数设置为 0，采用外推方法可以计算得出 Sn-Pb-Cu 三元相图，如图 2.21 所示。在相图中，L、η 和 ε 分别代表了 SnPb 的液相、Cu_6Sn_5 和 Cu_3Sn。为验证这些相图，将计算的共晶平衡温度和 181 ℃ 下的 SnPb 二元共晶成分（37.8Pb，62.12Sn 和 0.08Cu）与 Marcotte 和 Schroeder 在 182 ℃ 测得 38.1Pb、61.72Sn 和 0.18Cu 的试验结果进行对比。

对于体扩散偶，界面反应的一个重要假设是在相界面处的局部平衡条件。假设每相邻两相（平面层）处于平衡，这代表着二元相图中的一个两相平衡区域或三元相图中等温截面上两平衡相成分点之间的连线。因为这个假设暗示着界面处共存相的成分是由相图中平衡相连线确定的，因此界面曲率、表面或界面张力、沉淀物尺寸、亚稳相的形成、应力梯度以及所受外力等形貌和动力学的影响都完全被忽略。界面平衡的理论研究表明，尽管界面曲率对界面平衡影响较小，但是生长动力学对界面平衡具有显著影响。至于应变，在析出相生长的早期阶段，由于析出相与基体具有一定程度的协同性，因此，晶格畸变必须包含在相界面平衡的条件中。然而，在焊料接头中界面金属间化合物生长的尺寸范围内，熔融焊料与笋钉状金属间化合物的界面是不连续的，此时界面平衡的假设是有效的。目前文献报道的钎焊反应中有关金属间化合物生长厚度的数据均为零点几微米，均属于演化良好的微结构。因此，局部平衡的假设可以被应

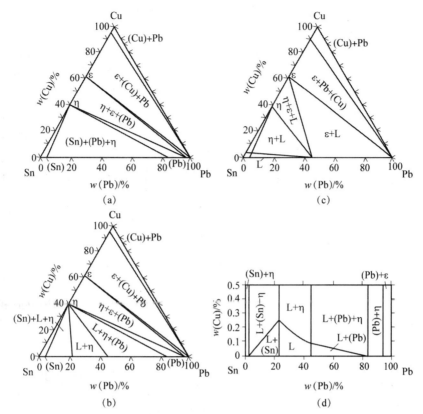

图 2.21 不同温度下的三元 Sn-Pb-Cu 相图及 200 ℃下 Sn-Pb 的部分放大图（由 Kejun Zeng 博士提供）

（a）170 ℃；（b）200 ℃；（c）350 ℃；（d）为 200 ℃下 Sn-Pb-Cu 相图的 Sn-Pb 部分放大图

用到熔融焊料与金属的反应中，同时三元合金相图确实能为反应提供有用的指导。举例来说，平衡相图能帮助预测在润湿反应中到底是 Cu_6Sn_5 还是 Cu_3Sn 先形成，这一部分内容已经在 2.2.1 节讨论过。然而，为了分析在较低温度下的反应，我们必须将相图与形态以及动力学信息联系起来。例如，在第 3 章讨论室温下的 Cu-Sn 薄膜反应，在这种情况下，动力学影响更重要。

2.5.1 200 ℃和 170 ℃的 Sn-Pb-Cu 三元合金相图

图 2.21（a）、（b）所示为 Sn-Pb-Cu 在 170 ℃和 200 ℃时的三元相图。170 ℃的相图是为了研究固态老化，200 ℃的相图是为了分析共晶 SnPb 和 Cu 之间的润湿反应。在相图中，L、η 和 ε 分别代表了 SnPb 的液相、Cu_6Sn_5 和 Cu_3Sn。代表 Sn、Pb 共晶成分的点位于连接 Sn、Pb 的直线（底边）上。如果我们画一条连接共晶点和 Cu（顶点）的直线，这条线将穿过相图中的几个两相边界和三相区域，这些相代表了在反应中能够形成的相。

对于润湿反应，我们从图 2.21（b）中的共晶点开始研究。在 η 相形成前，熔融的 SnPb 共晶焊料溶解了极少量的 Cu[16]，随后，在熔融焊料和 Cu 界面处形成了 η 相。因为熔融焊料和 η 相接触，因此 η 相的形成会影响 Cu 在熔融焊料中的溶解。然而，这一溶解度可能会被 η 相的形貌所改变，这取决于 η 相是层状还是笋钉状。由于曲率效应，笋钉状的 η

相会增加 Cu 的溶解度，但从相图中我们无法获知这一信息。η 相的形成消耗了与之相邻的熔融焊料边界层中的 Sn，而使 Pb 发生了富集。在图 2.21（b）中，早在 Pb 的质量分数达到 α-Pb 的析出条件（Pb45%）之前，Sn 的消耗就已停止。因为 η 相和 Cu 在热力学上是不稳定的，因此在它们之间往往生成 ε 相。实验中，η 相和 ε 相都已被观察到，其中 ε 相是极薄的层状，可能形成于冷却过程中，而 η 相呈现更厚的一层笋钉状。

对于固态老化，如图 2.21（a）所示，并再次从共晶点开始。首先是极少量的 Cu 溶解到固态焊料中，紧接着形成 η 相。η 相的形成及其形貌也会改变 Sn 在 Cu 中的溶解。Sn 的消耗会导致 Pb 在靠近 η 相的焊料中大量富集，使 Pb 的质量分数可达 85%。我们注意到 85Pb15Sn 并非固溶体，而是一种高 Pb 共晶相。同时，由于 η 相和 Cu 之间不稳定，ε 相将在它们之间形成。因此，实验中观察到了 η 相和 ε 相。

正如相图所指出的，从形成金属化合物的角度来看，200 ℃ 的润湿反应和 170 ℃ 的固态老化都应该有相同的金属间化合物产物，然而从相图中却无法得知金属间化合物的形貌以及它们的生长速率。此外，这两个相图的唯一区别在于 200 ℃ 的相图中存在液态焊料和 η 相构成的三角形区域，如图 2.21（b）所示。该区域在焊料反应中的重要意义在于它限制了熔融焊料中形成金属间化合物所消耗的 Sn 量。若仅从相图上看，该区域对润湿反应和固态老化影响的差异并不明显。后续我们将发现润湿反应和固态老化过程中的形貌和反应动力学是有很大差别的。

2.5.2　5Sn95Pb/Cu 反应和 350 ℃的 Sn-Pb-Cu 三元合金相图

在 350 ℃ 时，由于 Cu 和焊料的连线穿过了铅的液相线（即穿过了 L+ε 两相区）[图 2.21（c）]，故 Cu 和高 Pb 焊料之间不能生成 Cu_6Sn_5。350 ℃ 时在焊料和 Cu 的界面处只生成 ε-Cu_3Sn。然而，根据图 2.21（c），如果焊料中富含 Sn，在 350 ℃ 下可以形成 η 相。

第一相形成后，参与到界面反应中的组分的获得与其质量供应对后续的相的演变至关重要。在 SnPb/Cu 系统中，如果焊料体积相比于 Cu 而言非常小（例如，在 Cu 柱凸点中，Sn 的供给量受到限制而 Cu 供给量是无限的），那么初始形成的 Cu_6Sn_5 层将会转变成 Cu_3Sn。这种转变将会导致大量柯肯达尔孔洞的形成，这一点将会在 2.6.1 节和第 9 章中讨论。另外，如果 Cu 非常薄（类似初始焊接与 Cu 的薄膜效应），或者 Cu 的供应被切断（例如被 Cu 和 Cu_3Sn 间的裂纹隔断），那么 Cu_3Sn 将会转变回 Cu_6Sn_5。

2.6　共晶 SnPb 在 Cu 箔上的固态反应

在这里将对温度超过 200 ℃ 时熔融共晶 SnPb 和 Cu 之间的润湿反应与温度低于 100 ℃ 时的相同体系的固态反应进行对比[15-17]。由于在封装制造中需要多次润湿，因此焊料处于熔融状态的时间有几分钟。所以，需要研究 200 ℃ 时反应时间为 0.5~10 min 的润湿反应。在150 ℃ 持续 1 000 h 的固态反应是一项必要的可靠性测试。因此，还需要研究共晶 SnPb 和 Cu 之间在 120~170 ℃ 温度范围内持续 1 000 h 的固态反应。另一项可靠性测试是 -40~125 ℃ 温度间进行的几千次热循环。我们注意到，尽管润湿反应和固态反应时的温度差异很小，可能只有 30 ℃，反应时间却相差了 4 个数量级。不过，更加需要强调的是这两类反应中金属间化合物的形貌和反应动力学上的巨大差别。这表现在：尽管润湿反应和固态老化温度仅相差 30 ℃，但润湿反应的速率比固态老化的速率快了 4 个数量级。另外，润湿反应中生成的 Cu_6Sn_5 有笋钉状形貌，而在固态老化中它变成了层状形貌。

为了解释这种差异存在的原因，我们回顾一下 2.5.1 节中 Sn-Pb-Cu 在 170 ℃ 和 200 ℃ 三元相图的热力学计算。从中我们可得出结论：热力学相图无法解释这种差异，而形貌才强烈地影响了动力学过程。由于其特殊的形貌，润湿反应是一个高速率的反应，且控制反应的是自由能变化的速率，而非自由能变化量[18,19]。

在固态老化过程中会生长出一层更厚的 Cu_3Sn，伴随着 Cu_3Sn 的生成，在层间尤其是 Cu_3Sn 和 Cu 的界面处还会生成大量的柯肯达尔孔洞。图 2.22 所示为 150 ℃ 老化 3 d 后，共晶 SnPb 焊料与 Cu 箔界面处的横截面聚焦离子束照片。在 Cu_3Sn 层中可观察到很多柯肯达尔孔洞，在共晶无铅焊料和 Cu 箔的老化界面中也观察到相似孔洞的生成。这是因为 Cu 是反应中的主扩散元素，这已被标记运动实验证明，在 3.2.3 节将介绍该实验。当样品中 Cu 的量远高于 Sn 时，更倾向于生成 Cu_3Sn 而不是 Cu_6Sn_5，例如在 9.6.1 节中介绍的薄的 SnPb 共晶焊料在厚的 Cu 柱凸点上的情况。1 个 Cu_6Sn_5 分子转变成 2 个 Cu_3Sn 分子后将剩下 3 个 Sn 原子，这 3 个 Sn 原子又会吸引 9 个 Cu 原子形成额外的 3 个 Cu_3Sn 分子。传输 Cu 原子的空位通量在 Cu 和 Cu_3Sn 界面上积累，最终形成柯肯达尔孔洞。在电子器件使用过程中不希望生成这种孔洞，所以限制 Cu_3Sn 的生长是很受关注的互连可靠性课题。Cu_3Sn 的生长不仅取决于时间、温度、杂质以及样品中 Cu/Sn 比值等因素，还受如电迁移等外力的影响。

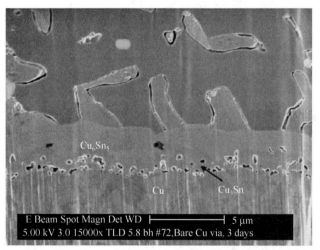

图 2.22　150 ℃下老化 3 d 后在 SnPb 共晶焊料与 Cu 箔界面处的横截面聚焦离子束照片（由德州仪器的 Kejun Zeng 博士提供）

2.7　润湿和固态反应的对比

为了比较润湿和固态反应，在 Ti / W 基底上一层厚的电镀 Cu UBM 层表面上回流共晶 SnPb 焊膏来制备实验试样[20]。焊料凸点直径为 125 μm，电镀 Cu UBM 层的厚度为 20 μm。空气环境中，试样润湿 2 次后分别在 125 ℃、150 ℃ 和 170 ℃ 温度下进行持续 500 h、1 000 h 和 1

500 h 的老化实验。2 次润湿反应后的总反应产物与 200 ℃ 下 1 min 润湿反应的产物数量相等。老化前后，将试样横切、抛光并轻微蚀刻，用于光学和 SEM 观察。对同一组样品分别研究润湿反应和固态老化。

图 2.23 所示为焊料凸点与 Cu UBM 层在 2 次润湿反应后的横截面光学显微镜照片。图 2.24 所示为图 2.23（a）~（c）中金属间化合物的放大图像。从图 2.23（a）和图 2.24（a）中可看出，笋钉状的 Cu_6Sn_5 金属间化合物的平均直径约为 2 μm。

从图 2.23（b）~（d）、图 2.24（b）和图 2.24（c）中，可看到老化后焊料和 Cu 之间形成了一层较厚的、由 Cu_6Sn_5 和 Cu_3Sn 组成的金属间化合物层，且金属间化合物呈现出一种较平坦的层状形貌。尽管焊料和 Cu_6Sn_5 之间的界面并不是平坦的，但并没有出现图 2.23（a）和 2.24（a）所示的笋钉状金属间化合物之间的深沟。Cu_3Sn 层非常均匀，且与 Cu_6Sn_5 层一样厚。在选择性蚀刻掉焊料中 Pb 后，在金属间化合物和焊料之间呈现出了深沟槽，这表明靠近金属间化合物的焊料层一定含有高浓度的 Pb。此外，在焊料中也出现了晶粒过度生长的现象。

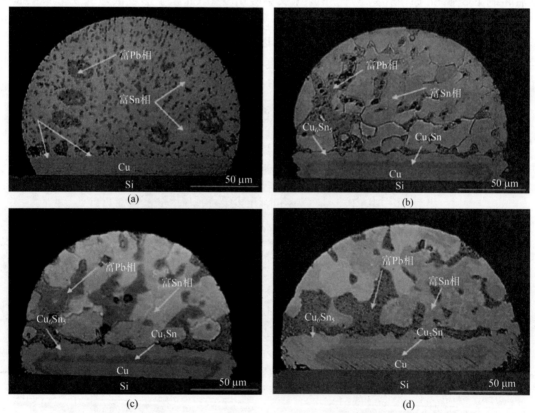

图 2.23 润湿及 170 ℃老化中焊料凸点与 Cu UBM 层的横截面光学显微镜照片

(a) 两次润湿后；(b) 老化 500 h；(c) 老化 1 000 h；(d) 1 500 h

图 2.24（c）中金属间化合物的总厚度仅为几微米，并不比图 2.23（a）中所示的笋钉状金属间化合物的直径大得多。此外，与老化后的 Cu_3Sn 厚度相比［图 2.23（c）］，经过 2 次润湿后的 Cu_3Sn 厚度很薄［图 2.23（a）］，可忽略不计。

图 2.24　图 2.23（a）～（c）中金属间化合物的放大图像
（a）两次润湿后；（b）老化 500 h 后；（c）老化 1 000 h 后

在固态老化过程中形成的金属间化合物厚度可通过减去 2 次润湿后所形成的金属间化合物厚度来确定。2 次润湿后形成金属间化合物的平均厚度通过笋钉状金属间化合物的横截面积总和除以金属间化合物总长度而获得。图 2.25 所示分别为 125 ℃、150 ℃ 及 170 ℃温度下经 500、1 000 和 1 500 h 老化后测量得到的金属间化合物厚度。金属间化合物的生长是扩散控制的，且固态老化过程中的活化能为 0.94 eV/atom（1 eV/atom = 96.15 kJ/mol），如表 2.1 所示。

表 2.1　Cu 消耗及金属间化合物生长的活化能

金属间化合物	消耗掉的 Cu		Cu_3Sn		总金属间化合物	
	Q/eV	$D_0/(cm^2 \cdot s^{-1})$	Q/eV	$D_0/(cm^2 \cdot s^{-1})$	Q/eV	$D_0/(cm^2 \cdot s^{-1})$
e-SnPb	0.94	0.014 9	0.73	1.85×10^{-5}	1.25	59.59
Sn-3.5Ag	1.03	0.115	0.95	0.005 63	1.19	6.64
Sn-3.8Ag-0.7Cu	1.10	0.056 0	1.05	0.059 5	0.94	9.56×10^{-3}
Sn-0.7Cu	1.05	0.128	1.08	0.109	1.00	0.109

2.7.1　润湿反应和固态老化的形貌

在二元体扩散偶中的固态界面反应的经典分析中，假定所有平衡态的金属间化合物同时以层状形貌生成。每一层的生长动力学可以是扩散控制也可以是界面反应控制。对于在足够高的温度下具有足够厚度的体扩散接头来说，所有的金属间化合物共存，且遵从扩散控制的生长，因此，各层厚度之比与每层中互扩散系数的平方根之比成正比[21-22]。由于在多层结构中平直界面的运动并不能造成能量的改变，因此该分析没有考虑表面和界面能。

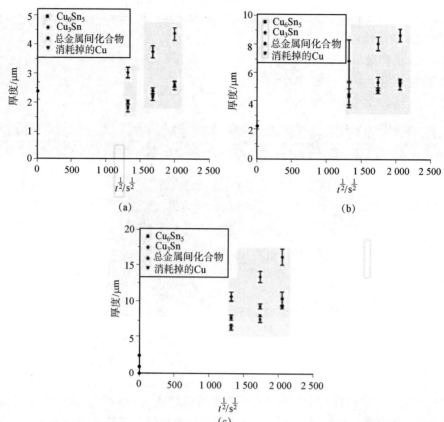

图 2.25 在 125 ℃、150 ℃和 170 ℃老化 500 h，1 000 h 和 1 500 h 后测得的金属间化合物厚度
(a) 125 ℃；(b) 150 ℃；(c) 170 ℃

在 SnPb 共晶焊料和 Cu 间的润湿反应中，Cu_6Sn_5 呈现笋钉状形貌，且笋钉状金属间化合物的生长动力学依赖时间 $t^{1/3}$，因此它不服从扩散控制或界面反应控制的动力学。在 SnPb 共晶焊料与 Ni 间的润湿反应中，以及在大多数 Sn 基无铅焊料与 Cu 之间的润湿反应中，也可观察到笋钉状金属间化合物形貌。随时间增大，笋钉状金属间化合物尺寸逐渐增大，但数量越来越少，这表明笋钉状金属间化合物晶粒之间是一种非守恒的熟化反应。

在图 2.23（b）、（c）和（d）所示的固态老化金属间化合物的形貌中，由于试样在老化前经过了两次润湿，故老化前 Cu_6Sn_5 一定具有笋钉状形貌。然而，在固态老化过程中，Cu_6Sn_5 则从笋钉状形貌变成了层状形貌。为什么在固态反应中 Cu_6Sn_5 金属间化合物不能保持笋钉状形貌生长呢？更重要的是，为什么形貌的变化会显著改变其生长动力学呢？目前已发现笋钉状形貌在润湿反应中稳定存在，但在固态反应中不稳定。形貌稳定性的问题将在 5.2 节中讨论。笋钉状形貌表明，与层状生长不同，笋钉状金属间化合物晶粒本身不是其自身生长的扩散障碍。

2.7.2 润湿反应和固态老化的动力学

我们不去回顾层状金属间化合物的扩散控制和界面反应控制的生长动力学，这里我们考虑润湿反应中笋钉状金属间化合物的生长。图 2.26 所示为两个笋钉状金属间化合物晶粒的横截面示意图。为了便于分析，我们忽略笋钉状 Cu_6Sn_5 和 Cu 之间非常薄的 Cu_3Sn。假设

Cu 不会沿着 Cu_6Sn_5 晶体内部扩散，为了到达熔融焊料中，Cu 原子只能通过两个笋钉状 Cu_6Sn_5 晶粒之间的凹陷部位扩散。这一部分的 Cu 原子扩散通量用垂直的箭头表示。由于在熔融焊料中 Cu 的扩散率约为 10^{-5} cm^2/s，因此 Cu 原子一旦扩散进入熔融焊料就可以迅速到达 Cu_6Sn_5 晶粒前沿，并与 Sn 原子反应促进 Cu_6Sn_5 生长。同时，笋钉状金属间化合物晶粒之间存在熟化反应，所以两个笋钉状晶粒间也存在 Cu 原子扩散通量，如水平方向的箭头所示。将 Cu 原子的这两个扩散通量联合，一个笋钉状金属间化合物晶粒的生长方程如下[23-24]：

$$r^3 = \int \left(\frac{\gamma \Omega^2 D C_0}{3 N_A L R T} + \frac{\rho A \Omega v(t)}{4\pi m N_P(t)} \right) dt$$

式中，r 是笋钉状金属间化合物的晶粒半径；γ 是笋钉状金属间化合物的晶粒表面能；Ω 是平均原子体积；D 是熔融焊料中的原子扩散系数；C_0 是 Cu 在熔融焊料中的溶解度；N_A 是阿伏伽德罗常数；L 是与笋钉状金属间化合物晶粒半径和平均间距相关的常数；RT 为通常的热力学含义；ρ 是 Cu 的密度；A 是焊料/Cu 界面的总面积；v（$v = \mathrm{d}h/\mathrm{d}t$，其中 h 和 t 分别是 Cu 的厚度和时间）是反应中 Cu 的消耗速率；m 是 Cu 的原子质量；N_P 是界面处笋钉状金属间化合物晶粒的总数。我们注意到，这种生长模型中包含了笋钉状金属间化合物晶粒的表面能 γ。但在第 5 章的深入分析中将看到，这种生长现象与表面能无关。方程中，右边的第 1 项是熟化项，第 2 项是界面反应项。已发现第 1 项扩散通量（由图 2.26 中水平箭头表示）大约是第 2 项扩散通量

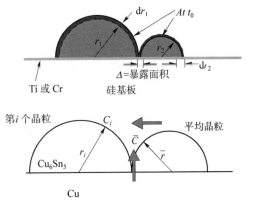

图 2.26　两个相邻的笋钉状金属间化合物的横截面示意

（由垂直箭头表示）的 10 倍。因此，熟化过程决定 Cu_6Sn_5 的生长。

由于我们假设 Cu 在熔融焊料中的扩散非常快，约为 10^{-5} cm^2/s 数量级，且相邻笋钉状金属间化合物晶粒之间的扩散距离非常短，因此扩散不是决速步骤。然而，Cu 的供应不能仅来自晶粒之间凹陷的区域，它们还必须来自笋钉状金属间化合物晶粒的下部区域或晶粒底部区域，这需要 Cu 沿着笋钉状金属间化合物晶粒与 Cu 基板之间界面进行横向扩散。我们不得不假设这种界面扩散也非常快的，因为如果这种界面扩散是决速步骤，我们就应该会观察到金属间化合物生长动力学服从 $t^{\frac{1}{2}}$ 规律（而实际为 $t^{\frac{1}{3}}$）。另外，假设笋钉状金属间化合物晶粒是半球形的，则笋钉状金属间化合物晶粒表面必须充满原子台阶，因此我们不会有界面反应控制的过程。由于半球沿三维方向生长，生长速率取决于由通道（将在第 5 章中讨论）所提供 Cu 的量，因此它是供应限制的笋钉状晶粒生长。我们将其定义为供应控制型生长，而不是扩散控制生长或界面反应控制型生长。

令人惊奇的是，每原子笋钉状晶粒生长的激活能为 0.2~0.3 eV/atom，这是激活能非常低的过程，相当于 Cu 溶解到熔融 Sn 中的激活能。我们注意到 Cu 沿着笋钉状金属间化合物晶粒底部界面扩散的激活能可能更高，然而该过程并非决速步骤。

SnPb 共晶焊料在 Cu 基板上的固态老化过程中，我们发现金属间化合物形貌为层状。层

状 Cu_6Sn_5 或 Cu_3Sn（或两者）的生长激活能约为 0.8 eV/atom。因此，固态老化是一个慢得多的动力学过程。另一种比较动力学的方法是比较形成相同量金属间化合物所需的时间。在 200 ℃ 的润湿反应中，仅需要几分钟就能形成几微米厚的金属间化合物，但在 170 ℃ 的固态老化过程中，则需要 1 000 h。因此，尽管 200 ℃ 和 170 ℃ 之间的温度差异仅为 30 ℃，但从时间上讲，润湿反应比固态老化快了 4 个数量级。

差异的根本原因在于原子的扩散系数。在液态焊料中，Cu 原子的扩散系数约为 10^{-5} cm^2/s，但在接近其熔点的面心立方结构的固体中，Cu 原子扩散系数约 10^{-8} cm^2/s。因此，在焊料熔点附近，Cu 原子扩散系数差异可达 3 个数量级。特别是对于 170 ℃ 下的固态老化，假设 Cu 原子通过金属间化合物的扩散激活能为 0.8 eV/atom，则 Cu 的扩散系数约为 10^{-9} cm^2/cm。因此，在 200 ℃ 的润湿反应和 170 ℃ 的固态老化之间，Cu 原子扩散系数存在 4 个数量级的差异。该差异与已发现的 $x^2 \approx Dt$ 基本关系的时间差有关。

那么在知道固态反应的激活能为 0.8 eV/atom 后，有这样一个问题：如果在 200 ℃ 润湿反应中 Cu_6Sn_5 化合物以层状形貌生长，会发生什么？我们考虑到消耗约 0.5 μm 的 Cu 可以形成一层 1 μm 厚的 Cu_6Sn_5。我们会发现这需要超过 1 000 s 的时间，这是由于 Cu_6Sn_5 将成为其自身生长的扩散阻挡层。另外，在润湿反应中消耗 0.5 μm 的 Cu 以形成笋钉状 Cu_6Sn_5，它实际上需要不到 1 min 的时间。换句话说，金属间化合物形成过程中自由能的增加速率在以笋钉状 Cu_6Sn_5 生长时比以层状生长时快得多。因为当笋钉变得越来越大时，Cu 在熔融焊料中的快速扩散在层状生长中没有被利用，所以层状生长速度缓慢。因此，决定金属间化合物形貌为笋钉状的是自由能的变化速率而非自由能的变化值。

显然，笋钉状的形貌强烈影响其生长动力学。由于它必须随着时间增长而变大，笋钉状金属间化合物的半径不能是恒定的。如果晶粒顶部的半径不变，则两个笋钉状金属间化合物晶粒间的凹陷将闭合，那么它们必然变长并成为扩散阻挡层。然而，不是每个笋钉状晶粒的半径都会增大，其中有一些必定会收缩，即发生熟化反应（择优生长）。但是，该熟化过程最终必然会减慢，其原因在于，笋钉状金属间化合物晶粒越大，到达熔融焊料的最短扩散路径（笋体状晶粒间的凹陷处）的数量越少。我们将在第 5 章中讨论确定笋钉状金属间化合物晶粒的大小分布，有趣的是它是否服从 LSW 熟化理论[25-27]。其分布函数是否与时间无关也不清楚。在电子器件的典型润湿反应中，所消耗 Cu 的厚度小于 1 μm，因此笋钉状金属间化合物晶粒根本不大。

另一个问题是为什么固态老化中 Cu_6Sn_5 不能保持笋钉状形貌。这是由于笋钉状金属间化合物界面比平状界面的面积更大。在润湿反应中，化合物形成能的快速增益可以补偿笋钉状金属间化合物形貌生长所消耗的界面能，但在固态反应中并非如此。第 5 章中，我们将知道在生长中，笋钉状晶粒的总表面积没变，而总体积在增加。在固态老化过程中，自由能的快速增益消失了，因此为了减少界面能，化合物转变为层状形貌。

2.7.3 由吉布斯自由能变化速率控制的反应

恒压、恒温下的所有化学反应都是向吉布斯自由能减小的方向发生。在形成金属间化合物的界面反应中，它们也应该向自由能变化减小的方向进行。但润湿反应中，为了在短时间内具有最大的自由能减小量，自由能变化速率至关重要。为了在短时间内（如在 1 min 的润湿反应中）获得最大的自由能变化，有[28]

$$\Delta G = \int_0^\tau \frac{\mathrm{d}G}{\mathrm{d}t} \mathrm{d}t \tag{2.12}$$

式中，$\mathrm{d}G/\mathrm{d}t$ 为反应中的自由能变化速率，τ 为短周期。

　　因此，系统倾向于选择能够在短周期 τ 内具有最大 $\mathrm{d}G/\mathrm{d}t$ 的反应路径或反应产物，以获得自由能变化的最大变化率。具体来说，在润湿反应中，笋钉状金属间化合物的形成可能有高的反应速率。另外，如果是长周期的反应（τ 无穷大），此时自由能变化速率不再重要，自由能量变化量则变得更为重要。

　　我们已经用熔融 SnPb 共晶焊料在 Cu 上反应的具体情况来说明高反应速率的重要性，其实这是一个普遍现象。前面已经提到，熔融 SnPb 共晶焊料在 Ni 上会形成笋钉状的 Ni_3Sn_4。熔融 SnPb 共晶焊料在 Pd 上则形成具有层状形貌的 $PdSn_3$，且其生长速率超过 1 μm/s，这很可能是界面金属间化合物生长速率最快的，这将在第 7 章讨论。熔融焊料本身充当原子快速传输的载体以促进层状金属间化合物生长。在 Pd-Sn 化合物中，$PdSn_3$ 的生成能远远小于 Pd_2Sn 和 Pd_3Sn 的生成能。因为前者具有高得多的生长率，因而后者不能形成。Rh-Si、Ti-Si 和 Ni-Zr 二元系统的固相非晶化反应同样如此[29-30]。在那些二元系中，非晶合金的高生长速率，使它们能在平衡金属间化合物相形成前首先形成。

2.8　无铅共晶焊料在厚 Cu 凸点下金属化层上的润湿反应

　　比较了 4 种不同的共晶焊料 SnPb、SnAg、SnAgCu 和 SnCu 在电镀制备的厚 Cu（厚度为 15 μm）UBM 层上的反应。在 Cu 膜上用光刻胶确定出 UBM 层接触区域，并将 4 种共晶焊料的焊膏印刷在 UBM 层上，并在带式回流焊炉中回流 2 次。温度曲线的峰值为 240 ℃，高于焊料熔点的时间为 60 s。回流后，将试样放进炉中，并在大气环境下，分别在 125 ℃、150 ℃ 和 170 ℃ 温度下固态老化 500 h、1 000 h 和 1 500 h。

　　图 2.27 所示为 4 种共晶焊料在 Cu UBM 层上经过 2 次回流后的互连界面的 SEM 照片。所有试样中均观察到顶部为圆形或多面体的笋钉状 Cu_6Sn_5，无铅焊料与 Cu 界面处的笋钉状 Cu_6Sn_5 比 SnPb 焊料界面处的 Cu_6Sn_5 更大。由于 Cu_3Sn 很薄且低于测试技术的分辨率，因此并不清楚是否有 Cu_3Sn 生成。在 SnAg 和 SnAgCu 焊料中，可看到一些非常大的片状 Ag_3Sn 金属间化合物。

　　图 2.28 所示为 170 ℃ 下固态老化 1 500 h 后，4 种焊料与 Cu 互连界面处的光学显微镜照片。固态老化过程已使 Cu_6Sn_5 的笋钉状形貌变为了层状形貌，且明显形成了一层 Cu_3Sn。在 SnPb 焊料中，焊料基体晶粒普遍长大了，且紧邻 Cu_6Sn_5 层处形成了富 Pb 层。在无铅焊料中，晶粒生长不明显。在 125 ℃、150 ℃ 和 170 ℃ 下老化 500 h、1 000 h 和 1 500 h 后，Cu_6Sn_5 和 Cu_3Sn 金属间化合物的厚度已经在文献［20］中给出。从固态老化过程中界面金属间化合物形成的角度来看，SnPb 焊料和无铅焊料差异不大。根据金属间化合物厚度，可计算出固态老化过程中 Cu 的消耗量。令人惊讶的是，固态老化高达 1 500 h 所消耗 Cu 的量与在 2.7.1 节中讨论的经几分钟润湿反应消耗的 Cu 的量具有相同的数量级。如果我们只比较老化和润湿反应所形成金属间化合物的数量，如图 2.27 和图 2.28 所示，则它们具有相同的数量级；然而，经过 2 min 润湿反应与 1 500 h（90 000 min）老化反应之间的时间差为 4 个数量级的差别。换句话说，润湿反应中金属间化合物形成的速率比固态老化快 4 个数量级。

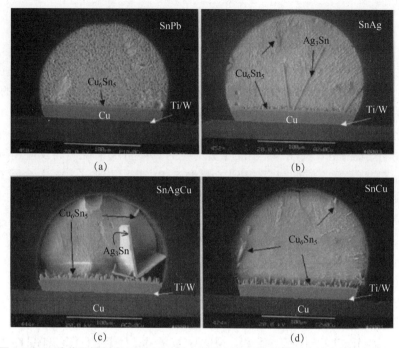

图 2.27　4 种共晶焊料在 Cu UBM 层上经过 2 次回流后的互连界面的 SEM 照片

(a) SnPb；(b) SnAg；(c) SnAgCu；(d) SnCu

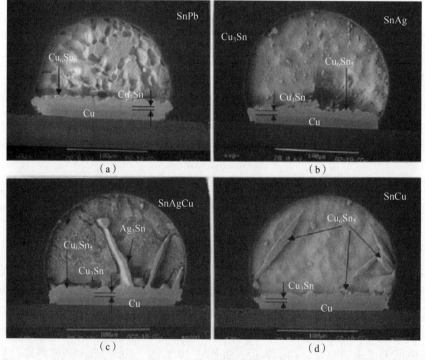

图 2.28　170 ℃下固态老化 1 500 h 后 4 种焊料与 Cu 互连界面处的光学显微镜照片

(a) SnPb；(b) SnAg；(c) SnAgCu；(d) SnCu

　　我们注意到，采用厚的 Cu UBM 层是电子封装行业的发展趋势。在我们讨论以下两个问题后，原因将更为清楚：第一个问题是在 Cu 薄膜上焊料反应中形成的笋钉状金属间化合物的剥落问题，将在第 3 章中讨论；第二个问题是倒装芯片焊料接头中电迁移所导致的电流拥挤问题，将在第 9 章讨论。

参考文献

［1］ K.N.Tu and K.Zeng, "Tin-lead (SnPb) solder reaction in flip chip tech-nology," Materials Science and Engineering Reports, R34, 1-58 (2001).(Review paper)

［2］ K.Zeng and K.N.Tu, "Six cases of reliability study of Pb-free solder joints in electron packaging technology," Materials Science and Engineer-ing Reports, R38, 55-105 (2002).(Review paper)

［3］ T.Young, Philos.Trans.R.Soc.London, 95, 65 (1805).

［4］ H.K.Kim, H.K.Liou, and K.N.Tu, "Morphology of instability of wetting tips of eutectic SnBi, eutectic SnPb, and pure Sn on Cu," J.Mater.Res.,10, 497-504 (1995).

［5］ H.K.Kim, H.K.Liou, and K.N.Tu, "Three-dimension morphology ofa very rough interface formed in the soldering reaction between eutectic SnPb and Cu," Appl.Phys.Lett., 66, 2337-2339 (1995).

［6］ A.K.Larsson, L.Stenberg, and S.Liden, "Crystal structure modulation in η-Cu6Sn5," Z.Kristallogr., 210 (11), 832-837 (1995).

［7］ H.K.Kim and K.N.Tu, "Rate of consumption of Cu soldering accompanied by ripening," Appl.Phys.Lett., 67, 2002-2004 (1995).

［8］ C.Y.Liu and K.N.Tu, "Morphology of wetting reactions of SnPb alloys on Cu as a function of alloy composition," J.Mater.Res., 13, 37-44 (1998).

［9］ C.Y.Liu and K.N.Tu, "Reactive flow of molten Pb(Sn) alloys in Si grooves coated with Cu film," Phys.Rev.E, 58, 6308-6311 (1998).

［10］ F.G.Yost and A.D.Romig, Jr., in "Electronic Packaging Materials Science Ⅲ," R.Jaccodine, K.A. Jackson, and R.C.Subdahl (Eds.),Materials Research Society Symp.Proc., 108, Pittsburgh, PA (1988).

［11］ W.J.Boettinger, C.A.Handwerker, and U.R.Kattner, "Reactive wetting and intermetallic formation," in "The Mechanics of Solder Alloy Wetting and Spreading," F.G.Yost, F.M. Hosking, and D.R.Frear (Eds.), Van Nostrand Reinhold, New York (1993).

［12］ J.Gorlich, G.Schmidt, and K.N.Tu, "On the mechanism of the binary Cu/Sn solder reaction," Appl.Phys.Lett., 86, 053106-1 to -3 (2005).

［13］ J.-H.Shim, C.-S.Oh, B.-J.Lee, and D.N.Lee, "Thermodynamic assessment of the Cu-Sn system," Z.Metallkd., 87, 205-212 (1996).

［14］ A.Bolcavage, C.R.Kao, S.L.Chen, and Y.A.Chang, "Thermodynamic calculation of phase stability between copper and lead-indium solder," in Proc.Applications of Thermodynamics in the Synthesis and Processing of Materials, Oct.2-6, 1994, Rosemont, IL, P.Nash and B.

Sundman (Eds.), TMS, Warrendale, PA, pp.171-185 (1995).

[15] V.C.Marcotte and K.Schroeder, "Cu-Sn-Pb phase diagram," in Proc.Thirteenth North American Thermal Analysis Society, A.R.McGhie (Ed.), North American Thermal Analysis Society, 1984, pp.294.

[16] L.Kaufman and H.Bernstein, "Computer Calculation of Phase Diagram," Academic Press, New York(1970).

[17] H.Ohtani, K.Okuda, and K.Ishida, "Thermodynamic study of phase equilibria in the Pb-Sn-Sb system," J.Phase Equil., 16, 416-429 (1995).

[18] K.N.Tu, T.Y.Lee, J.W.Jang, L.Li, D.R.Frear, K.Zeng, and J.K.Kivilahti, "Wetting reaction vs.solid state aging of eutectic SnPb on Cu," J.Appl.Phys.89, 4843-4849 (2001).

[19] K.N.Tu, F.Ku, and T.Y.Lee, "Morphological stability of solder reaction products in flip chip technology," J.Electron.Mater., 30, 1129-1132 (2001).

[20] T.Y.Lee, W.J.Choi, K.N.Tu, J.W.Jang, S.M.Kuo, J.K.Lin, D.R.Frear, K.Zeng, and J.K. Kivilahti, "Morphology, kinetics, and thermodynamics of solid state aging of eutectic SnPb and Pb-free solders (SnAg, SnAgCu, and SnCu) on Cu," J.Mater.Res., 17, 291-301 (2002).

[21] G.V.Kidson, "Some aspects of the growth of different layers in binary systems," J.Nucl. Mater., 3, 21 (1961).

[22] U.Gosele and K.N.Tu, "Growth kinetics of planar binary diffusion couples: Thin film case versus bulk cases," J.Appl.Phys., 53, 3252 (1982).

[23] H.K.Kim and K.N.Tu, "Kinetic analysis of the soldering reaction between eutectic SnPb alloy and Cu accompanied by ripening," Phys.Rev.B, 53, 16027-16034 (1996).

[24] A.M.Gusak and K.N.Tu, "Kinetic theory of flux driven ripening," Phys.Rev.B, 66, 115403 (2002).

[25] I.M.Lifshiz and V.V.Slezov, J.Phys.Chem.Solids, 19, 35 (1961).

[26] C.Wagner, Z.Electrochem., 65, 581 (1961).

[27] V.V.Slezov, "Theory of Diffusion Decomposition of Solid Solutions," Harwood Academic Publishers, pp.99-112 (1995).

[28] D.Turnbull, "Metastable structures in metallurgy," Metall.Trans.A, 12, 695-708 (1981).

[29] S.Herd, K.N.Tu, and K.Y.Ahn, "Formation of an amorphous Rh-Si alloy by interfacial reaction between amorphous Si and crystalline Rh thinfilms," Appl.Phys.Lett., 42, 597 (1983).

[30] R.B.Schwarz and W.L.Johnson, Phys.Rev.Lett., 51, 415 (1983).

3 薄膜样品中的铜锡反应

3.1 引言

在 Si 芯片上，常用薄膜状 UBM 层来连接焊料凸点和芯片表面的 Cu 或 Al 布线，并控制焊料凸点的大小。这一方面是因为 Al 自由表面上的氧化物会阻碍熔融焊料的润湿；而另一方面，Cu 与熔融焊料的反应十分迅速，从而导致 Cu 布线薄膜无法被熔融焊料润湿。焊料凸点的尺寸控制借助了可控塌陷芯片互连技术中限制焊料小球金属化的理念。在焊料凸点和 Al 或 Cu 互连线之间使用最多的薄膜 UBM 层是 Au/Cu/Cr 或 Cu/Ni（V）/Al 的三层薄膜结构。Au/Cu/Cr 的三层薄膜结构中，Cr 用于黏附介质表面和 Al 布线，Cu 是焊料反应所需的反应物，而 Au 则作为钝化层防止表面氧化。因此在器件制造过程中，焊料如何与薄膜发生反应至关重要，它能够同时影响到器件的产量和可靠性。

在第 1 章中，我们提及几种在器件制造过程中涉及的润湿方法。在每种润湿中，芯片表面的每个焊点都必须成功键合，且 UBM 层必须能经受住这几种润湿处理，否则就会发生一种薄膜金属间化合物剥落的独特现象。而避免这一现象是可靠性设计的主要问题，将在本章 3.3 节~3.8 节中讨论。

我们将从 Cu 薄膜和 Sn 在室温下的反应开始，来讨论 UBM 薄膜上的焊料反应。该研究广受关注的原因如下：①贵金属在 β-Sn（白锡）和 Pb 中的快速扩散可以用间隙扩散机理来解释。25℃时，Cu 沿着 β-Sn 的 a 轴和 c 轴的扩散率分别约为 0.5×10^{-8} cm²/s 和 2×10^{-6} cm²/s。这表明在室温下，Cu 在 Sn 中的扩散活性之高足以让 Cu-Sn 金属间化合物在室温下开始生长。②众所周知，在室温下，锡须可以在镀有哑光 Sn 的 Cu 表面上自发生长。一个自发的过程中，驱动力必须来自系统内部，由于单位原子的化学能会比其弹性能高 4~5 个数量级，因此如果 Cu 与 Sn 在室温下能发生反应，界面化学反应获得的自由能就能为晶须生长提供驱动力。换句话说，如果化学反应是一个类似于蠕变的慢速过程，那么该反应就能驱动一个力学过程，因为依赖于互扩散的固态化学反应是非常缓慢的。③薄膜试样便于我们探测到金属间化合物形成时的早期形态。结合上述所有因素，本章首先着重介绍 Cu-Sn 反应的动力学分析。

3.2 Sn/Cu 双层薄膜中的室温反应

研究者采用 Sn/Cu 双层多晶薄膜来研究室温下的反应过程。为了检测薄膜样品内发生的反应，研究者采用了高分辨率掠入射 X 射线衍射来分析界面金属间化合物的形成过程[1-2]。双层薄膜样品制作时需要利用电子束沉积法在直径 1 in（1 in = 25.4 mm）、厚度为 1/8 in 的熔凝石英圆盘上先后沉积 Cu、Sn 两种金属，且沉积过程需在样品维持室温且环境

真空度优于 2×10^{-7} torr① 的条件下一次性连续沉积而成，沉积速率大约为 0.5 nm/s。实验设定了 3 组厚度不同的薄膜结构，具体尺寸包括：①350 nm Sn/180 nm Cu/石英；②350 nm Sn/600 nm Cu/石英；③2 500 nm Sn/600 nm Cu/石英。由于石英盘的厚度为 1/8 in，因此试样在该过程中不会发生弯曲。此外，实验同时在相同的熔凝石英圆盘上以相同的室温条件沉积制备了厚度为 350 nm 以及 2 500 nm 的单层 Sn 薄膜，并将其在室温下放置以作为参照组用于晶格参数测量，同时它们也将用于研究锡须的自发生长（详述见第 6 章）。

双层薄膜的退火处理在 4 种不同温度下进行：-2 ℃（冰箱），20 ℃（空调房），60 ℃ 和 100 ℃（真空炉）。除了室温下退火可能出现温度波动以外，其他情况下温度波动都被控制在 ±1 ℃内。退火时间长达 1 年。

3.2.1 掠入射 X 射线衍射的物相分析

研究了采用掠入射 Seeman-Bohlin 衍射仪、利用 X 射线衍射图谱导致的双层膜结构变化与退火的关系[3]。该衍射仪的灵敏度达到可分辨 10 nm 厚的多晶 Au 膜［１１１］、［２００］、［２２０］和［３３１］方向的衍射峰。β-Sn 为体心四方结构，其晶格常数 $a = 0.583\ 11$ nm，$c = 0.318\ 17$ nm，Cu 具有面心立方结构，其晶格常数 $a = 0.361\ 49$ nm。

图 3.1 所示为从 350 nm Sn/600 nm Cu/熔凝石英衬底薄膜结构所获得的 4 组衍射图谱。图 3.1（a）为样品制备刚完成时获得的图谱，从中可观察到纯 Cu、纯 Sn 的衍射峰及 Cu_6Sn_5 相（η' 相）的两个衍射峰，这表明 Cu_6Sn_5 相形成于在 Cu 上沉积 Sn 的过程中或制备完成不久。图 3.1（b）所示为样品在室温下保存 15 天之后测得的图谱，从中可观察到更多的 Cu_6Sn_5 衍射峰。对比图 3.1（a）和图 3.1（b），可知 Cu 与 Sn 在室温下就会发生反应形成 Cu_6Sn_5。图 3.1（c）所示为样品在室温下保存 1 年后的测试结果。从图中可看出，Sn 的所有衍射峰都消失了，Cu 的衍射峰还存在，其余的衍射峰均是属于 Cu_6Sn_5 相。值得注意的是，尽管样品中还存在过量的 Cu，但是并没有检测到 Cu_3Sn 的任何衍射峰。图 3.1（d）的衍射图谱来自 100 ℃下退火 36 h 的试样。从中可观察到 Cu_5Sn_5 和 Cu_3Sn 的衍射峰均存在，表明了这两种金属间化合物在该退火过程中形成。

图 3.2（a）和图 3.2（b）所示分别为室温下保存 1 年和在 100 ℃下退火 60 h 的两个样品的 4θ 在 40°~190° 范围内的 Seeman-Bohlin X 射线衍射图谱。在图 3.2（a）中只能观察到 Cu_6Sn_5 的衍射峰，而图 3.2（b）中却可同时观察到 Cu_6Sn_5 和 Cu_3Sn 衍射峰。因此可得出结论：Cu_6Sn_5 能够于室温下形成，但 Cu_3Sn 不能。此外，在 -2 ℃下保存的试样中也能检测到 Cu_6Sn_5 的存在，而在 60 ℃下保存的试样中 Cu_6Sn_5 和 Cu_3Sn 均存在，这说明 Cu_3Sn 在温度高于 60 ℃时才能形成。

根据 Cu-Sn 二元相图，Cu_6Sn_5 相在 170 ℃左右会经历有序相变。高温相为有序六方 NiAs 型结构，晶格参数 $a = 0.420$ nm，$c = 0.509$ nm。而低温相是沿 a，c 轴方向各以 5 个晶格为周期的长周期超晶格。在图 3.2（a）中，超晶格衍射结果以 * 来标记。尽管 Sn 能在室温下形成表面氧化物，但是由于氧化层太薄，并没有获得任何关于氧化物的衍射峰。因此，* 标记的衍射峰来自超晶格，而不是氧化层。表 3.1 所示为在图 3.2（a）中所标记的 Cu_6Sn_5 各个衍射峰的数据。

---

① 1 torr = 133.3 Pa。

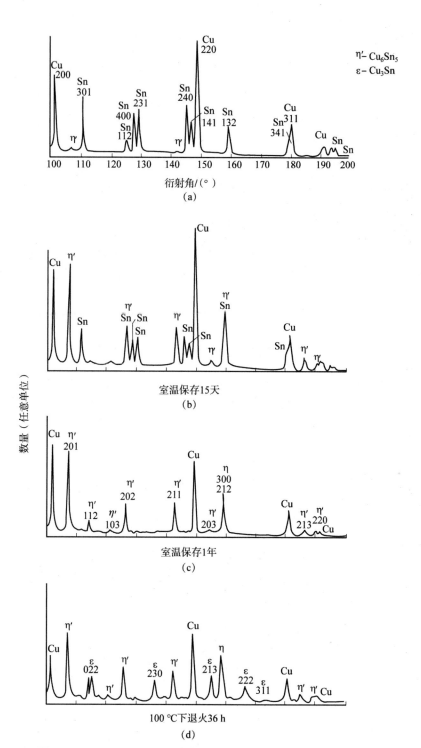

图 3.1 350 nm Sn/600 nm Cu 样品在不同条件下的四组衍射谱图

（a）样品制备刚完成时的衍射图谱；（b）试样室温下保存 15 天后的衍射图谱；

（c）试样室温下保存 1 年后的衍射图谱；（d）试样 100 ℃下退火 36 h 后的衍射图谱

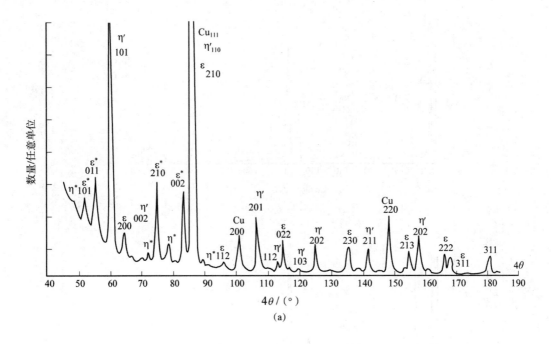

(a)

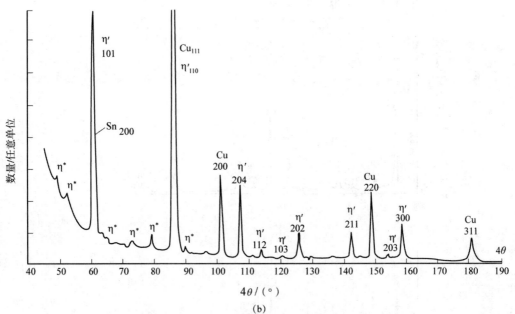

(b)

图 3.2　4θ 角为 40°～190° 的 Seeman-Bohlin X 射线衍射图谱

（a）样品在 100 ℃ 下退火 60 h；（b）样品在室温下退火 1 年。

表 3.1　室温下退火的双层 Cu-Sn 薄膜试样得到的 Cu_6Sn_5 相各衍射峰的数据

$4θ/(°)$	$d/Å$	标定为有序的 NiAs 型结构 $a=4.19$ Å　$b=5.09$ Å	标定为长周期超晶格 $a=20.85$ Å　$b=25.10$ Å
49.10	3.60		501*
52.20	3.41		503*

续表

$4\theta/(°)$	$d/\text{Å}$	标定为有序的 NiAs 型结构 $a=4.19$ Å $b=5.09$ Å	标定为长周期超晶格 $a=20.85$ Å $b=25.10$ Å
60.65	2.95	101	505
63.75	2.74		515*
70.30	2.55	002	0, 0, 10
73.05	2.45		525*
79.20	2.27		535*
86.55	2.09	110	550
90.15	2.01		554*
107.50	1.72	201	10, 0, 5
114.15	1.61	112	5, 5, 10
120.85	1.54	103	5, 0, 15
126.15	1.47	202	10, 0, 10
142.65	1.32	211	10, 5, 5
154.35	1.23	203	10, 0, 15
153.85	1.21	300	15, 0, 0

* 长周期超晶格线 η'。

Cu_3Sn 相是有序的斜方晶系晶体，其晶格常数 $a=0.5516$ nm，$b=0.3816$ nm，$c=0.4329$ nm。它的长周期超晶格是由稍小的斜方晶胞构成，其晶格常数 $a=0.5514$ nm，$b=0.4765$ nm，$c=0.4329$ nm。表3.2所示为图3.2（b）中所标记的 Cu_3Sn 的各个衍射峰。

表 3.2　100 ℃下退火的双层 Cu-Sn 薄膜试样得到的 Cu₃Sn 相各衍射峰的数据

$4\theta/(°)$	$d/\text{Å}$	标定为有序正交晶格 $a=5.514$ Å $b=4.765$ Å $c=4.329$ Å	标定为长周期超晶格 $a=5.514$ Å $b=38.16$ Å $c=4.329$ Å
52.15	3.40	101*	101
55.50	3.20	011*	081
64.89	2.75	200	181
67.00	2.67		191+
75.25	2.38	210*	280
77.65	2.32		290+
80.70	2.23		2, 10, 0+
83.85	2.16	002*	002
96.70	1.90	112	182
115.30	1.59	022	0, 16, 2
136.05	1.37	230	2, 24, 0

$4\theta/(°)$	$d/\text{Å}$	标定为有序正交晶格 $a=5.514\text{ Å}$ $b=4.765\text{ Å}$ $c=4.329\text{ Å}$	标定为长周期超晶格 $a=5.514\text{ Å}$ $b=38.16\text{ Å}$ $c=4.329\text{ Å}$
155.25	1.23	213	283
166.35	1.16	222	2, 16, 2
168.25	1.15	311	381

* 和 $^*_+$ 代表长周期超晶格线。

3.2.2　Cu_6Sn_5 和 Cu_3Sn 的生长动力学

因为在室温或高于室温时生成 Cu_6Sn_5 和 Cu_3Sn 都会消耗 Cu，因此，这两相的生长动力学分析是焊点可靠性的一个重要课题。此外，Cu_3Sn 的生长往往伴随着柯肯达尔孔洞的形成。由于 UBM 层中的 Cu 薄膜层并不是很厚，因此钎焊反应中 Cu 的消耗速率是我们所关心的问题。为研究这个动力学问题，研究者在熔凝石英基底上制备一个 Sn/Cu 双薄膜结构，其中 Cu 的厚度为 560 nm，而 Sn 厚度为 200 nm 或 500 nm。为了尽可能减少沉积过程中的界面反应，双薄膜的沉积过程会在液氮温度下进行。在室温老化过程中，Cu_6Sn_5 层的厚度变化通过卢瑟福背散射获得，且在过程中，并没有检测到 Cu_3Sn 相的形成。

图 3.3 所示为三组 Cu/Sn 样品的卢瑟福背散射谱。其中，a 曲线来自液氮环境中刚沉积完成的 200 nm Sn/560 nm Cu 试样。若样品表面出现 Sn 和 Cu 时，我们用"Cu""Sn"字样来标记其背散射能量位置。从图谱中可知，由于 Cu 层上 Sn 层的吸附作用，Cu 谱线移动至低能量区。b 曲线来自室温下老化 84 天的试样。Sn 能量位置降低并向后延伸，而 Cu 谱线的前端也降低但向前延伸。综合两者，表明此时存在 Sn 和 Cu 混合。Sn 谱线和 Cu 谱线的高度比证明该相的原子量比为 Cu：Sn＝6：5，而 X 衍射实验也证明了 Cu_6Sn_5 相的存在。c 曲线来自 200 ℃下退火 10 min 的试样，其中 Sn 信号严重降低，而 Cu 信号有所提升。同样地，通过 X 射线衍射，可以确认该相为 Cu_3Sn。

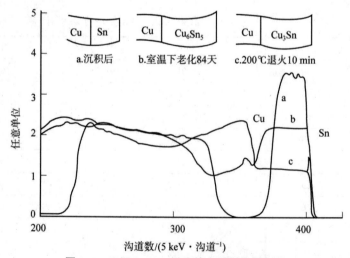

图 3.3　三组 Sn/Cu 样品的卢瑟福背散射谱

图 3.4 为在室温老化过程中，将两份不同样品所测得的 Cu_6Sn_5 层厚度随时间变化的曲线。从图中可以看出无论 Sn 层厚或薄，Cu_6Sn_5 相生长都表现出了线性增长的性质，其增长率分别为 3.5 nm/d 和 6 nm/d。

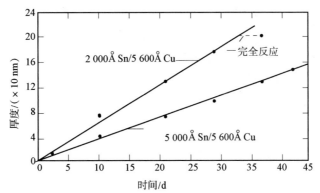

图 3.4　室温下老化后两组试样的 Cu_6Sn_5 厚度随时间的变化曲线

当所有的 Sn 都被 Cu_6Sn_5 的形成所消耗时，$Cu_6Sn_5/Cu/SiO_2$ 样品在纯 He 气氛下进行了退火处理，温度范围为 115～150 ℃。实验利用卢瑟福背散射实验装置通过测定 Cu_6Sn_5 的减少量来获取 Cu_6Sn_5 相和 Cu 相之间 Cu_3Sn 相的生长情况。Cu_3Sn 相的存在则由掠入射 X 射线衍射法来确认。

图 3.5 所示为在 115 ℃、120 ℃、130 ℃、140 ℃和 150 ℃不同温度下退火处理时，剩余 Cu_6Sn_5 层厚度的平方随老化时间变化的曲线。图中明显的线性关系表明该反应为扩散主导。通过绘制固定退火时间时 Cu_6Sn_5 厚度的对数与温度倒数的关系曲线来获得 Cu_6Sn_5 相的还原活化能，如图 3.6 所示，曲线的斜率即为活化能，值为 0.99 eV/atom。

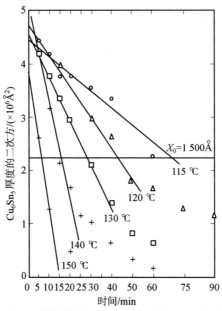

图 3.5　在不同的温度下测得的剩余 Cu_6Sn_5 厚度的二次方与时间的函数关系曲线

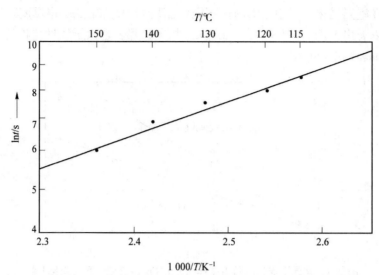

图 3.6　退火时间固定时 Cu_6Sn_5 厚度在对数坐标上与温度倒数的关系曲线

3.2.3　铜是扩散主元

为确定室温下 Cu_6Sn_5 的生长过程中主要扩散物质是 Cu 还是 Sn，研究者在 Cu 和 Sn 之间沉积了一层约 1 nm 厚的不连续 W 膜，将其作为扩散标记。通过卢瑟福背散射测量室温下老化 60 h 前后 W 膜在 Sn/Cu 样品中的深度位置来确定标记层的位移。图 3.7 所示为 Cu_6Sn_5 形成前后 W 标记与双层薄膜的两条卢瑟福背散射光谱曲线。图 3.7（a）中，在反应发生之前，W 信号与 Sn 信号重叠，并在 Sn 信号的前沿出现了一个小峰。反应发生后，W 信号与 Sn 信号的中间部分重叠，如图 3.7（b）所示。综上表明，Cu 是主要的扩散物质。由于当 Cu 原子向前移动时，W 会向后发生位移，因此其信号也将偏移至低能量区。通过模拟，形成的 Cu_6Sn_5 的厚度大约为 245 nm，而样品中 W 标记物的位置距离 Cu_6Sn_5 表面约为 186 nm。假设 Cu 和 Sn 的扩散通量相等，那么标记物将大致位于 Cu_6Sn_5 层正中间。但显然，W 标记层处在 Cu_6Sn_5 层中更深的位置，故而 Cu 扩散通量大于 Sn。

3.2.4　Cu_6Sn_5 和 Cu_3Sn 连续形成的动力学分析

在 Sn 和 Cu 之间的薄膜反应中，Cu_6Sn_5 和 Cu_3Sn 相相继形成，即 Cu_6Sn_5 首先在室温下单独形成，而 Cu_3Sn 仅在温度达到 60 ℃ 以上时才会形成。众所周知，熔融 Sn 和 Cu 之间的润湿反应在更高温度下发生，即 Cu_6Sn_5 和 Cu_3Sn 可能会同时形成。然而，利用同步辐射研究 30 s~4 min 的润湿反应时发现，Cu_6Sn_5 和 Cu 之间存在强结晶取向关系，这表明 Cu_6Sn_5 相在没有 Cu_3Sn 相生成时已经在 Cu 上形核，如 2.2.1 节中所讨论的那样。在经历几分钟更长时间的润湿后，Cu_3Sn 形成并与 Cu_6Sn_5 同时存在，此外，Cu_6Sn_5 和 Cu 之间的取向关系也会受到 Cu_3Sn 生长的影响，见 2.2.1 节。

从 Sn-Cu 二元相图出发，从室温到 250 ℃ 的温度范围内，这两种相均存在。基于相图或热力学，我们无法解释为什么室温下的固态反应中它们是依次形成而不是同时形成的。相

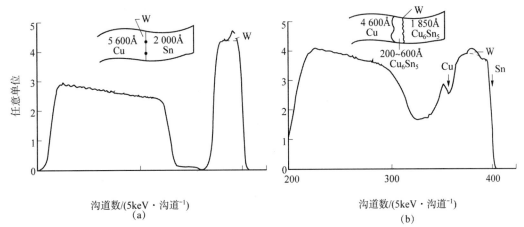

图 3.7　Cu₆Sn₅ 形成前后 W 标记信号和双层薄膜 Sn/Cu 的两组卢瑟福背散射光谱曲线

（a）反应前；（b）反应后

反，我们必须从动力学角度来解释为什么 Cu_3Sn 不会在室温下形成。从动力学的角度看，要么室温下 Cu_3Sn 不能形核，要么它即使可以形核也不能长大。而之所以不能长大是因为不能与 Cu_6Sn_5 相的高速生长相竞争。由于在温度超过 60 ℃时 Cu_6Sn_5 和 Cu_3Sn 可一起形成，因此 Cu_3Sn 必然能够在 60 ℃以上时形核。形核依赖于过冷度，室温下形核的过冷度比 60 ℃下形核更大，因此很难用室温下没有形核来解释 Cu_3Sn 没有出现。故需要用另一种原因来解释，即生长过程中 Cu_3Sn 无法与 Cu_6Sn_5 的快速生长相竞争。

此前，研究者已经研究了 Si 和金属薄膜发生薄膜反应形成各个金属硅化物的依次生长过程[4]。场效应晶体管器件制备中，在 Si 上控制形成特定硅化物的单一相形成是制作欧姆接触和栅极非常重要的技术问题。在超大规模集成电路的 Si 芯片上存在着数百万甚至数十亿个硅化物触点和栅极结构，且这些触点和栅极必须具有相同的物理性质。例如，在触点中不可以出现不同硅化物相的混合物。因此，生产器件要求只能形成单相，而该要求在原则上与热力学原理相悖。因此，这里需要给出动力学机理解释，而非热力学原理。Gosele 和 Tu[5]研究过单相生长的动力学，他们结合扩散控制生长和界面反应控制生长两个方面提出了一个共存相竞争生长的分层模型。

图 3.8 所示为两种纯物质之间的层状金属间化合物相的生长，例如 Cu_6Sn_5 相在 Cu 和 Sn 之间的生长。Cu、Cu_6Sn_5 和 Sn 相分别用 $A_\alpha B$、$A_\beta B$ 和 $A_\gamma B$ 来表示。Cu_6Sn_5 的厚度为 x_β，其与 Cu 和 Sn 的界面的位置分别由 $x_{\alpha\beta}$ 和 $x_{\beta\gamma}$ 表示。在界面处，浓度会发生突变。图 3.8 显示了 Cu 元素跨界面时的浓度变化。在 x_β 的扩散控制生长中，假设其界面处的浓度具有平衡值，如图 3.8 中 x_β 层内虚线所示。在界面反应控制的生长中，假设其界面处的浓度为非平衡态，如图 3.8 中实线所示。

考虑图 3.8 中 x_β 的层状相为扩散控制生长时，需在一维方向使用菲克第一定律[式（3.1）]。跨越界面和层中的各物质扩散通量如图 3.9 所示。

$$J = -D\frac{\mathrm{d}C}{\mathrm{d}x} \tag{3.1}$$

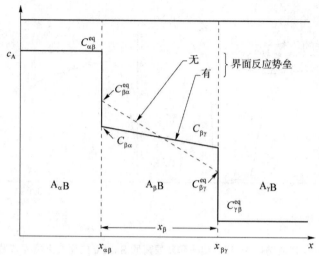

图 3.8　两个纯物质之间层状金属间化合物相生长的示意

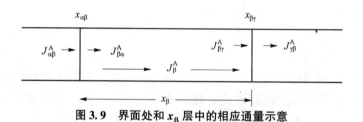

图 3.9　界面处和 x_β 层中的相应通量示意

此外通量方程为

$$J = cv \tag{3.2}$$

式中，J 是原子通量［原子数/（$cm^2 \cdot s$）］；D 是原子扩散系数（cm^2/s）；C 是浓度（原子数/cm^3）；x 是长度（cm），v 是移动界面的移动速度（cm/s）。例如，$v = dx_{\alpha\beta}/dt$ 表示界面 $x_{\alpha\beta}$ 的移动速度。对于该界面生长，通过考虑进入和离开界面的通量守恒，基于式（3.2）和式（3.1）可得

$$(C_{\alpha\beta} - C_{\beta\alpha})\frac{dx_{\alpha\beta}}{dt} = J_{\alpha\beta} - J_{\beta\alpha} = -D\frac{\partial C}{\partial x}\bigg|_{\alpha\beta} + D\frac{\partial C}{\partial x}\bigg|_{\beta\alpha} \tag{3.3}$$

整理后可以得到 $x_{\alpha\beta}$ 界面移动速度的表达式为

$$\frac{dx_{\alpha\beta}}{dt} = \frac{1}{C_{\alpha\beta} - C_{\beta\alpha}}\left[\left(-D\frac{\partial C}{\partial x}\right)_{\alpha\beta} - \left(-D\frac{\partial C}{\partial x}\right)_{\beta\alpha}\right] \tag{3.4}$$

由于式（3.4）方括号中浓度梯度未知，因此需进一步通过变换将 x 和 t 这两个变量统一到一个变量中，即令 $C(x, t) = C(\eta)$，其中 $\eta = x/\sqrt{t}$，因此

$$\frac{\partial C}{\partial x} = \frac{1}{\sqrt{t}} \cdot \frac{dC}{d\eta} \tag{3.5}$$

由于在扩散控制生长假设下，将界面处浓度当作平衡值来处理，因此界面处的浓度相同，即相对时间和位置而言，$C_{\alpha\beta}$ 和 $C_{\beta\alpha}$ 的大小可以假定为常数[6]。故有

$$\frac{\mathrm{d}C(\eta)}{\mathrm{d}\eta} = f(\eta) \tag{3.6}$$

在扩散控制过程的界面处，当 η 是与时间和位置无关的常数时，$f(\eta)$ = 常数。因此速度方程可写为

$$\frac{\mathrm{d}x_{\alpha\beta}}{\mathrm{d}t} = \frac{1}{C_{\alpha\beta} - C_{\beta\alpha}}\left[-\left(D\frac{\partial C}{\partial \eta}\right)_{\alpha\beta} + D\left(\frac{\partial C}{\partial \eta}\right)_{\beta\alpha}\right]\frac{1}{\sqrt{t}} \tag{3.7}$$

将与时间有关的变量提出方括号后，方括号内的变量将与时间无关。故对上述方程进一步积分，可得

$$x_{\alpha\beta} = A_{\alpha\beta}\sqrt{t} \tag{3.8}$$

式中

$$A_{\alpha\beta} = 2\left[\frac{(DK)_{\beta\alpha} - (DK)_{\alpha\beta}}{C_{\alpha\beta} - C_{\beta\alpha}}\right]$$

$$K_{ij} = \left(\frac{\mathrm{d}C}{\mathrm{d}\eta}\right)_{ij}$$

按照类似的方法，可得，另一个界面 $x_{\beta\gamma}$ 为

$$x_{\beta\gamma} = A_{\beta\gamma}\sqrt{t} \tag{3.9}$$

将两个界面处结果相结合，可得 β 相的宽度为

$$w_\beta = x_{\beta\gamma} - x_{\alpha\beta} = (A_{\beta\gamma} - A_{\alpha\beta})\sqrt{t} = B\sqrt{t} \tag{3.10}$$

这表明 β 相为生长速率抛物线式，为扩散控制类型的生长。但需注意，上述过程是非常简单的关于层状结构扩散控制的生长过程的推导，或者说对于组分在界面处发生突变的层状生长维持了 $x^2 \propto t$ 的关系。

扩散控制型层状生长的生长速度与层的厚度成反比，因此在多层结构的竞争生长过程中，该层不会消失，亦不会被消耗掉。当厚度 w 接近 0 时，有

$$\lim \frac{\mathrm{d}w}{\mathrm{d}t} = \frac{B}{w} \to \infty \tag{3.11}$$

生长速率将接近无穷大，即驱动生长的化学势梯度将接近无穷大。因此，在多层结构（例如 Cu/Cu$_3$Sn/Cu$_6$Sn$_5$/Sn 结构）中，当 Cu$_3$Sn 和 Cu$_6$Sn$_5$ 同时存在并处于扩散控制型生长时，它们将保持共存并一起生长。由于这个原因，在 Cu$_6$Sn$_5$ 和 Cu$_3$Sn 相继生长的过程中，不能假设它们均可成核，且均为扩散控制型生长，从而达到共存状态。

接下来，再考虑界面反应控制型生长。在这种类型中，生长速率与时间呈线性关系，或者说生长速率是与厚度无关的有限常数。但同时，线性生长不可能一直持续下去；因为当生长到一定厚度时，穿过较厚层状结构的扩散过程将受速率限制，且生长模式将变为扩散控制型，或者说生长过程与时间的关系将从线性转变为抛物线型。

在界面反应控制型的生长中，界面处的浓度将处于非平衡状态，如图 3.8 所示。β 相中的通量

$$J_\beta = (C_{\beta\alpha}^{\mathrm{eq}} - C_{\beta\alpha})K_{\beta\alpha} \tag{3.12}$$

式中，$K_{\beta\alpha}$ 定义为 $x_{\alpha\beta}$ 界面的界面反应常数，它具有速度量纲（单位 cm/s），指 Cu 原子离开 A$_\alpha$B 表面的速率。若假设 Cu 从 A$_\alpha$B 表面离开时存在滞后效应，则原子浓度 $C_{\beta\alpha}$ 将小于平衡

值。另一方面，在 $x_{\beta\gamma}$ 界面，在接受进入的 Cu 原子时由于同样存在滞后，因此 Cu 原子浓度 $C_{\beta\gamma}$ 将大于平衡值。在图 3.8 中，β 相内的虚线表示平衡浓度梯度，实线表示非平衡浓度梯度。β 相的生长速度不取决于穿过它的扩散，而是取决于两个界面处发生的界面反应过程。类似这样的层结构动力学分析细节可在文献 [5] 中找到，这里不再重复。文献中给出的生长速度为

$$\frac{\mathrm{d}x_{\beta}}{\mathrm{d}t} = \frac{G_{\beta}\Delta C_{\beta}K_{\beta}^{\mathrm{eff}}}{1 + x_{\beta}\dfrac{K_{\beta}^{\mathrm{eff}}}{D_{\beta}}} = \frac{G_{\beta}\Delta C_{\beta}K_{\beta}^{\mathrm{eff}}}{1 + \dfrac{x_{\beta}}{x_{\beta}^{*}}} \tag{3.13}$$

式中，$\dfrac{1}{K_{\beta}^{\mathrm{eff}}} = \dfrac{1}{K_{\beta\alpha}} + \dfrac{1}{K_{\beta\gamma}}$ 是 β 相有效的界面反应常数；$K_{\beta\gamma}$ 是 $x_{\beta\gamma}$ 界面处的界面反应常数；G_{β} 是常数；ΔC_{β} 是一个浓度项；D_{β} 是 β 相内的互扩散系数。我们定义一个转换厚度，其为

$$x_{\beta}^{*} = \frac{D_{\beta}}{K_{\beta}^{\mathrm{eff}}} \tag{3.14}$$

对于一个大的转换厚度而言，或者说 $x_{\beta}/x_{\beta}^{*} \ll 1$ 时，即在互扩散系数远大于有效界面反应系数时，可得到

$$\frac{\mathrm{d}x_{\beta}}{\mathrm{d}t} = G_{\beta}\Delta C_{\beta}K_{\beta}^{\mathrm{eff}} \tag{3.15}$$

该过程是界面反应控制的，且生长速率是恒定的。

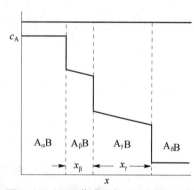

图 3.10 四层薄膜结构（Cu/Cu₃Sn/ Cu₆Sn₅/Sn）的原理示意

为便于将扩散控制生长和界面反应控制生长同时应用到薄膜状态下的 Cu-Sn 反应问题，图 3.10 中给出了 Cu/Cu₃Sn/Cu₆Sn₅/Sn 四层薄膜结构的示意图。假设 Cu₃Sn 生长由界面反应控制，且生长速度为 v_1；Cu₆Sn₅ 生长由扩散控制，且速度为 v_2。由于 v_2 的大小与层厚成反比，故当层厚较小时，v_2 量级会很大，故可假设 $v_2 \gg v_1$ 且 Cu₆Sn₅ 的快速生长可以消耗掉所有的 Cu₃Sn。此外，亦可假设这两相都为界面反应控制的生长，其中 $v_2 \gg v_1$，同样，生长过程是由 Cu₆Sn₅ 主导的，因此此时为一个单相生长过程。在 3.2.2 节图 3.4 中，已经说明 Cu₆Sn₅ 在室温下呈现线性生长特性。

一般来说，偏移速度可以表示为物质的驱动力和界面迁移率的乘积。在薄膜反应中，驱动力是金属间化合物形成的化学亲和能，如 Cu₆Sn₅ 的形成能。故而界面反应常数 K（速度）的物理意义就是界面迁移率。界面迁移的原子论解释可参见 3.2.5 节。

实验上，首先制备 Cu/Sn 双层薄膜试样，并在 100 ℃ 下老化较短时间以形成 Cu/Cu₃Sn/ Cu₆Sn₅/Sn 结构，随后在室温下长时间老化以研究 Cu₃Sn 是会变得更厚，还是会被 Cu₆Sn₅ 的生长所消耗。需注意，100 ℃ 下的老化时间必须短，这样 Cu₃Sn 和 Cu₆Sn₅ 不会太厚，从而不会变为扩散控制型生长。如果室温老化消耗现有的 Cu₃Sn，则表明即使 Cu₃Sn 可以在室温下形核，它也不能与 Cu₆Sn₅ 一起生长，因此由于生长选择，室温下只形成 Cu₆Sn₅ 单相。另一方面，如果现有的 Cu₃Sn 可以生长，或可以与 Cu₆Sn₅ 共存，那么在 Cu 和 Sn 之间的室温反应中没有发现 Cu₃Sn 相则是因为它无法形核。

3.2.5 界面反应系数的原子模型

在 3.2.4 节的动力学分析中，最重要的两个动力学参数是原子扩散率和界面反应控制系数。面心立方金属中利用空位的原子扩散理论目前已经比较成熟并出现在多本教科书中。举例来说，扩散率可以表示为

$$D = f n v_0 \lambda^2 \exp\left(-\frac{\Delta G_f}{kT}\right) \exp\left(-\frac{\Delta G_m}{kT}\right) = D_0 \exp\left(-\frac{\Delta H}{kT}\right) \tag{3.16}$$

式中，指前因子

$$D_0 = f n v_0 \lambda^2 \exp\left(\frac{\Delta S_f + \Delta S_m}{k}\right) \tag{3.17}$$

而活化焓

$$\Delta H = \Delta H_f + \Delta H_m \tag{3.18}$$

式中，f 是相关因子；n 是最近邻原子的数目，在面心立方晶格中 $n = 12$；v_0 是振动的德拜频率；λ 是原子与其最近邻空位之间的原子跳跃距离；ΔG_m 和 ΔG_f 分别是迁移和形成空位的自由能；kT 是热能的通常含义。表达式 $\exp\left(-\frac{\Delta G_f}{kT}\right)$ 的物理意义是在跳跃原子附近存在空位的概率。$\exp\left(-\frac{\Delta G_m}{kT}\right)$ 的物理意义是原子与最近邻空位之间发生成功跳跃交换的概率。至于相关因子，在面心立方晶格的空位机制中 $f = 0.87$。

为了方便比较，在界面反应控制系数中我们提出了一个类似的表达式。图 3.11 描述了越过 Cu_6Sn_5/Sn 界面的活化能，其中 ΔG_m 是穿过界面的迁移活化能，ΔG 是反应中或者是 Cu_6Sn_5 生长中每一个原子对应的化合物的自由能增益（驱动力），而 λ 是界面的宽度。若考虑一维生长，并假定一个单位面积界面前进距离为 dx，或一个

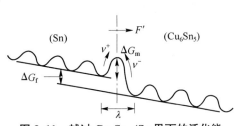

图 3.11　越过 Cu_6Sn_5/Sn 界面的活化能

dx 乘以 1 的体积，那么这一体积内的原子数为 $\dfrac{dx}{\Omega}$，其中 Ω 为原子体积。因此获得的总自由能应当为 $\Delta G\left(\dfrac{dx}{\Omega}\right)$，且应等于这一过程中外力所做的功。

$$\Delta G \frac{dx}{\Omega} = p dV = p dx \tag{3.19}$$

$$p = \frac{\Delta G}{\Omega} \tag{3.20}$$

式中，p 为压力。为了检验 ΔG，根据如下的化学反应：

$$6Cu + 5Sn \rightarrow Cu_6Sn_5$$

可知化学亲和力

$$A = \mu_\eta - 6\mu_{Cu} - 5\mu_{Sn} \tag{3.21}$$

式中，μ_η 是 Cu_6Sn_5 化合物分子的化学势，μ_{Cu} 和 μ_{Sn} 分别是未反应的 Cu 和 Sn 原子的化学势。

反应中吉布斯自由能的变化量是

$$dG = -SdT + Vdp - Adn \tag{3.22}$$

式中，n 是反应的程度（单位为摩尔或分子），S、T、V 和 p 都是在热力学中的通常含义。在常温常压下，反应的自由能增加量为

$$\Delta G = A\Delta n \tag{3.23}$$

为将驱动力与界面反应的动力学相联系，需要考虑从 Sn 晶粒穿过界面跳跃到 Cu_6Sn_5 晶粒过程中的 Sn 的原子通量，有[7]

$$J_{12} = A_2 \, n_1 \, v_1 \exp\left(-\frac{\Delta G_m}{kT}\right) \tag{3.24}$$

式中，A_2 是 Cu_6Sn_5 表面每单位面积上原子适配的概率，即一个原子可以附着到 Cu_6Sn_5 晶粒上的概率，n_1 是 Sn 晶粒上单位面积内即将越过界面的原子数，v_1 是振动频率。从 Cu_6Sn_5 到 Sn 的反向通量是

$$J_{21} = A_1 \, n_2 \, v_2 \exp\left(-\frac{\Delta G_m + \Delta G}{kT}\right) \tag{3.25}$$

如果 $\Delta G = 0$，则两侧处于平衡状态，意味着增长停止。净迁移量为 0，则通量相等。因此有

$$A_2 n_1 v_1 = A_1 n_2 v_2 \tag{3.26}$$

当 $\Delta G < 0$ 时，则有净增长运动

$$J_{net} = A_2 \, n_1 \, v_1 \exp\left(-\frac{\Delta G_m}{kT}\right)\left[1 - \exp\left(-\frac{\Delta G}{kT}\right)\right]$$

$$= A_2 \, n_1 \, v_1 \exp\left(-\frac{\Delta G_m}{kT}\right)\frac{\Delta G}{kT} \tag{3.27}$$

线性化处理过程假定 $\Delta G \ll kT$。生长速度是

$$v = J_{net}\Omega = \frac{A_2 \, n_1 \, v_1 \, \Omega^2}{kT}\exp\left(-\frac{\Delta G_m}{kT}\right)\frac{\Delta G}{\Omega} = M\frac{\Delta G}{\Omega} \tag{3.28}$$

式中，M 是迁移率；$\dfrac{\Delta G}{\Omega} = p$［式（3.20）］。

$$M = \frac{A_2 \, n_1 \, v_1 \, \Omega^2}{kT}\exp\left(-\frac{\Delta G_m}{kT}\right) \tag{3.29}$$

为核查 M 的单位，可注意到，在爱因斯坦关系的基础上，$M = D/kT$，其中 D 是扩散率，单位为 cm^2/s。由于 $A_2 n_1 \Omega^2$ 和 v_1 的单位分别为 cm^2 和 s^{-1}，故可得结果正确。为了比较，代入扩散率

$$D = A_2 n_1 v_1 \Omega^2 \exp\left(-\frac{\Delta G_m}{kT}\right) \tag{3.30}$$

并将其与面心立方晶格中利用空位机理所得的原子扩散率相比较，有

$$D = fnv_0\lambda^2\exp\left(-\frac{\Delta G_f}{kT}\right)\exp\left(-\frac{\Delta G_m}{kT}\right) = D_0\exp\left(-\frac{\Delta H}{kT}\right) \tag{3.31}$$

$\exp\left(-\dfrac{\Delta G_f}{kT}\right)$ 的物理意义是可跳跃原子旁边具有空位的概率，所以它类似于式（3.24）中 A_2

中的含义，即 Cu_6Sn_5 表面上能够接受 Cu 原子或 Sn 原子的位点概率。如果 $A_2 = 1$，界面动力学过程快，则生长类型为扩散控制型；如果 $A_2 < 1$，界面动力学过程比较缓慢，则生长类型为界面反应控制型。至于相关因子，在面心立方结构的空位机制中 $f = 0.87$，但由于生长过程中，原子离开化合物分子发生反向跳跃或解离跳跃的概率很小，因此在反应生长中可取 $f \approx 1$。

以上讨论了一个原子接着一个原子的生长过程。由于过程中涉及 Cu 原子和 Sn 原子两种原子，故需考虑每个分子的生长，它将涉及 6 个 Cu 原子和 5 个 Sn 原子。但由于界面反应过程极其缓慢，因此不太可能考虑分子生长。另外，当假设生长方式是一个原子接着一个原子的，则每个原子的自由能增益会小于 $A/11$，其中 A 是形成 Cu_6Sn_5 分子的化学亲和能。这是由于只有当形成一个完整的 Cu_6Sn_5 分子时，才可获得能量 A。若它只是部分形成，则每个原子对应的平均能量应高于 $A/11$。

3.2.6 Cu 和 Sn 薄膜中应变的测量

3.2.1 节中讨论了使用 Seeman-Bohlin 衍射仪进行薄膜材料晶格参数的测量和相种类的识别。相对于薄膜表面的法向而言，衍射仪中每个衍射峰对应的倒易晶格矢量会形成一个对应的倾角 φ（$\varphi = \theta - \gamma$），其中 θ 是布拉格角，γ 是 X 射线束的固定入射角。在倒易晶格矢量的方向上，X 射线可测量晶面间距或应变。通过推断 $\varphi = 90°$，就能够获得沿主应力方向上的应变，即与薄膜表面相平行的方向上的应变。接下来，Cu 的 220、311、331 和 420 对应的衍射峰，以及 Sn 的 400、231、420、411、440、123、303、233 和 143 对应的衍射峰均用于推断。由于 β-Sn 的晶格是体心四方结构，故通过连续迭代即可推断得到晶格参数 a 和 c。实验中发现，在室温下退火时，$Cu/Cu_6Sn_5/Sn$ 三层膜结构中残余 Cu 膜处于拉应力状态，而残余 Sn 膜处于压应力状态。表 3.3 所示为通过推断获得的晶格参数，即在室温下退火后沿着与薄膜表面相平行的方向上 Cu 与 Sn 的晶格参数。在熔融石英上沉积并在室温下退火后获得的单层 Sn 结构的晶格参数也列在表中作参考。与膜表面平行的方向上 Cu 膜应变约为 $\pm 0.06\%$，不确定性为 $\pm 50\%$。而沿同一方向的 Sn 膜中应变约为 -0.16%，低于弹性极限 0.2%。这里的压应力将与第 6 章中将讨论到的锡须自发生长有关。

表 3.3 室温下退火后 Cu 和 Sn 的晶格参数的推测值

试样	退火时间	晶格参数 Cu（=0.001 0)/Å	晶格参数 Sn（=0.002 0)/Å
Sn/Cu	刚沉积后	3.616 2	$a = 5.813 2$ $c = 3.170 1$
	15 d	3.618 1	$a = 5.814 4$ $c = 3.170 6$
	30 d	3.617 6	$a = 5.806 3$ $c = 3.169 2$
	1 年	3.618 0	
Sn（3 500Å）			$a = 5.820 5$ $c = 3.174 7$

3.3 SnPb 共晶钎料在 Cu 薄膜上润湿反应中的剥落现象

当用薄的 Cu 膜替代厚的 Cu 箔时，薄膜上焊料润湿反应中会出现金属间化合物形态的极大改变。图 3.12 所示为沉积有 100 nm Ti 膜的氧化后 Si 晶片上沉积的 870 nm 厚的 Cu 薄膜与 SnPb 共晶焊料在 200 ℃进行 10 min 润湿反应后的横截面 SEM 图像。笋钉状 Cu_6Sn_5 金属间化合物不复存在，而是变成球状，其中一些已经从基板剥落离开，进入熔融焊料中[8-11]。当 Cu 膜被焊料完全消耗时，这一现象不是我们所预期的，相反我们预期当没有更多的 Cu 时界面反应完全停止。但是实际上笋钉状金属间化合物的熟化反应还在继续并且将由半球形笋钉状转变为球状。球状金属间化合物在 Ti 表面具有 180°的润湿角，故它们之间不存在黏附效应，球状体可以轻易地从 Ti 表面分离剥落，并进入熔融焊料中。当焊料处于熔融状态时，这个过程可以通过重力来解释，熔融焊料的密度比 Cu_6Sn_5 的密度要大，导致金属间化合物剥落。图 3.13 所示为夹在两个具有 Au/Cu/Cr 三层薄膜结构的 Si 晶片之间的一片 SnPb 共晶焊料的横截面 SEM 图像。在 200 ℃下反应 20 min 后，Cu_6Sn_5 球状体会从底部表面脱离并移动到上部表面。这一现象就是金属间化合物的"剥落"。当这个现象发生时，焊料会与未润湿的基板直接接触，从而发生去润湿现象。

图 3.12 沉积有 **100 nm Ti** 膜的氧化后 **Si** 晶片上沉积的 **870 nm** 厚的 **Cu** 薄膜与 **SnPb** 共晶焊料在 **200 ℃**进行 **10 min** 润湿反应后的横截面 **SEM** 图像

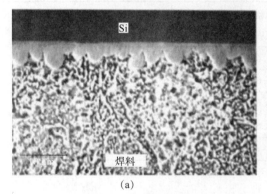
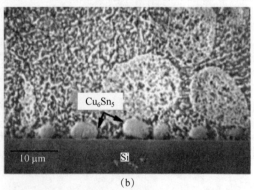

(a)　　　　　　　　　　　　　(b)

图 3.13 夹在两个具有 **Au/Cu/Cr** 三层薄膜结构的 **Si** 晶片之间的一片 **SnPb** 共晶焊料的三层结构的横截面 **SEM** 图像
(a) 上部表面；(b) 底部表面

图 3.14 所示为在 Au/Cu/Cr 三层薄膜结构上焊帽中的金属间化合物剥落。图 3.15 所示为剥落后发生去润湿表面的 SEM 图像。图 3.16 所示为熔融焊料与薄膜的反应中金属间化合物依次发生熟化、剥落和去润湿的示意。

图 3.14 Au/Cu/Cr 三层薄膜结构上的共晶
SnPb 焊帽的横截面 SEM 图像

（a）焊帽的低倍率图像；（b）~（e）金属间化合物剥落过程中不同截面的高倍率图像

为了解释形态变换，我们回忆一下图 2.26 中两个相邻笋钉状金属间化合物之间的保存或恒定体积熟化过程以及它们之间的大间隙的打开过程。当全部的 Cu 薄膜都被反应掉时，笋钉状 Cu_6Sn_5 熟化过程变成保守型。笋钉状金属间化合物间的间隙允许熔融焊料与没有被熔融焊料浸润的 Ti 表面直接

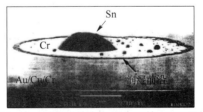

图 3.15 剥落后的去润湿表面的 SEM 图像

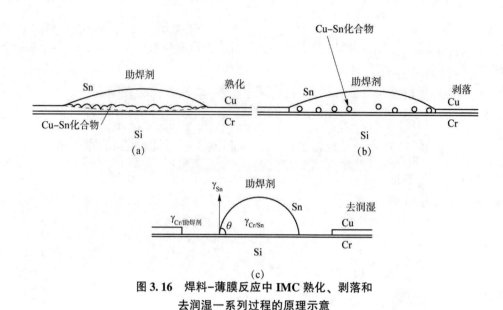

图 3.16 焊料–薄膜反应中 IMC 熟化、剥落和
去润湿一系列过程的原理示意

（a）熟化；（b）剥落；（c）去润湿

接触。图 3.17 展示了保守型熟化中由总表面积和界面能降低所驱动的从半球形笋钉状金属间化合物转变为球状金属间化合物的过程。

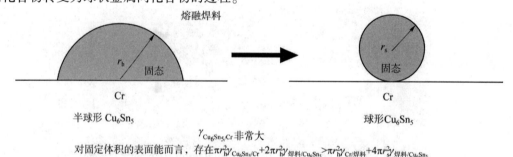

$\gamma_{Cu_6Sn_5/Cr}$ 非常大

对固定体积的表面能而言，存在 $\pi r_h^2 \gamma_{Cu_6Sn_5/Cr} + 2\pi r_h^2 \gamma_{焊料/Cu_6Sn_5} > \pi r_s^2 \gamma_{Cr/焊料} + 4\pi r_s^2 \gamma_{焊料/Cu_6Sn_5}$

图 3.17 保守型熟化中由总表面积和界面能降低所驱动的从半球形
笋钉状金属间化合物转变为球状金属间化合物的过程

之后，文章将回顾电子封装技术中一系列不同熔融焊料与薄膜凸点下金属化层间的反应，而我们也将看到剥落现象是一种反复出现的现象，且对于无铅焊料来说其依然是非常具有挑战性的可靠性问题。

3.4 高铅钎料在 Au/Cu/Cu–Cr 薄膜上无剥落现象

首先，我们回顾一下在大型计算机中会用到的可控塌陷芯片互连焊点[12]。图 1.9 所示为在陶瓷基板上沉积有 100 nm Au/500 nm Cu/300 nm 共沉积 Cu–Cr 的薄膜金属化层与 95Pb5Sn 焊球互连的结构示意。由于 Cu 和 Cr 彼此之间的黏附性差，所以人们开发了共沉积的 Cu–Cr 或共混的 Cu–Cr 以提高它们之间的黏附性。这是因为 Cr 和 Cu 是不混溶的，所以当它们共沉积时，它们的晶粒会形成互锁的微结构。

图 3.18 所示为共混 Cu–Cr 薄膜的选区电子衍射图案，在其中能够识别出 Cu 和 Cr 的

衍射环。图 3.19 所示为三层薄膜结构横截面的透射电子显微镜（TEM）明场图像[13]。可以将 Cu-Cr 层的选定区域衍射图案作为 Cu 和 Cr 衍射环的混合。Cu 和 Cr 混合层的高分辨率 TEM 图像如图 3.20 所示，从中可以识别出 Cu 或 Cr 的晶格结构。当 95Pb5Sn 熔融高铅焊料润湿这种三层薄膜金属化层时，它会溶解 Au，在焊料中形成 $AuSn_4$ 化合物颗粒，并在 Cu-Cr 层上形成 Cu_3Sn 化合物，但不会形成 Cu_6Sn_5。这与第 2 章中讨论的 350 ℃ 时的 Sn-Pb-Cu 相图一致。而令人惊讶的是，直到最近才有关于 Cu_3Sn 剥落的报道[14]。共混的 Cu-Cr 薄膜与高铅焊料共存时相当稳定。因为共混的 Cr-Cu 不仅提高了 Cr 和 Cu 之间的黏附性，也能够抵抗剥落，这表示如果用 Cu/Cr 的层状结构代替共混的 Cu-Cr/Cr，则可能会发生 Cu_3Sn 的剥落现象。而这很有可能是共混的 Cu-Cr 中微观结构的互锁使剥落延迟。

图 3.18　共混 Cu-Cr 薄膜的
选定区域电子衍射图案

图 3.19　三层薄膜结构的
明场横截面 TEM 图像

3.5　SnPb 共晶钎料在 Au/Cu/Cu-Cr 薄膜上的剥落现象

因消费类电子产品对多功能的需求及随之导致的芯片表面（I/O）互连增多的需求，倒装焊技术在电子制造中获得了广泛应用。在消费类产品中，为降低成本，芯片被连接在聚合物板卡上。这样一来，在 220 ℃ 下能够发生润湿的低熔点共晶 SnPb 比高铅焊料更加合适用在可控塌陷芯片互连技术中。SnPb 共晶焊料与 Cu 在 220 ℃ 发生反应时，反应产物是 Cu_6Sn_5 而不是 Cu_3Sn。这与图 2.21 中 Sn-Pb-Cu 三元相图一致。然而，Cu_6Sn_5 在 Cu-Cr 表面的形态并不稳定，从而易导致剥落的发生。图 3.13 所示为夹在具有 Au/Cu/Cu-Cr 薄膜的两个 Si 芯片之间的 SnPb 共晶焊料凸点的横截面 SEM 图像。在 200 ℃ 下经过 20 min 后，Cu_6Sn_5 球状体就已经剥落了。

3.6　SnPb 共晶钎料在 Cu/Ni（V）/Al 薄膜上无剥落现象

由于前面讨论的 Au/Cu/Cu-Cr 凸点下金属化层上的共晶 SnPb 的剥落行为，人们研究了

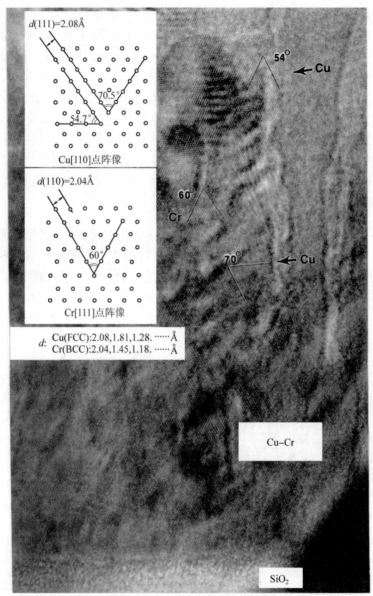

图 3.20 Cu 和 Cr 混合层的高分辨率透射电子显微镜图像
（由香港科技大学王宁教授提供）

Cu/Ni（V）/Al 薄膜凸点下金属化层以用于 SnPb 共晶焊料凸点。图 3.21（a）所示为一次润湿后的焊料–薄膜界面的横截面 TEM 图像，从中可观察到 Si、SiO_2、Al 和 Ni（V）的双层以及 Cu_6Sn_5 相[15]。在 Cu_6Sn_5 层中，可观察到被一小簇 Cu_3Sn 晶粒包围起来未反应 Cu 的孤立区域。在 Cu_3Sn 和 Cu 之间存在柯肯达尔孔洞。图 3.21（b）所示为 200 ℃下额外退火 5 min 后的界面横截面 TEM 图像。此时柯肯达尔孔洞和 Cu_3Sn 不复存在，Cu_6Sn_5 晶粒稍微成长，但是它很好地附着在 Ni（V）上。即使在 220 ℃下经过 20~40 min 的退火处理，Cu_6Sn_5 和 Ni（V）层也没有发生变化，仍然十分稳定。图 3.21（c）所示为 Ni（V）层及其与 Cu_6Sn_5 层界面的高分辨率图像。

当 Ni 含有质量分数大于 7% 的 V 时，它是抗磁性的并且可以在高的溅射速率下沉积。V 可能降低了 Ni 的堆垛层错能，所以在图 3.21（c）中能看到 Ni 中有大量的孪晶晶界。为什么 Cu_6Sn_5 没转变成球状体并剥落到焊料中呢？一个合理的解释是 Cu_6Sn_5 与 Ni（V）之间的界面是一个能量十分低的界面，因此它十分稳定，不存在形态转变。

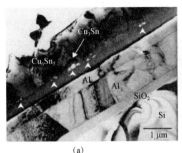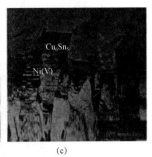

（a）　　　　　　　　　　　（b）　　　　　　　　　（c）

图 3.21　Au/Cu/Cu-Cr 凸点下金属层上的共晶 SnPb 焊料凸点不同
处理条件下的透射电镜照片及高分辨率照片

（a）一次润湿后的焊料-薄膜界面的横截面 TEM 图像；

（b）200 ℃下额外退火 5 min 后的界面横截面 TEM 照片；

（c）Ni（V）层及其与 Cu_6Sn_5 层界面的高分辨率图像

3.7　SnAgCu 共晶钎料在 Cu/Ni（V）/Al 薄膜上的剥落现象

由于 Cu/Ni（V）/Al 凸点下金属化层与共晶 SnPb 之间十分稳定，故其应用场合已经扩展到无铅焊料中[16]。图 3.22 所示为 Al/Ni（V）/Cu 薄膜上经过 1 次（即刚刚完成键合）、5 次、10 次和 20 次回流后的 SnAgCu 共晶焊料样品的横截面 SEM 背散射图像。在经过这几次回流后，焊点中可发现两类金属间化合物，即 Cu_6Sn_5 ［也有（Cu，Ni）$_6Sn_5$］和 Ag_3Sn。虽然焊料内部可能会存在一些大块的 Cu_6Sn_5，Cu_6Sn_5 仍主要存在于界面处。

如图 3.23（a）所示，1 次回流后，Cu 层被反应消耗并转化为 Cu_6Sn_5，而 Ni（V）层则保持了最初状态。在 5 次回流后，笋钉状金属间化合物的长宽比增加，其形态从圆形笋钉状转变成伸长形笋钉状或棒状。金属间化合物呈现割面状，且其中一些已经脱离了 UBM 层。由于 UBM 层中 300 nm 的 Cu 层在 1 次回流（也即刚刚完成键合）后已经被消耗，因此 Cu_6Sn_5 金属间化合物的体积在之后的回流中本应不再增加。然而，图 3.23（b）中的横截面 SEM 图像表明金属间化合物的体积确实随着回流次数的增加而增加，原因归结为 Ni 和 Cu_6Sn_5 发生合金化转化，变为（Cu，Ni）$_6Sn_5$ 相。EDX 能谱分析亦证明了这种转化。在图 3.23（b）的 Ni（V）层中可看到白斑，能谱分析证实该白斑主要包含 Sn 和 V。如图 3.23（c）所示，当回流次数增加到 10 次，白斑几乎完全替代了 Ni（V）层。在 20 次回流后，Ni（V）层消失，一层 Sn 将金属间化合物与 Al 层分隔开［图 3.23（d）］。换言之，替代了原来的 Ni（V）层的是 Sn，而非 Ni-Sn 金属间化合物。一些棒状金属间化合物也从 UBM 层中分离，并剥落到焊料中。显然，在多次回流后，Cu/Ni（V）/Al UBM 层与共晶 SnAgCu 焊料间无法保持稳定。

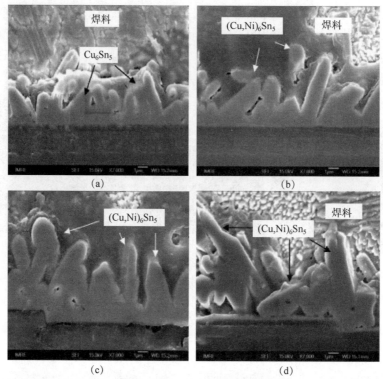

图 3.22 Al/Ni（V）/Cu 薄膜上经过 1 次（即刚刚完成键合）、5 次、10 次和 20 次回流后的共晶 SnAgCu 焊料样品的横截面 SEM 背散射图像

熔融的无铅焊料对 Ni（V）的溶解是不均匀的，且似乎是从 Ni（V）表面上的某些缺陷点上开始形成，随后横向扩散最终形成斑点。图 3.24（a）~（c）分别为 Al/Ni（V）/Cu 薄膜上的 SnAgCu 共晶焊料在 260 ℃下退火 5、10 和 20 min 后的 SEM 背散射图像。Ni(V) 层的不均匀溶解和层中白斑的形成随着退火时间的增加而增加。

3.8 由焊料接头的相互作用导致的剥落增加现象

如上一节中所讨论，Cu/Ni(V)/Al 薄膜 UBM 层上的（Cu，Ni）$_6$Sn$_5$ 颗粒会由于焊料接头另一个界面上的金属间化合物的相互作用而加速剥落。图 3.24 已经做出了展示。若在焊接接头的另一侧上没有金属，比如说，若在 Cu/Ni（V）/Al 上仅有一个共晶 SnCuAg 焊点，那么，剥落现象在 20 次回流后才能观察到。而当 Au/Ni(P) 金属间化层与凸点另一侧连接时，仅仅经历 5 次回流就能看到剥落现象。研究 SnPb 焊料和无铅焊料时都发现了类似的现象。

在熔融焊料中，原子扩散率大约是 10^{-5} cm^2/s，因此原子扩散穿过直径为 100 μm 的熔融焊点只需要 10 s。由于焊点的另一侧上有 Au、Ni 和 P，可能使其中之一增强了。事实证明，若我们在焊点的另一侧用纯 Ni 代替 Au/Ni（P），金属间化合物的剥落现象增强。纯 Ni 溶解到熔融焊料中，增强了 Cu$_6$Sn$_5$ 化合物的溶解，并使 Ni（V）层暴露在熔融焊料中。而 Cu$_6$Sn$_5$ 的溶解增强则是由于形成了（Cu，Ni）$_6$Sn$_5$，体积增加导致压应变很大。

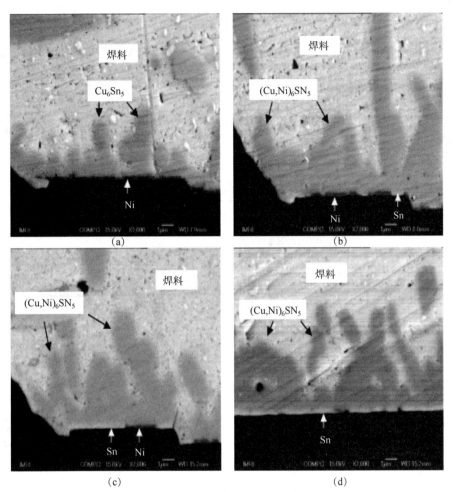

图 3.23　Al/Ni（V）/Cu 薄膜上 Sn-Ag-Cu 焊料分别经过 1 次、
5 次、10 次、20 次回流后的界面 SEM 图像

（a）1 次；（b）5 次；（c）10 次；（d）20 次

3.9　V 形凹槽表面薄膜涂层上的尖端润湿反应

平衡润湿尖端的经典杨氏方程是通过使所涉及的总表面和界面能最小化推导得到的，但不包括界面金属间化合物的形成自由能。润湿角是通过润湿尖端的表面和界面能之间的平衡条件来定义的。假设润湿端（或润湿盖）形态可以瞬间实现，如果界面金属间化合物的形成速率比金属表面上的熔融焊料滴的铺展速率慢得多，那么金属间化合物的形成自由能就可以忽略。

此处列举出了焊料反应中润湿尖端不稳定的两种现象。第一种是在 Pd 和 Au 上的熔融 SnPb 的润湿。这种润湿没有稳定的润湿角，详细内容会在第 7 章给出。对于 Pd 上的共晶 SnPb 而言，尖端不断地在 Pd 表面上前进直到焊料被完全消耗[17]；对于 Au 上的 95Pb5Sn

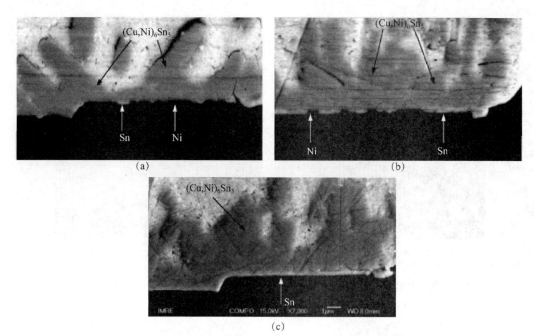

**图 3.24　Al/Ni（V）/Cu 薄膜上共晶 SnAgCu 焊料在 260 ℃下
退火 5、10 和 20 min 后的 SEM 背散射图像**

（a）5 min；（b）10 min；（c）20 min

焊料，熔融焊料具有下陷在 Au 里的凹陷界面，且这个界面会随着时间加深[18]。在这两种情况下，润湿角和尖端形状都是随时间变化的，对于 SnPb/Pd 来说，这是因为形成金属间化合物的反应速度很快；而对于 SnPb/Au 而言，这则是因为 Au 能够快速溶解到熔融焊料中。

第二种则与 Cu 上熔融共晶 SnPb 焊帽的润湿有关。虽然存在稳定的润湿角，但是从其生长晕轮的意义上来说，尖端是不稳定的。由于在晕环下方会形成非常薄的金属间化合物层，晕轮将不断向前扩散。在 Ni 上的共晶 SnPb 的熔融尖端前也能发现这样的晕轮。

为了研究金属间化合物的形成对反应性润湿尖端的影响，我们必须研究润湿反应的早期阶段。利用蚀刻在 Si 片表面的涂敷有薄膜涂层的 V 形槽可以做到这一点，在 Si 晶片的（0 0 1）晶面上沿着［1 1 0］方向蚀刻出 V 形沟槽，并且涂覆上一层 Cu/Cr 双层膜。图 3.25（a）和（b）所示分别为 V 形槽的横截面示意和相应的 TEM 图像。熔融纯 Pb 不会进入 V 形槽，而仅含有 1%~5% Sn 的熔融 Pb（Sn）合金可在水平毛细管驱动力作用下流入其中，如图 3.26的下半部分所示。熔融焊料中含有的 Sn 越多，进入的长度越长（或进入速度越快）。如图 3.26 上部的 SEM 图像所示，进入的长度显示了熔融焊料中 Sn 浓度与焊料在 Cu 上的润湿角的直接对应关系。纯 Pb 不润湿 Cu，而 Pb（Sn）合金润湿 Cu，并且润湿角随着 Pb 中的 Sn 含量的增加而减小[19,20]。由于加入少量的 Sn 不会改变熔融焊料的表面能[21]，因此根据杨氏方程可知润湿角不会变化。因此，产生该变化的原因是形成金属间化合物过程中的 Cu-Sn 界面反应。如何计算润湿角的变化并且获得润湿速率随焊料组分变化的函数关系是具有挑战性的任务。润湿速率由 Washburn 方程给出，且可使用 CCD 相机测量[22]。知道速率，就可以估计出在润湿反应早期的金属间化合物形成速率。然而，由于熔化的焊料需要沿着 V 形槽行进，V 形槽通常要保持在略高于焊料熔点的温度。这就需要一些时间将其冷却至室温来测量金属间化合物的形成量。然而，在冷却这段时间内，在润湿尖端会有大量的金属间化合物形成。而因为冷却时间比瞬时润湿的时间要长得多，因此我们不能使用测量得到的金属间化合物量来估计在润湿反应初期形成的金属间化合物量。然而，在室温下熔融焊料难以在水平 V 形槽中流动。另外，如果将一个拥有涂覆 V 形槽的 Si 片在室温下垂直浸入熔融焊料池中，并且允许熔融焊料沿着 V 形槽上升，那么这个测量就可以实现了；该 Si 片接触了熔融焊料池后，应该被迅速地从熔池中移走。

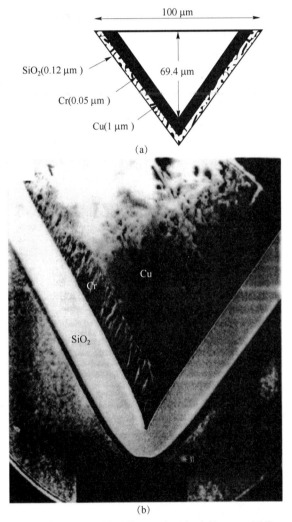

图 3.25　V 形凹槽横截面示意及相应的 TEM 图像
(由香港科技大学王宁教授提供)
(a) V 形槽的横截面示意；(b) 相应的 TEM 图像

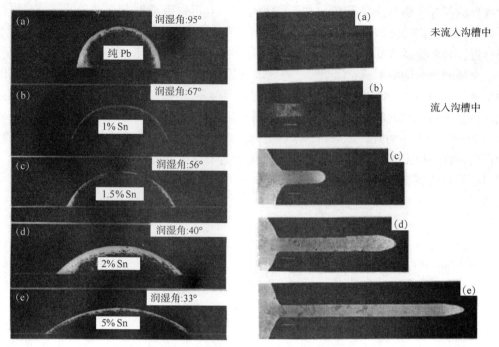

润湿角:95°
纯 Pb

润湿角:67°
1% Sn

润湿角:56°
1.5% Sn

润湿角:40°
2% Sn

润湿角:33°
5% Sn

(a) 未流入沟槽中

(b) 流入沟槽中

(c)

(d)

(e)

图 3.26 熔融纯 Pb 和含有 1%~5%（质量分数）Sn 的
熔融 Pb（Sn）合金流入 V 形槽的情况

参考文献

［1］ K.N.Tu，"Interdiffusion and reaction in bimetallic Cu-Sn thin films," Acta Metall., 21, 347（1973）.

［2］ J.W.Mayer, J.M.Poate, and K.N.Tu, "Thin films and solid-phase reactions," Science, 190, 228-234（1975）. J. M. Poate and K. N. Tu, "Thin film and interfacial analysis," Physics Today, May（1980）, p.34.

［3］ K.N.Tu and R.D.Thompson, "Kinetics of interfacial reaction in bimetallic Cu-Sn thin films," Acta Metall., 30, 947（1982）.

［4］ K.N.Tu and J.W.Mayer, "Silicide formation," in Thin Films—Interdiffusion and Reactions, J. M.Poate, K.N.Tu, and J.W.Mayer（Eds.）, John Wiley, New York（1978）.

［5］ U.Gosele and K.N.Tu, "Growth kinetics of planar binary diffusion couples：Thin film case versus bulk cases," J.Appl.Phys., 53, 3252（1982）.

［6］ G.V.Kidson, "Some aspects of the growth of different layers in binary," J.Nucl.Mater., 3, 21（1961）.

［7］ D.A.Porter and K.E.Easterling, "Phase Transformation in Metals and Alloys," Chapman & Hall, London（1992）.

［8］ A.A.Liu, H.K.Kim, K.N.Tu, and P.A.Totta, "Spalling of Cu_6Sn_5 spheroids in the soldering reaction of eutectic SnPb on Cr/Cu/Au thin films," J.Appl.Phys., 80, 2774-2780（1996）.

[9] C.Y.Liu, H.K.Kim, K.N.Tu, and P.A.Totta, "Dewetting of molten Sn on Au/Cu/Cr thin film metallization," Appl.Phys.Lett., 69, 4014−4016 (1996).

[10] D.W.Zheng, Z.Y.Jia, C.Y.Liu, W.Wen, and K.N.Tu, "Size dependent dewetting and sideband reaction of eutectic SnPb on Au/Cu/Cr thin film," J.Mater.Res., 13, 1103−1106 (1998).

[11] D.W.Zheng, W.Wen, K.N.Tu, and P.A.Totta, "In−situ scanning electron microscopy study of eutectic SnPb and pure Sn wetting on Au/Cu/Cr multilayered thin films," J.Mater.Res., 14, 745−749 (1999).

[12] K.Puttlitz and P.Totta, "Area Array Technology Handbook for Microelectronic Packaging," Kluwer Academic, Norwell, MA (2001).

[13] G.Z.Pan, A.A.Liu, H.K.Kim, K.N.Tu, and P.A.Totta, "Microstructure of phased−in Cr−Cu/Cu/Au bump−limiting−metallization and its soldering behavior with high Pb and eutectic SnPb solders," Appl.Phys.Lett., 71, 2946−2948 (1997).

[14] J.W.Jang, L.N.Ramanathan, J.K.Lin, and D.R.Frear, "Spalling of Cu_3Sn intermetallics in high Pb 95Pb5Sn solder bumps on Cu underbump − metallization during solid − state annealing," J.Appl.Phys., 95,8286−8289 (2004).

[15] C.Y.Liu, K.N.Tu, T.T.Sheng, C.H.Tung, D.R.Frear, and P.Elenius, "Electron microscopy study of interfacial reaction between eutectic SnPb and Cu/Ni (V)/Al thin film metallization," J.Appl.Phys., 87, 750−754(2000).

[16] M.Li, F.Zhang, W.T.Chen, K.Zeng, K.N.Tu, H.Balkan, and P.Elenius, "Interfacial microstructure evolution between eutectic SnAgCu solder and Al/Ni(V)/Cu thin films," J.Mater.Res., 17, 1612−1621 (2002).

[17] Y.Wang and K.N.Tu, "Ultra−fast intermetallic compound formation between eutectic SnPb and Pd where the intermetallic is not a diffusion barrier," Appl. Phys. Lett., 67, 1069 − 1071 (1995).

[18] P.G.Kim and K.N.Tu, "Morphology of wetting reaction of eutectic SnPb solder on Au foils," J.Appl.Phys., 80, 3822−3827 (1996).

[19] C.Y.Liu and K.N.Tu, "Morphology of wetting reactions of SnPb alloys on Cu as a function of alloy composition," J.Mater.Res., 13, 37−44 (1998).

[20] C.Y.Liu and K.N.Tu, "Reactive flow of molten Pb(Sn) alloys in Si grooves coated with Cu film," Phys.Rev.E, 58, 6308−6311 (1998).

[21] F.H.Howie and E.D.Hondros, J.Mater.Sci., 17, 1434 (1982).

[22] J.A.Mann, Jr., L.Romero, R.R.Rye, and F.G.Yost, "Flow of simple liquids down narrow V−grooves," Phys.Rev.E, 52, 3967−3972 (1995).

4 倒装芯片焊料接头中的 Cu-Sn 反应

4.1 引言

第 2 章和第 3 章分别讨论了块体 Cu 和薄膜 Cu 上的焊料反应，在这些反应中焊料与 Cu 之间仅存在单个界面。然而，一个焊料接头存在两个界面。通常，一个焊料接头会将管道系统中的两个 Cu 管连接起来，或将 Si 器件中的两种金属表面连接起来。从界面反应的角度来看，倒装芯片焊料接头中的两个界面会相互影响。

在一个倒装芯片焊料接头中，焊料凸点把 Si 芯片侧的薄膜 UBM 层和基板侧的金属焊盘连接起来，倒装芯片焊料接头的横截面示意如图 1.9 所示。在 Si 芯片侧，电路的互连线由 Al 或 Cu 制成。在互连线和焊料凸点之间有 Au/Cu/Cu-Cr 三层结构薄膜，该三层结构薄膜与焊料凸点间的接触面积由 SiO_2 介电层中的开口决定。而这三层结构薄膜就是所谓的 UBM 层。由于光刻技术制出圆形很困难，因此 UBM 层与焊料凸点间接触区域的形状接近于八边形，而非圆形。典型的基板侧电路由 Cu 布线制成，在 Cu 布线和焊料凸点之间存在键合焊盘，如非常厚的 Cu 层或化学镀 Ni（P）层（厚度为 $10 \sim 20 \ \mu m$，表面覆盖有一层镀金层）。焊接掩模被用来规范焊盘形状，其与焊料凸点的接触面积远大于 Si 芯片上 UBM 层与焊料凸点的接触面积。

本章我们会引入一个概念，即焊料凸点两侧的反应可以互相影响。我们将详细说明这两个界面（UBM 层和焊料间、焊料与焊盘间）不是彼此独立的，这是由于贵金属和近贵金属如 Cu、Ni 原子在熔融焊料及固态焊料中的化学扩散非常快。以 Cu 原子为例，它从熔融焊料凸点一侧扩散至另一侧仅需几秒，也就是说在一次润湿的时间内就能完成扩散。此外，将芯片连接到基板上的过程中，焊料接头会产生热应力，随后在器件使用过程中焊料接头还需要承载电流，因此应力迁移和电迁移效应将增强焊料接头两个界面之间的相互作用。这些效应将导致严重的可靠性问题，特别是当它们共同作用时，这一点将在后续章节中讨论。当焦耳热导致焊料接头内部存在温度梯度时，还可能诱发热迁移。本章将着重讨论焊料接头内 Cu-Sn 界面反应对可靠性的影响。

除了两个界面，焊料凸点主体部分也会参与到相互作用中。固态的共晶焊料具有层状的两相共晶组织，这种两相共晶组织具有非常独特的性质，即两相彼此平衡，且与其体积分数无关。例如，共晶组织中片层间距是不确定的，因此可以在不影响共晶结构化学势的情况下改变各相的层间距，或各相的体积分数，或共晶焊料的局部成分。在共晶两相组织中，成分的变化并不意味着化学势的变化，而仅仅意味着两相的局部体积分数的变化。因此，在热迁移或电迁移等外力作用下诱发共晶焊料中的相分离时，意味着体积分数梯度的变化，而不是化学势梯度的变化。而体积分数梯度并不是驱动力。由于化学势不变，其无法对相的体积分数变化形成阻碍，因此在两相共晶组织（如锡铅共晶）中，可能发生相当可观的相分离现象。基于以上原因，当焊点受到外部作用时，焊料主体会呈现出微结构的不稳定性。一个典型的例子是：电迁移时，Pb 被驱动到阳极，而 Sn 被驱动到阴极，Sn 的持续注入最终导致了阴极处的 Cu-Sn 反应增强。这种特殊的可靠性问题将在 4.4 节和 4.5 节详细讨论。值得注意的是，在 SnPb 共晶焊料中，共晶结构由 Sn 和 Pb 组成。但是在 Sn 基无铅焊料中，Sn 和 Cu_6Sn_5 或 Sn 和 Ni_3Sn_4 同样也能形成共晶组织，因此 Cu_6Sn_5 和/或 Ni_3Sn_4 在 Sn 基无铅焊料中的相分离现象也十分显著。

考虑到反应的不稳定性，UBM 层、焊料凸点及焊盘的尺寸设计、材料选择在制造倒装芯片技术中毫无疑问地都变得非常重要。一方面是由于本章将要讨论的芯片至基板的焊料接头反应；另一方面是由于设计参数和材料选择将影响接头中的电流分布，进而影响焦耳热的生成、电迁移和热迁移。因此必须在器件的设计阶段就考虑可靠性问题。尽管倒装芯片焊料接头的优化设计和材料的优选超出了本书范围，我们仍将在 4.8 节和 9.6.2 节中做一些简单的讨论。

4.2 倒装芯片焊料接头和复合焊料接头处理

倒装芯片焊点接头加工时，首先进行 UBM 层的沉积，随后在 UBM 层上电镀形成厚的焊料凸点。图 4.1 所示为 UBM 层的沉积和图案形成（步骤 1~9）、在 UBM 层上电镀焊料凸点并通过回流以形成焊球（步骤 10~12）的详细步骤。值得注意的是，在三层 UBM 层下有一层连续的 TiW 薄膜，而该薄膜会作为电镀焊料凸点时的电极。完成电镀并移除光刻胶后，电镀形成的焊料本身形成了一个蚀刻掩模，因而未被电镀焊料覆盖的 TiW 可经刻蚀去除，这样在刻蚀后凸点就可以相互电绝缘。我们也注意到，电镀焊料凸点需要很厚的光刻胶（至少 50 μm）。由于厚光刻胶常用来在 Si 基底上制备微机电系统（Micro-electro-mechanical Systems，MEMS）器件，因此它在很多实验室中均很容易获得。在光刻胶和 TiW 的刻蚀完成之后，经过一次回流可将电镀的圆柱形凸点变为一个圆形焊球。后续步骤中，具有面阵列焊球的芯片可通过二次回流连接到具有对应面阵列焊盘的印制电路板上，从而制备得到倒装芯片试样。在这个过程中，芯片上的面阵列焊球与基板上面阵列焊盘之间的对准是至关重要的，通常需要使用倒装芯片键合机。然而，二次回流过程具有一个内置的偏差公差。当焊球熔化时，其液体表面张力将拉动并扭转芯片以获得接近完美的对准，从而减少表面张力。这是可控塌陷芯片互连工艺的一个特性。

如果基板是陶瓷基板，则焊料可以是熔点超过 300 ℃ 的高铅焊料，而这需要一个高的回流温度；如果基板是诸如 FR4 的聚合物基板，则必须使用锡铅共晶焊料或无铅焊料。由于共晶焊料会导致第 3 章所述的金属间化合物从薄膜 UBM 层上剥落的现象，因此必须使用厚的 UBM 层或复合焊料凸点来克服这种剥落问题。在复合焊料接头中，Au/Cu/Cu-Cr UBM 层和高铅焊料位于芯片侧，而共晶焊料则在芯片与聚合物基板进行互连前就被沉积在基板侧的焊盘表面。图 4.2 所示为用丝网印刷法在焊盘上进行共晶焊料沉积的工艺过程。在完成所有焊盘上形成共晶焊球的回流焊步骤之后，接下来需要完成结块工艺（Caking）。结块过程中，对共晶焊球进行压制以形成一个平坦的顶面，然后使用倒装芯片键

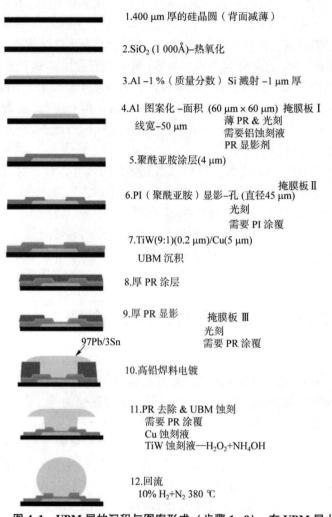

1.400 μm 厚的硅晶圆（背面减薄）

2.SiO₂（1 000Å）–热氧化

3.Al –1 %（质量分数）Si 溅射 –1 μm 厚

4.Al 图案化 –面积（60 μm × 60 μm）掩膜板 I
线宽–50 μm
薄 PR & 光刻
需要铝蚀刻液
PR 显影剂

5.聚酰亚胺涂层(4 μm)

掩膜板 II
6.PI（聚酰亚胺）显影–孔（直径45 μm）
光刻
需要 PI 涂覆

7.TiW(9:1)(0.2 μm)/Cu(5 μm)
UBM 沉积

8.厚 PR 涂层

9.厚 PR 显影　　掩膜板 III
光刻
需要 PR 涂覆

97Pb/3Sn
10.高铅焊料电镀

11.PR 去除 & UBM 蚀刻
需要 PR 涂覆
Cu 蚀刻液
TiW 蚀刻液—H₂O₂+NH₄OH

12.回流
10% H₂+N₂ 380 ℃

图 4.1　UBM 层的沉积与图案形成（步骤 1~9）、在 UBM 层上
电镀焊料凸点并通过回流以形成焊球（步骤 10~12）的
工艺步骤（由 UCLA 的 Dr. J. W. Nah 提供）

合机对准芯片和基板，使高铅焊球位于共晶焊料平整的凸台上。随后，低温回流将两部分焊料连接在一起，形成一个复合焊料接头。图 4.3 所示为一对倒装芯片复合焊料接头的横截面示意。

图 4.3 中，带有 97Pb3Sn 焊球的芯片被倒装在带有 37Pb63Sn 焊料凸台的基板上。芯片侧的 UBM 层结构为溅射 TiW 膜（0.2 μm）/Cu(0.4 μm)/电镀 Cu（5.4 μm），而基板侧的键合焊盘则为化学镀 Ni（P）层（5 μm）/Au 膜（0.1 μm）。芯片侧 Al 布线的厚度为1 μm，而基板侧 Cu 布线的厚度则为 18 μm。在倒装芯片器件中，37Pb63Sn 焊料的典型回流条件是：保持氮气气氛，峰值温度为 220 ℃，停留时间为 90 s。通过将熔融的 37Pb63Sn 焊料润湿并覆盖在固态 97Pb3Sn 焊球的整个表面来形成复合焊料接头，图 4.3 展示了一个在高铅焊球上的共晶圆形镀层。

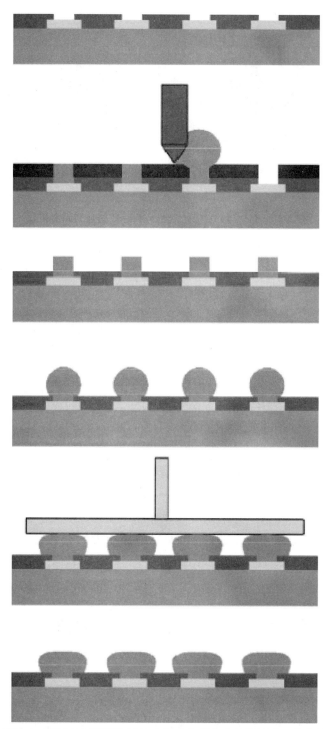

图 4.2　通过丝网印刷和结块在焊盘上制备共晶焊料的工艺步骤

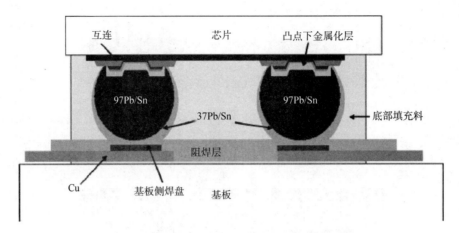

图 4.3　一对倒装芯片复合焊料接头的横截面示意

4.3　倒装芯片焊料接头上的化学反应

　　一般而言，Si 芯片侧的 Cu–Sn 反应属于第 3 章所讨论的焊料与 Cu 薄膜反应的情况，而基板侧的 Cu–Sn 反应则属于第 2 章中讨论的焊料与块体 Cu 反应的情况。在倒装芯片焊料接头中，虽然这两种反应分别发生在间隔约 100 μm 的焊料接头两侧，但由于 Cu 及其他贵金属和近贵金属（如 Au 和 Ni）可在很短的时间内扩散穿过 100 μm 厚的焊料接头，因此这两个反应之间并不是互相独立的。举例来说：假设熔融焊料中的原子扩散系数为 10^{-5} cm^2/s，则 Cu 原子扩散穿过焊料凸点只需 10 s。回流过程中，焊料处于熔融状态的时间约为 30 s，因此对于焊料凸点两侧的 Cu 原子而言，它们有足够的时间通过扩散而到达对侧，并实际影响对侧的化学反应。即使在固态条件下，贵金属和近贵金属原子在 Sn 和 Pb 中也会发生间隙扩散，室温下的原子扩散系数接近 10^{-8} cm^2/s，那么这些原子扩散穿过厚度 100 μm 的焊料凸点也只需数个小时。然而，固态老化的可靠性测试是在 150 ℃ 下持续 1 000 h，由于在熔融态及固态下原子快速扩散，因此不能忽略焊料凸点两侧反应的相互影响，正如图 1.13 所示及 3.8 节中所讨论的三元金属间化合物（Cu，Ni）$_6$Sn$_5$ 或（Ni，Cu）$_3$Sn$_4$ 的剥落增强现象。

4.4　电迁移引起的 Cu–Sn 金属间化合物的加速溶解

　　电迁移会加剧倒装芯片焊料接头两侧化学反应的相互作用。倒装芯片焊料接头中，电流流经芯片、其封装基板、芯片侧 UBM 层上的接触区、基板侧焊盘上的接触区、焊料接头区域，芯片侧 UBM 层上的接触区和基板侧焊盘上的接触区分别成为阴、阳两个电极。在阴极侧，电迁移将溶解 UBM 层和 Cu–Sn 金属间化合物中的 Cu，同时将溶解的 Cu 原子输送到阳极，并在阳极处形成 Cu–Sn 金属间化合物。因此，焊料凸点中的电迁移将影响芯片与封装体的相互作用。

图 4.4 所示为电迁移前后，复合焊料接头中阴极接触区的 5 幅 SEM 照片[1]。图 4.4（a）所示为电迁移前的照片，从中可观察到 TiW、Cu_3Sn 和高 Pb 焊料接头的基体。在无电流加载的热老化测试时发现，Cu_3Sn 可以和高 Pb 焊料基体稳定存在。然而，若密度为 2.25×10^4 A/cm^2 的电流从芯片的左上角进入焊料接头时，3 h 后 Cu_3Sn 层下可形成少量的 Cu_6Sn_5，与此同时，Cu_3Sn 上的一些 Cu 被消耗掉，而在焊料基体中可观察到大量的 Sn 从阳极侧扩散到了阴极侧，如图 4.4（b）所示；而 12 h 后，左上角会发生更多的反应，Cu_3Sn 中的 Cu 完全消失，而在 Cu_3Sn 下方形成较厚的 Cu_6Sn_5，如图 4.4（c）所示，同时可发现 Cu_6Sn_5 和 Cu_3Sn 界面附近形成小孔洞。而经 18 h 和 20 h 后，大孔洞形成，并一直延伸到 TiW 层，最终器件由于电阻大幅增加而失效，如图 4.4（d）、（e）所示。显然，阴极侧的化学反应受到了电迁移的影响。值得注意的是，在图 4.4（d）、（e）中的接触区右上角处，并没有发现左上角处所发现的 Cu 溶解和相转变的现象。

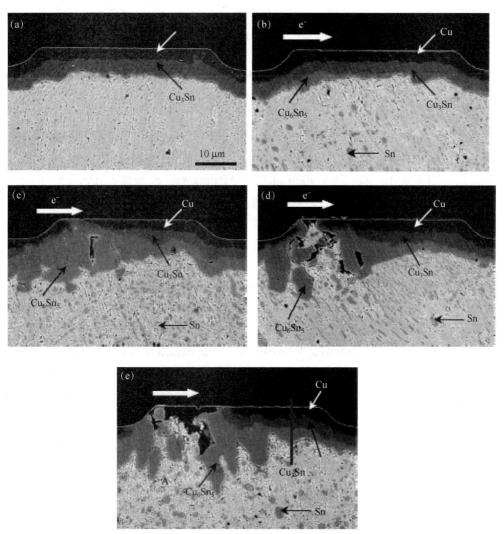

图 4.4 电迁移前后复合焊料接头中的阴极接触区域的 SEM 照片

（a）电迁移前；（b）3 h；（c）12 h；（d）18 h；（e）20 h

上述过程中，特别值得注意的是：在电迁移作用下，稳定的层状结构变得不稳定了。在恒温退火过程中，通常扩散偶中形成的层状形貌特征是稳定的，尽管上述的层状结构在退火时可能发生增厚或减薄，但其形貌仍然保持层状特征，平面界面处的任何扰动在理论上都是不稳定的，但均可通过熟化而消除。另外，在电迁移作用时，尤其当存在电流集聚时，这种层状结构会变得很不稳定，并会导致图 4.4 所示的 Cu UBM 层的溶解，进而导致焊料接头失效。

在第 8 章和第 9 章中，我们将以电迁移为主题，讨论在倒装芯片焊料接头中电迁移的特殊行为，以及化学驱动力和电流驱动力之间的相互作用。

4.5　焊料接头中电、热迁移引起的加速相分离

所谓 Soret 效应是指均质单相合金在温度梯度下变得不均匀的现象[2]。此处我们介绍一种类似但不完全相同的现象：均质的两相共晶合金在温度梯度的作用下变得不均匀，即热迁移效应。这两类效应间的不同在于：Soret 效应中，非均质合金会产生一个化学势梯度来抵消 Soret 效应；而热迁移作用下的共晶合金中，不会生成化学势梯度来抵抗相分离或组分再分布。我们称这一现象为热迁移或电迁移诱发的"相分离的共晶效应"，而关于热迁移的内容将会在本书第 12 章进行论述。

从成分上来说，共晶体系的独特之处在于：低于共晶温度时，其化学势梯度与成分无关。换言之，即共晶合金中的化学势是统一的，且不依赖于组分的变化。例如，在图 4.5 所示的 Sn-Pb 二元相图中，我们来分析 70Pb30Sn 和 30Pb70Sn 扩散偶在 150 ℃ 下的退火过程。这两种合金以图 4.5 中 150 ℃ 等温线上的 A、B 两点表示。在常压和 150 ℃ 条件下，这是一个恒温恒压过程，因此沿该等温线的任一成分都将分解为 α 和 β 两种二次析出相（图 4.5 中箭头所指）。这两种二次析出相的成分由它们之间的热力学平衡决定，且可从相图中得知；两种次生相互相平衡且与次生相的含量无关。共晶温度以下，合金分离为两个具有层片状结构的初生相。这两个层状相互相平衡，不受层间距或各相体积分数影响。对于 A 与 B 构成的扩散偶，在 150 ℃ 时，无论哪种组分都发生相分离，成为两个层状相。而因为它们处于平衡状态，没有化学势差驱使它们在 150 ℃ 等温退火时彼此混合。下一节中，我们会看到在常压和 150 ℃ 条件下退火时，扩散偶中除了少量熟化过程外，既没有发生互扩散也没有发生均质化。这是因为在 150 ℃ 时，构成扩散偶的两种合金都会各自发生相分离，成为完全相同的 Sn、Pb 两种初生相，区别仅在于两种合金中初生相的比例不同，但依然遵循杠杆定律。它们都具有层状的微结构，但是层间距或层厚却并不固定。也就是说，在不影响平衡条件的情况下，层厚、各相的数目、成分都可以发生改变，更确切地讲，总的层间界面能也会发生改变。

由于这两个初生相始终处于相互平衡的状态，且与相的含量无关，因此在恒温老化过程中（如 150 ℃），不存在均质化的驱动力。

然而，如果对共晶温度下的均质两相共晶合金施加外加的驱动力（如热迁移时的温度梯度或电迁移中的电场），由于相分离不会引起化学势改变，因此并不会像 Soret 效应一样产生化学势梯度来平衡外加驱动力，诱发其发生显著的相分离或组分再分配。在共晶两相混合物中，成分的改变不意味着化学势的改变，仅仅代表两种相在局部的体积分数改变。

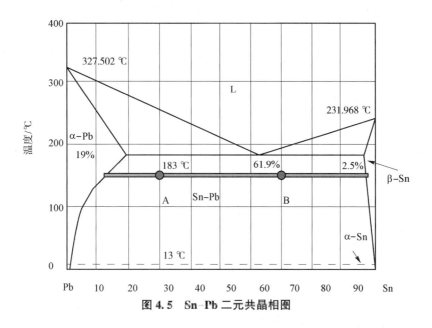

图 4.5　Sn-Pb 二元共晶相图

因此，若焊料中热迁移或电迁移导致了分离，仅意味着体积分数梯度的改变，而非化学势梯度的改变。而体积分数梯度并非相分离的外界驱动力。因此，相比于 PbIn 等单相合金中，组分的改变可导致浓度梯度的改变从而产生阻碍相分离的作用力，共晶 SnPb 等两相混合物的相分离非常明显。理论上，经过足够长时间的热迁移或电迁移作用后，共晶焊料可发生完全的相分离，成为分离的两相，且事实上，在电迁移作用下，共晶 SnPb 的倒装芯片互连接头上已观察到上述现象。图 4.6（a）、（b）分别为电流密度为 $5 \times 10^3 \mathrm{A/cm^2}$、温度为 160 ℃下电迁移 82 h 前后的共晶 SnPb 互连接头的截面电镜照片，可观察到 Sn 已经迁移到阳极，而 Pb 则迁移到了阴极，与此相关的更多讨论将在第 9 章中进行。此处需注意到当大量的 Sn 受电迁移驱动而迁移至阴极或阳极后，它将与 Cu 反应生成大量的金属间化合物，如图 4.4 所示。

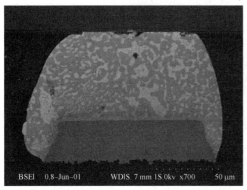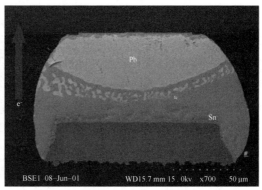

图 4.6　共晶 SnPb 互连接头在电流密度为 $5 \times 10^3 \mathrm{A/cm^2}$、温度为 160 ℃下电迁移 82 h
前后的截面电镜照片（由中国台湾日月光半导体公司的 Dr. Yi-Shao Lai 提供）

（a）电迁移前；（b）电迁移后

若仔细观察 Sn-Cu 或 Sn-Ni 的二元相图，可以发现 Sn 与 Cu_6Sn_5、Sn 与 Ni_3Sn_4 都可以形成双相共晶组织，这意味着在对应的共晶温度以下，在 Sn 中会形成大量的金属间化合物，且此类金属间合物将和 Sn 相处于平衡状态。而这一现象也在电迁移作用后的焊料接头中得到了印证，如图 1.16 所示。由于 Cu 和 Ni 都可用作焊料接头的 UBM 层，因此在电迁移作用下，它们可以溶解进入焊料接头中，并在阳极附近形成大量的金属间化合物，特别是对于 Sn 基无 Pb 焊料而言，这一现象更为显著。

4.6　SnPb 合金体扩散偶的热稳定性

实验中，将 70Pb30Sn 合金与 30Pb70Sn 合金组成的体扩散偶在 150 ℃ 下退火 5 周。图 4.7 所示为退火前后该扩散偶界面的 SEM 照片。图 4.8 为退火前后由电子显微探针测得的垂直于体扩散偶界面方向上的成分分布。若假设互扩散系数为 1×10^{-8} cm^2/s，那么可推测退火 5 周后，扩散偶界面处可检测到 5 μm 宽的互扩散区，然而，实验结果则显示界面处实际检测到的互扩散区宽度远小于 5 μm，几乎没有发生互扩散。

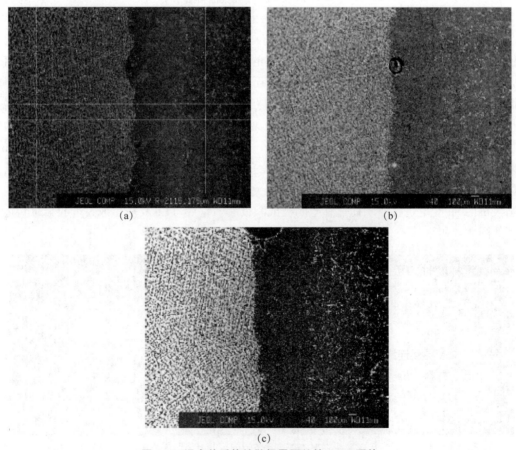

图 4.7　退火前后体扩散偶界面处的 SEM 照片

（a）老化前；（b）老化 1 周后；（c）老化 5 周后

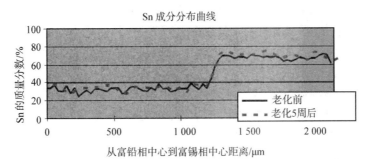

图 4.8   退火前后由电子显微探针测得的垂直于扩散偶界面方向上的成分分布

此外，在实验中，由 5Sn95Pb 高铅合金与 63Sn37Pb 共晶合金构成的复合焊料接头在 150 ℃、常压条件下老化数天后，也没有发现任何互扩散现象或组分混合的现象。图 4.9 所示为复合焊料接头在老化前后的横截面 SEM 照片，从图中并没有探测到实质性的互扩散区[3]。

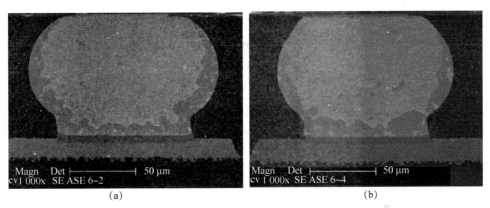

图 4.9   5Sn95Pb 和共晶 SnPb 复合焊料接头在老化前后的横截面 SEM 照片
（a）老化前；（b）老化后

上述结果并不令人意外。这些实验均在恒温、恒压条件下完成，当吉布斯自由能趋于最小时，两个相具有相等的化学势，因而不存在使其均质化的驱动力。只有对扩散偶施加一电流或一温度梯度时，互扩散才会发生，并导致两个相的体积分数发生改变。

4.7   芯片-封装相互作用引起的热应力

为了减少多层互连结构中的阻容延迟，目前正在开发可与 Cu 导体集成的超低介电常数材料（即超低 k 材料，$k\approx2$）。鉴于热应力的影响，超低 k 材料的较差力学性能值得我们关注。Cu 与超低 k 材料之间的热应力产生不仅与二者的热膨胀系数的不匹配有关，还受芯片-封装相互作用的的影响，这是一个相对较新的可靠性问题。1.4.2 节中讨论了 Si 和 FR4 聚合物基板热膨胀系数不匹配而导致的倒装芯片中热应力的存在。倒装芯片技术中，Si 芯片上的 Cu/超低 k 材料构成的多层结构通过面阵列焊料接头连接到封装基板上。在 100 ℃ 左右的器件工作温度下，无论基板材料是陶瓷还是聚合物，在 Si 芯片和基板间都会产生热应力，这一热应力会影响焊料凸点及 Cu/超低 k 材料多层结构的机械完整性。以往，当采用 SiO₂ 作为层间介电材料时，由于 SiO_2 力学性能较强，芯片与封装相互作用产生的载荷主要加载在相对柔软的焊球上。众所周知，在器件使用过程中此类热应力会导致倒装芯片焊料接头出现低周疲劳失效。过去，微电子行业使用环氧树脂作为底部填充材料来实现热应力的再分配，以减少热应力对焊料接头失效的影响。目前，云纹干涉法已被用于分析倒装芯片焊料接头中的热应力分布[4-7]。

然而，当超低 k 材料作为层间介电材料时，由于芯片-封装相互作用产生的热应力由焊料凸点和 Cu/超低 k 材料多层结构共同承担，因此热应力可能在 Cu/超低 k 材料的多层结构中引发介电材料的破裂。

4.8　倒装芯片焊料接头设计与材料选择

3.3 节~3.7 节阐述了根据焊料合金的变化凸点下金属层材料选择的一系列情况，其中金属间化合物的剥落是关键性问题。为了克服这一剥落问题，开展了一系列很厚的 Cu UBM 层（如铜柱凸点）的研究，这将在 9.6 节中详细讨论。显然，器件设计阶段就充分考虑可靠性问题是更好的选择。而其中，倒装芯片焊点尺寸设计和焊料接头的材料选择取决于器件的具体应用和器件设计者所提供的规范。例如，考虑电迁移时，就必须了解器件设计者所要求的单个接头的电流承载能力，同时还要考虑接头中的电流密度分布。目前，因为电流拥挤引起局部焦耳加热并增强电迁移的现象，所以三维数值模拟完全能够预测出电路中的电流拥挤现象，同时焦耳热引起的温度分布甚至应力分布也可以通过仿真获得。然而，设计的真正挑战在于可靠性是一个与时间有关的事件。真实情况中焊点的微观结构会发生变化，因而电流分布也将随时间变化。总之，可靠性是一个动态问题。

另外，至今还没有任何关于倒装芯片焊料接头电迁移测试的行业标准，而这些标准的建立将会给设计工作提供很大的帮助。鉴于倒装芯片焊料接头的设计细节和选择规则已超出了本书的范围，本书仅提供一些关于焊料接头可靠性问题的基本理解，从而使设计师在其电路设计中考虑到这些问题。

参考文献

［1］ J.W.Nah, K.W.Paik, J.O.Suh, and K.N.Tu, "Mechanism of electromigration induced failure in the 97Pb-3Sn and 37Pb-63Sn composite solder joints," J.Appl.Phys., 94, 7560-7566 (2003).

［2］ D.V.Ragone, "Thermodynamics of Materials," Volume II, Chapter 8, John Wiley, New York (1995).

［3］ A.Huang, Ph.D.dissertation, UCLA (2006).

［4］ Y.Gao, C.K.Liu, W.T.Chen, and C.G.Woychik, "Solder ball connect assembles under thermal loading: 1.Deformation measurement via Moire interferometry, and its interpretation," IBM J.Res.Dev., 37, 635-648 (1993).

［5］ D.Post, B.Han, and P.Ifju, "High Sensitivity Moire: Experimental Analysis for Mechanics and Materials," Springer, Berlin (1994).

［6］ Z.Liu, H.Xie, D.Fang, H.Shang, and F.Dai, "A novel nano-Moire method with scanning tunneling microscope," J.Mater.Process.Technol., 148, 77-82 (2004).

5 扩散通量驱动铜锡笋钉状金属间化合物熟化的动力学分析

5.1 引言

第 2 章中说明了 Cu 箔上熔融共晶 SnPb 焊料帽的润湿反应中，Cu_6Sn_5 金属间化合物呈现出独特的密集分布的笋钉状形貌。形貌控制动力学行为：笋钉状金属间化合物的生长动力学过程并非受扩散控制或者界面反应控制，而是受反应物的供给所控制。

这些笋钉状金属间化合物彼此间接触紧密，并完全覆盖了熔融焊料帽与 Cu 之间的界面。当润湿反应时间延长时，除在焊料帽周围的润湿环发生了生长外，焊料帽的直径并没有增加，因此，焊料帽与 Cu 箔的界面面积没有发生改变。然而，在焊料帽内部，熔融 SnPb 和 Cu 之间的界面反应在持续进行，笋钉状金属间化合物不断生长，因此其平均直径会随着时间推移不断增大。由于笋钉状金属间化合物之间相互接触，因此，任何一个笋钉状化合物的直径增长都是寄生反应，即一个笋钉状金属间化合物的生长会消耗其邻近的其他笋钉状金属间化合物，因而相邻的笋钉状金属间化合物会缩小，这就是所谓的熟化过程。如图 2.5 所示，在固定大小的界面区域中，虽然笋钉状金属间化合物的平均尺寸随时间而增大，但其数目却随时间而减少。可见，熟化过程是一个非守恒过程，这意味着笋钉状金属间化合物的总体积随时间延长而增加。

总体积的增加源于铜锡间的反应，在此反应中 Cu 原子不断扩散到熔融焊料中使笋钉状 Cu_6Sn_5 持续生长。笋钉状金属间化合物动力学行为的独特性在于这种笋钉状金属间化合物不会成为其自身生长的扩散阻碍，这一点与层状金属间化合物的生长行为有所不同。层状金属间化合物的生长过程受扩散控制，通常金属间化合物层越厚，对元素扩散的阻挡作用越强，正如第 3 章所讨论的那样，层状金属间化合物层的厚度与时间的平方根（$\sqrt{t}$）成正比。而在笋钉状金属间化合物的生长过程中，测得的笋钉状金属间化合物的直径与时间的立方根（$\sqrt[3]{t}$）成比例，这与 LSW 理论中描述的守恒熟化过程十分类似[1-3]。但是应注意，LSW 理论所描述的典型熟化过程是扩散控制的。

虽然所有笋钉状金属间化合物的总体积随时间而增加，但是其底部面积或笋钉状金属间化合物（焊料帽）与 Cu 之间的界面面积是固定的，这一恒定的接触面积是 Cu-Sn 反应的一个主要约束。有趣的是，若假设笋钉状金属间化合物为半球形，那么所有半球形笋钉状金属间化合物的总表面积始终为底面积的 2 倍，而与半球形笋钉状金属间化合物的尺寸分布无关，因此我们可导出一个等表面积（而非等体积）的熟化过程。在经典的 LSW 熟化理论中，金属间化合物生长在体积恒定的约束下进行，并由总表面积的减少所驱动，而笋钉状金属间化合物的熟化过程是在等表面积的约束条件下进行的，并由笋钉状化合物的总体积的增长（即金属间化合物形成能的增加）来驱动。

在笋钉状金属间化合物的熟化过程中，有两个重要的约束条件：第一，反应界面或笋钉状金属间化合物的总表面积恒定；第二，质量守恒，即所有扩散到熔融焊料中的 Cu 都用于笋钉状金属间化合物增长，使其平均直径不断增加，但由于受限于第一个约束条件，笋钉状金属间化合物间的沟道数量会减少。反应速率取决于所供应的 Cu 的扩散通量，这也是将这种反应称为反应物供给控制的反应或扩散驱动的熟化过程的原因。此处，我们将"沟道"（Channel）定义为两相邻笋钉状金属间化合物间的间隙，而不是其晶界，也就是说，这些间隙的宽度并不是固态下大约 0.5 nm 的晶界宽度，而是达到几纳米。这样，间隙数量的减少会降低笋钉状金属间化合物生长所需的 Cu 的扩散量。实验观察表明，熔融共晶 SnPb 焊料与 Cu 在 200 ℃ 经过大约 10 min 后才能观察到笋钉状 Cu_6Sn_5 沿生长方向的延长。

接下来，在提出笋钉状金属间化合物的分布和生长动力学之前，我们将首先讨论润湿反应中笋钉状金属间化合物形貌的稳定性。在进行动力学分析时，首先，建立单一大小的笋钉状化合物生长的简单模型来阐述基本思想；然后，建立熟化过程中多尺寸笋钉状金属间化合物分布式生长的通用模型。

5.2 润湿反应中笋钉状金属间化合物生长的形貌稳定性

为什么形貌在相变过程中很重要？是因为它影响了相变中的运动路径。正如第 3 章所述，熔融焊料与 Cu 薄膜的润湿反应中，形貌改变会导致金属间化合物发生"剥落"。在润湿尖端反应中，当考虑到表面能或界面能时，润湿尖端始终保持三相点的平衡或形貌的稳定。只有确保润湿反应时笋钉状金属间化合物形貌是稳定的，对熟化过程的动力学分析才有意义[4]。接下来，我们将比较固态反应和润湿反应中形貌和动力学的差异。在固态反应中，层状金属间化合物更为稳定，故首先简要回顾一下层状金属间化合物生长的动力学分析[5]。

正如第 3 章讨论的那样，在二元体扩散偶固态界面反应的经典分析中，每一层金属间化合物的生长动力学是受扩散控制或界面反应控制的。对于足够厚的扩散偶而言，当温度足够高、反应时间很长时，可认为所有层状金属间化合物是共存的，其生长均受扩散控制，每一层金属间化合物的厚度与该层中互扩散系数的平方根成正比。

目前，已将上述体扩散偶的反应分析推广至两个金属薄膜间的反应以及金属薄膜与 Si 晶圆间的反应。现代分析技术已可在原子级别上对金属间化合物的形成过程进行检测，借助于这些技术，研究者发现薄膜反应时并非所有的平衡态金属间化合物均会生成[6-7]。实际上，当反应温度较低时，仅会形成其中的一种金属间化合物。例如，200 ℃ 时 Si 晶圆上的 Ni 薄膜与 Si 仅会形成 Ni_2Si 这一个相[8-9]。当所有的 Ni 耗尽后，Ni_2Si 相与 Si 相间会生成 NiSi 相。当 NiSi 相的生长消耗了所有的 Ni_2Si 后，NiSi 相与 Si 相间进一步生成 $NiSi_2$ 相，最终 $NiSi_2$ 相的生长会消耗掉所有的 NiSi 相，因此最终在 Si 晶圆上形成的反应产物为 $NiSi_2$ 薄膜。以上反应生成的硅化物相在时间上呈现出一定的先后顺序，即一层生长完后再生长另一层。Gosele 和 Tu[10] 采用两个薄层间反应的竞争生长模型（如 Ni、Si 层之间 Ni_2Si 相和 NiSi 相的竞争生长），并结合扩散控制和界面反应控制的动力学解释了薄膜反应中的单相生长现象。他们的模型定义了单相生长的临界薄膜厚度，即当薄膜厚度小于该临界厚度时，任一时刻只有一种金属间化合物能够形成。为了验证这种单相生长现象，实验在 NiSi/Si 上蒸镀了一层 Ni 薄膜从而形成了一个 Ni/NiSi/Si 结构的样品，随后对这个样品进行退火处理，结果发现 NiSi 层并未生长，而 Ni 和 NiSi 间发生反应生成了 Ni_2Si 相。Ni_2Si 的生长完全消耗了原有的 NiSi 相，只有在那之后，才会重复如上所述的相继生长。目前，研究者对如何预测哪种金属间化合物相会首先形成（例如 Ni/Si 反应优先形成 Ni_2Si 相）以及随后生成新相的次序都进行了深入的研究。

现有的很多模型都可预测薄膜中固态界面间反应首先形成的相。事实上，这些模型利用平衡相图，并应用吉布斯自由能变化最大的判据或金属间化合物形成的最大驱动力来预测新相的生成是很成功的。然而，正如 Rh/Si 和 Nb/Zr 的反应中观察到的那样，那些平衡相图中不存在的亚稳相（如非晶合金）可能是初生相[11-12]。相比于平衡态金属间化合物而言，生成亚稳相的吉布斯自由能较低，因此生成非晶相时的吉布斯自由能增量并不是最大的。此外，与第一个相的形成温度有关。例如，当温度很高时，非晶相就不会成为第一个生成的相。目前，对于亚稳相形成或第一相形成及其与温度有关的一个合理解释是：这些过程的吉布斯自由能变化"速率"最大[13]。正是由于短时间内吉布斯自由能具备最大改变量（即最大的增长速率）决定了第一相的形成，或者说，那些具有最大扩散通量的相将首先形成。换言之，第一相形成的选择性是基于动力学而非热力学的。因此，我们需要借助于反应的动力学数据来预测哪个相具有最大的增长速率，但不幸的是大多数反应的动力学数据是很难获取的。

在 SnPb 共晶焊料与 Cu 的润湿反应中，Cu_6Sn_5 形貌为笋钉状，而非层片状，且只要 Cu 尚未反应完全，这种笋钉状形貌就能稳定存在。当 Cu 的厚度从 Cu 箔变成 Cu 薄膜时，一旦 Cu 膜被完全消耗，非守恒的熟化过程将转变为守恒的熟化过程。正如 3.3 节中所讨论的那样，笋钉状形貌将不再稳定，且导致金属间化合物发生剥落。

现在，让我们将关注点转向同一体系的固态老化过程。图 2.23 所示为厚的 Cu 基板上 SnPb 共晶焊料在老化处理前及 170 ℃ 分别老化 500 h、1 000 h 及 1 500 h 后的光学显微镜照片。这些样品在固态老化前 200 ℃ 下经过了两次回流处理。从这些照片中，可观察到 Cu_6Sn_5 和 Cu_3Sn 化合物均为层状结构，且它们的界面相当平整。特别强调，Cu_6Sn_5 相不再具有沟道状笋钉形貌，且 Cu_3Sn 相非常厚。由于这些样品在固态老化前均进行了两次回流焊，因此在老化初期，Cu_6Sn_5 必定呈现过笋钉状形貌，随后在固态老化过程中，Cu_6Sn_5 的形貌从笋钉状转变为层状。这里很自然地出现一个问题：在固态老化过程中 Cu_6Sn_5 为什么不能始终保持笋钉状形貌生长？图 5.1 所示为 Cu 上熔融 SnPb 共晶焊料的试样经 150 ℃ 老化 2 个月后所生成的 Cu_6Sn_5 相表面的俯视图，此时金属间化合物上的焊料已被刻蚀去除，图 5.1 中，Cu_6Sn_5 相具有相当平整的表面，且可观察到清晰的晶界。

有趣的是，若使用熔融 SnPb 共晶焊料来润湿层状的金属间化合物时，Cu_6Sn_5 的笋钉状形貌将再次出现。图 5.2（a）为铜箔/SnPb 共晶焊料在 170 ℃ 下老化 960 h 后的横截面 SEM 图像。从层状金属间化合物中可看到少量晶界垂直平坦的晶粒，且在 Cu_6Sn_5 下面形成了较厚的 Cu_3Sn 层。图 5.2（b）该试样在 200 ℃ 下回流 40 min 后的横截面图像，具有弯曲表面的笋钉状 Cu_6Sn_5 晶粒再次出现。图 5.3（a）所示为试样在 130 ℃ 下固态老化 480 h 后的层状金属间化合物形貌。尽管其表面比较粗糙，但仍可观察到晶粒为柱状，而不是笋钉状，且其晶粒之间不存在沟道。但是，当该样品在 200 ℃ 仅回流 1 min 后，这些柱状晶粒即可变回图 5.3（b）所示的笋钉状形貌。图 5.2 和图 5.3 都说明，在接触到熔融焊料时，笋钉状晶粒很稳定，但层状晶粒则在接触固态焊料时能维持稳定状态。

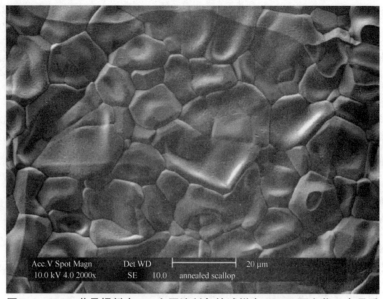

图 5.1　SnPb 共晶焊料在 Cu 上回流制备的试样在 150 ℃下老化 2 个月后
生成的 Cu_6Sn_5 相表面的俯视图（由 UCLA 的 Jong-ook Suh 提供）

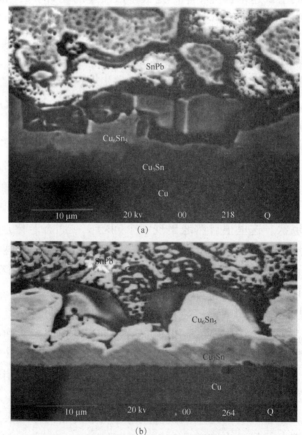

图 5.2　Cu/共晶 SnPb 焊料在 170 ℃下老化 960 h 后的截面 SEM 图像
和 200 ℃下回流 40 min 后的横截面图像

（a）170 ℃下老化 960 h 后；（b）200 ℃下回流 40 min 后

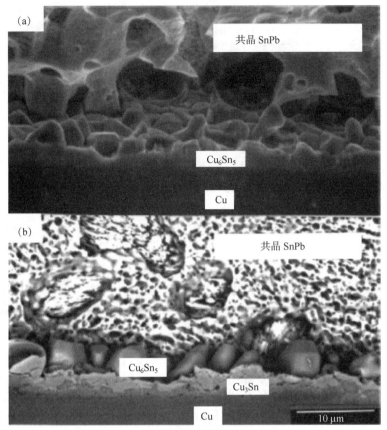

图 5.3　试样在 130 ℃下老化 480 h 后和 200 ℃下回流 1 min 后的形貌

（a）Cu/共晶 SnPb 焊料接头在 130 ℃下老化 480 h 后的层状金属间化合物形貌照片；
（b）当该试样在 200 ℃下回流仅 1 min 后的形貌

在固态反应中，层状金属间化合物的形成是很常见的现象，问题在于：为什么这些层状金属间化合物被熔融焊料润湿时会转变为笋钉状金属间化合物？这种转变说明在润湿反应中金属间化合物的笋钉状形貌是热力学稳定的。我们在图 5.4 中展示了这样的转变过程，其中实线代表了层状 Cu_6Sn_5 的横截面，虚线代表了熔融焊料对 Cu_6Sn_5 晶粒表面和晶界的润湿作用。界面能和晶界能的改变满足

$$\frac{1}{2} \times 2\pi rh\sigma_{GB} + \pi r^2\sigma_{SS} \geqslant 2\pi rh\sigma_{LS} + \pi r^2\sigma_{LS}$$

式中，σ_{GB}、σ_{SS} 和 σ_{LS} 分别为 Cu_6Sn_5 内的晶界能、固态焊料与 Cu_6Sn_5 间的界面能以及熔融焊料和 Cu_6Sn_5 间的界面能；r 和 h 分别为固态 Cu_6Sn_5 的晶粒半径和高度。不等式左侧第一项中的系数 1/2 是因为一个晶界由两个晶粒共享。上式中，不等式左边的能量总和大于右边的能量总和。

我们来比较一下润湿反应和固态老化中金属间化合物的形貌稳定性。在图 5.5（a）所示的润湿反应中，实线代表稳定的笋钉状形貌，虚线代表不稳定的层状形貌，可得

$$2\pi R^2\sigma_{LS} \leqslant \frac{1}{2} \times 2\pi rh\sigma_{GB} + \pi r^2\sigma_{LS}$$

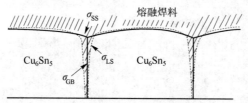

图 5.4 Cu_6Sn_5 层状结构向笋钉状结构的转变示意

式中，R 为笋钉状金属间化合物的半径。对于半球状的笋钉状金属间化合物，假定其表面能 σ_{LS} 是各向同性的。在图 5.5（b）所示的固态老化过程中，实线代表稳定的层状形貌，而虚线代表不稳定的笋钉状形貌，则可以得到

$$2\pi R^2 \sigma_{SS} \geq \frac{1}{2} \times 2\pi rh\sigma_{GB} + \pi r^2 \sigma_{SS}$$

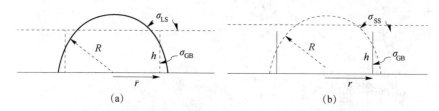

图 5.5 润湿反应和固态老化中金属间化合物的形貌稳定性
（a）在润湿反应中层状金属间化合物向笋钉状金属间化合物的转变；
（b）在固态老化中笋钉状金属间化合物向层状金属间化合物的转变

在上面的两个不等式中，假设圆柱形晶粒和半球形晶粒间的互相转化是一个体积守恒的过程，因此我们不需要考虑体积能的变化，仅需要考虑界面能和晶界能的变化。为了简化上述的不等式，假设圆柱形晶粒的半径与半球形晶粒的半径相等（即 $r=R$），或假设圆柱形晶粒高度与其半径相等（即 $r=h$），则这两种假设可得出相同的结果

$$h = \frac{2}{3}r$$

把该关系式代入之前的三个不等式中，可得到下面两个不等式

$$\sigma_{SS} \geq \frac{7}{6}\sigma_{LS}$$

$$\sigma_{SS} \geq \frac{2}{3}\sigma_{GB} \geq \sigma_{LS}$$

第一个不等式表明熔融焊料与 Cu_6Sn_5 之间的界面能低于固态焊料与 Cu_6Sn_5 之间的界面能，第二个不等式则表示 Cu_6Sn_5 中大角度晶界的晶界能量很高。当熔融焊料与层状 Cu_6Sn_5 反应时，该反应会润湿层状 Cu_6Sn_5 中的大角度晶界，如图 5.4 所示。固态焊料与 Cu_6Sn_5 的界面及 Cu_6Sn_5 中的晶界可被低界面能的熔融焊料与 Cu_6Sn_5 的界面所取代。因此，润湿反应中笋钉状形貌可保持稳定，而固态老化中层状形貌可保持稳定。

在润湿反应中，相邻的笋钉状金属间化合物并不会连在一起而形成晶界，因此它们只能通过熟化过程来长大。在熟化过程中，半球形笋钉状金属间化合物的总表面积维持不变；另

外，笋钉状金属间化合物也不会无限制长大，而这是由于笋钉状金属间化合物越大，它们之间的沟道数越少，而这些沟道是 Cu 到达熔融焊料的路径，当沟道数减少时，笋钉状金属间化合物的生长也会随之减慢。为了维持沟道数，这些笋钉状金属间化合物会不断伸长，而在润湿反应实验中观察到了非常长的笋钉状金属间化合物。

5.3　单个半球晶粒生长的简单模型

图 5.6（a）中实线为 Cu 上生长的半球形笋钉状 Cu_6Sn_5 的横截面示意。为了分析笋钉状金属间化合物生长的动力学，做出如下假设[14-16]：

（1）为方便起见，忽略反应中出现的 Cu_3Sn 和 Pb。

（2）两个笋钉状金属间化合物之间存在着深度可达 Cu 表面的液态沟道。假设沟道的宽度"δ"相比于笋钉状金属间化合物的半径较小，且当熔融焊料存在时，笋钉状金属间化合物和沟道保持热力学稳定。这个沟道为 Cu 原子进入熔融焊料并使笋钉状金属间化合物生长的快速扩散通路。尽管笋钉状金属间化合物被沟道分隔开，但是笋钉状金属间化合物间仍保持着紧密接触。图 5.6（b）所示为笋钉状 Cu_6Sn_5、沟道以及 Cu 上的 Cu_3Sn 薄层的横截面 TEM 照片，箭头所示的沟道宽度小于 50 nm。

（3）笋钉状金属间化合物的几何形状为半球形。若给定笋钉状金属间化合物和 Cu 之间的界面面积为"S^{total}"，则所有的半球形笋钉状金属间化合物和熔融焊料之间的总表面积为"$2S^{total}$"。在图 5.6（a）中，如果用虚线半圆来表示一个单独的大尺寸半球形笋钉状金属间化合物的横截面，那么它的表面积是 $2S^{total}$，它与实线半圆表示的小尺寸笋钉状金属间化合物的表面积之和相等。因此，尽管生长过程增加了笋钉状金属间化合物的总体积，但并不会改变笋钉状金属间化合物的总表面积。

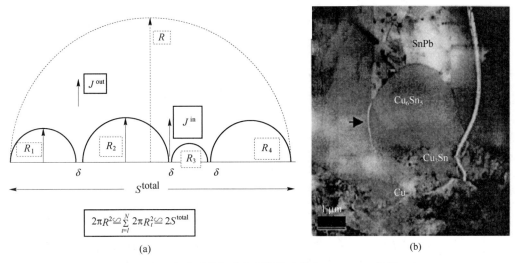

(a)　(b)

图 5.6　半球形笋钉状金属间化合物和 Cu_6Sn_5、沟道

以及 Cu 上 Cu_3Sn 薄层的横截面图

（a）Cu 上生长的一列半球状 Cu_6Sn_5 笋钉状金属间化合物的横截面示意；

（b）Cu_6Sn_5 笋钉、通道，以及铜上 Cu_3Sn 薄层的横截面 TEM 照片

（4）根据质量守恒，从 Cu 基板上扩散过来的 Cu 原子完全被笋钉状金属间化合物的长大所消耗，因此，从熟化区域流入熔融焊料的 Cu 原子扩散通量可忽略。

在熟化过程中，存在两个重要的约束条件：第一，反应的总表面积恒定。若笋钉状金属间化合物的形状为半球形，则笋钉状金属间化合物的总表面积为定值。因此，熟化过程是一个总表面积不变而体积增加的过程。第二，质量守恒，即所有流入的 Cu 原子均被笋钉状金属间化合物的生长所消耗。在经典的 LSW 熟化过程中，整个过程中体积几乎不发生变化，所以为表面积（以及表面能）的降低提供了反应的驱动力。

严格来说，由于笋钉状金属间化合物生长具有寄生性，其生长依赖于相邻较小的笋钉状金属间化合物的缩小，因此单尺寸分布（尺寸分布符合狄拉克 δ 函数）与笋钉状金属间化合物的生长过程并不相容。所以这一简化模型并不完美，充其量也只是在一个较小的笋钉状金属间化合物尺寸分布范围内的近似函数。而该模型最大的优点是能够把多体问题简化为单体问题。下面我们说明单尺寸近似适用于动力学平均值的粗略估计。

根据第一个约束条件，除了很窄的沟道面积外，笋钉状金属间化合物和 Cu 之间的界面完全被笋钉状金属间化合物占据，故可得

$$N\pi R^2 \cong S^{\text{total}} \tag{5.1}$$

式中，N 为笋钉状金属间化合物的个数；R 为其半径；S^{total} 为常数。从基板上供给 Cu 原子的自由表面面积（底部沟道的横截面积）为

$$S^{\text{free}} = N \cdot 2\pi R \frac{\delta}{2} = \frac{\delta}{R} S^{\text{total}} \tag{5.2}$$

式中，δ 为沟道宽度。因此自由表面的面积随笋钉状金属间化合物长大以 $1/R$ 的速率降低。反应产物笋钉状金属间化合物的体积为

$$V_i = N \frac{2\pi}{3} R^3 = \frac{2}{3} S^{\text{total}} R \tag{5.3}$$

根据第二个约束条件，即质量守恒原则，所有从 Cu 基板扩散到熔融焊料中的 Cu 原子都被笋钉状金属间化合物的生长所消耗，因此可以得到

$$n_i C_i \frac{\mathrm{d}V_i}{\mathrm{d}t} = J^{\text{in}} S^{\text{free}} \tag{5.4}$$

式中，n_i 是金属间化合物的原子密度，即单位体积内的原子数；C_i 是 Cu 在金属间化合物中的原子分数，例如在 Cu_6Sn_5 中 C_i 值为 6/11。则流入的 Cu 原子通量可大致表示为

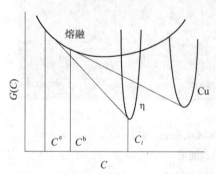

图 5.7　式（5.5）中 C^e 和 C^b 的意义

$$J^{\text{in}} = -nD \frac{\left(C^e + \dfrac{\alpha}{R}\right) - C^b}{R} \tag{5.5}$$

式中，$\alpha = \left(\dfrac{2\gamma\Omega}{R_G T}\right) C^e$，$\gamma$ 是金属间化合物/熔融表面上的各向同性的表面张力，Ω 是摩尔体积，R_G 是气体常数，T 是温度；C^e 和 C^b 在图 5.7 中给以定义；这里 $\alpha \approx 4.4 \times 10^{-7}$ cm。

首先，若考虑 $\dfrac{\alpha}{R} \ll C^b - C^e$ 的情况，则有

$$J^{in} \cong nD \frac{C^b - C^e}{R} \tag{5.6}$$

式中，n 是熔融焊料的原子密度或单位体积内的原子数。接着，将式 (5.2)、式 (5.3) 和式 (5.6) 代入式 (5.4) 中，可得

$$n_i C_i \frac{2}{3} S^{total} \frac{dR}{dt} = nD \frac{C^b - C^e}{R} \left(\frac{\delta}{R} S^{total} \right) \tag{5.7}$$

从而，可得出

$$R^3 = kt \tag{5.8a}$$

$$k = \frac{9}{2} \cdot \frac{n}{n_i} \cdot \frac{D(C^b - C^e)\delta}{C_i} \tag{5.8b}$$

注意：尽管存在"类似熟化"的时间定律，但速率常数的表达式中并未出现表面张力。

若取 $n/n_i \approx 1$，$C_i = 6/11$，$D \approx 10^{-5}$ cm^2/s，$\delta \approx 5 \times 10^{-6}$ cm，$C^b - C^e \approx 0.001$，其中浓度 C^b 取熔融焊料与 Cu$_3$Sn 相达到平衡时的浓度，则速率常数 $k \approx 4 \times 10^{-13}$ cm^3/s。以退火时间 $t = 300$ s 为例，可估算出 $R \approx 5 \times 10^{-4}$ cm，这与实验数据相当吻合。

5.4 表面积为常数的不守恒熟化理论

对于具有一定尺寸分布的笋钉状金属间化合物，令 $f(t, R)$ 为笋钉状金属间化合物的尺寸分布函数，则笋钉状金属间化合物的总数量为

$$N(t) = \int_0^\infty f(t, R) \, dR \tag{5.9}$$

笋钉状金属间化合物的平均尺寸为

$$< R^m > = \frac{1}{N} \int_0^\infty R^m f(t, R) \, dR \tag{5.10}$$

那么第一个约束条件（即界面面积为常数）有如下形式：

$$\int_0^\infty \pi R^2 f(t, R) \, dR = S^{total} - S^{free} \cong S^{total} \tag{5.11}$$

对于 Cu 的注入而言，所有沟道的横截面积为

$$S^{free} = \int_0^\infty \frac{\delta}{2} \times 2\pi R f(t, R) \, dR \tag{5.12}$$

生长出的笋钉状金属间化合物的总体积是

$$V_i = \int_0^\infty \frac{2}{3} \pi R^3 f(t, R) \, dR \tag{5.13}$$

根据第二个约束条件，可得

$$n_i C_i \frac{dV_i}{dt} = J^{in} S^{free} \tag{5.14}$$

式中，n_i 是金属间化合物的原子密度，即单位体积内的原子数；C_i 是 Cu 在金属间化合物中的原子分数，在 Cu$_6$Sn$_5$ 中 C_i 值为 6/11。流入的 Cu 原子通量可大约表示为

$$J^{in} = -nD \frac{\left(C^e + \dfrac{\alpha}{R} \right) - C^b}{R} \tag{5.15}$$

式中，n 是焊料中的原子密度，$\alpha = (2\gamma\Omega/k_G T) C^e$，$\gamma$ 是金属间化合物/熔融焊料界面处各向同性的表面张力，Ω 是摩尔体积，k_G 是玻尔兹曼常数，T 是温度。C^e 与 C^b 分别为平整表面上的平衡浓度（熔融焊料中 Cu 的原子分数）和沟道入口处的平衡浓度（对应基板表面上熔融焊料中 Cu 的浓度）。

因为笋钉状金属间化合物必须一个原子一个原子地长大或缩小，因此尺寸分布函数在尺寸空间内必须满足连续性方程

$$\frac{\partial f}{\partial t} = -\frac{\partial}{\partial R}(f u_R) \tag{5.16}$$

式中，尺寸空间内的速度 u_R（即半径为 R 的笋钉状金属间化合物的生长速率）由各个笋钉状金属间化合物上的通量密度 $j(R)$ 所决定。通常，$j(R)$ 的表达式为一个球形晶粒周边无限大空间内的扩散问题的准静态解，该球形晶粒处的过饱和浓度为 $<C>$，而无穷远处浓度为 C^e。可得

$$u_R = \frac{dR}{dt} = -\frac{j(R)}{n_i C_i} = \frac{n}{n_i} \cdot \frac{D}{C_i} \cdot \frac{<C> - \left(C^e + \frac{\alpha}{R}\right)}{R} \tag{5.17}$$

尽管式（5.17）与 LSW 理论相符，但是由于笋钉状金属间化合物处于界面处，且它们之间的扩散距离与笋钉状金属间化合物自身尺寸处于同一个数量级，因此它并不适用于当前的例子。另外，由于熔融焊料中原子的扩散速度是非常快的，因此我们建议 $j(R)$ 的表达式可通过以下方式获得：设反应区域内 Cu 的平均化学势为 μ，假定其处处相同，即近似为平均场；笋钉状金属间化合物与熔融焊料的弯曲界面处的化学势为 $\mu_\infty + \frac{\beta}{R}$，其中 $\beta = 2\gamma\Omega$。假设每一个笋钉状金属间化合物流出的原子通量与上述两个化学势之差成正比，则 $j(R)$ 可表示为

$$-j(R) = L\left(\mu - \mu_\infty - \frac{\beta}{R}\right), \frac{dR}{dt} = \frac{L}{n_i C_i}\left(\mu - \mu_\infty - \frac{\beta}{R}\right) \tag{5.18}$$

式中，参数 L、β、$\mu-\mu_\infty$ 可由前述两个约束条件 [即表面积恒定约束方程式（5.1）和质量守恒方程式（5.4）] 得出。故有

$$uR = \frac{dR}{dt} = \frac{k}{9} \frac{1}{<R^2> - <R>^2}\left(1 - \frac{<R>}{R}\right) \tag{5.19}$$

$$k = \frac{9}{2} \cdot \frac{n}{n_i C_i} D(C^b - C^e)\delta \tag{5.20}$$

在通量驱动的非守恒熟化过程中，每个笋钉状金属间化合物生长/缩小的速率不仅由扩散系数和笋钉状金属间化合物的平均尺寸 $<R>$ 所决定，还与沟道为反应供给 Cu 原子的能力有关。

因此在近似平均场中，尺寸分布函数的基本方程有如下形式：

$$\frac{\partial f}{\partial t} = -\frac{k}{9} \cdot \frac{<R>}{<R^2> - <R>^2} \cdot \frac{\partial}{\partial R}\left[f\left(\frac{1}{<R>} - \frac{1}{R}\right)\right] \tag{5.21}$$

式中，系数 k 由流入通量条件决定，而流入通量条件则受控于沟道。

分布函数的正解是

$$f(t,R) = \frac{B}{bt} \cdot \frac{R}{(bt)^{\frac{1}{3}}} \exp\left(\int_0^{R/(bt)^{\frac{1}{3}}} \frac{3-4\xi}{\xi^2 - 3\xi + \frac{9}{4}} d\xi\right)$$

$$= \frac{B}{\tau}\varphi(\eta), \quad \tau = bt, \quad \eta = \frac{R}{(bt)^{\frac{1}{3}}} \tag{5.22}$$

$$B = \frac{S^{\text{total}}}{\pi\int_0^\infty \xi^2\varphi(\eta)d\eta} \tag{5.23}$$

式中，系数 b 应通过自洽获得。

通过标准积分运算，可得

$$\varphi(\eta) = 0, \quad \eta > \left(\frac{3}{2}\right)$$

$$\varphi(\eta) = \frac{\eta}{\left(\frac{3}{2} - \eta\right)^4} \exp\left(-\frac{3}{\frac{3}{2} - \eta}\right), \quad 0 < \eta < \left(\frac{3}{2}\right) \tag{5.24}$$

图 5.8 所示为 $\varphi(\eta)$ 关于 η 的函数图像。至此，我们得到了一个可满足通用标量方程（5.15）的特定渐近解。同时，还可得

$$<\eta^2> - <\eta>^2 \cong 0.061\,5, \quad <\eta> = 3/4,$$
$$<\eta^3> \cong 0.553\,5$$

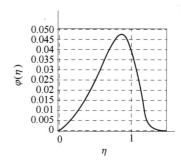

图 5.8　$\varphi(\eta)$ 关于 η 的函数图像

式中，参数 $b = \dfrac{k}{9(<\eta^2> - <\eta>^2)} \cong k/0.553\,5 \cong k/<\eta^3>$

因此，晶粒尺寸立方的平均值为

$$<R^3> = <\xi^3> bt \cong kt$$

平均晶粒尺寸为

$$<R> = <\xi>(bt)^{\frac{1}{3}} \cong \frac{3}{4}\left(\frac{k}{0.553\,5}t\right)^{\frac{1}{3}} \cong 0.913(kt)^{\frac{1}{3}} \tag{5.25}$$

若取 $n/n_i \approx 1$，$C_i = 6/11$，$D \approx 10^{-5}$ cm^2/s，$\delta \approx 5\times10^{-6}$ cm，$C^b - C^e \approx 0.001$，其中浓度 C^b 为熔融焊料与 Cu_3Sn 相处于平衡状态时的浓度，速率常数 $k \approx 4\times10^{-13}$ cm^3/s。例如，若退火时间 $t = 300$ s 时，则平均晶粒尺寸 $R \approx 5\times10^{-4}$ cm，这一结果与试验结果十分吻合。这说明，熟化速率与晶粒尺寸 R 的增长由流入的通量条件所决定。

5.5　笋钉状晶粒的尺寸分布

试验发现，当焊料为纯 Sn 时，生成的 Cu_6Sn_5 金属间化合物形貌为多面体形，而当焊料中含有近共晶的组分时，金属间化合物形貌则为球形。由于金属间化合物的形貌会影响笋钉

状金属间化合物熟化反应的动力学路径，而 FDR 理论是假定笋钉状金属间化合物的形貌是半球形的，因此在根据反应时间测试尺寸分布及生长速率前，人们对金属间化合物形貌与焊料组分和反应温度之间的关系已进行过系统研究。

为了研究 SnPb/Cu 反应中金属间化合物形成的形貌，我们准备了多组不同焊料组分的试样：纯 Sn、90Sn10Pb、80Sn20Pb、70Sn30Pb、60Sn40Pb、50Sn50Pb、40Sn60Pb、30Sn70Pb 以及 20Sn80Pb[17]。由于当焊料中 Pb 的质量分数高于 90% 时，形成的金属间化合物为 Cu_3Sn 而不是 Cu_6Sn_5，因此未对该成分的焊料进行研究。将这些焊料合金切成质量约为 0.5 mg 的小块，并在中等活化的助焊剂（197RMA）中将其熔化形成一个小球。将纯度为 99.999% 的 Cu 箔切成面积为 1 cm×1 cm、厚度为 1 mm 的正方形小片。每一个 Cu 片都在硅胶悬浊液中机械抛光，以降低其表面粗糙度，并用丙酮进行超声波清洗，随后用甲醇和去离子水除去表面的有机污染物，接着用刻蚀液（组分为 5% 硝酸+95% 水）刻蚀 15 s 以去除表面的原生氧化物，最后用去离子水清洗，并用氮气进行干燥。之后，将这些 Cu 片快速浸入热的 197RMA 型助焊剂中。

试验通过向抛光 Cu 箔表面滴下焊料液滴，并将其在温度高于焊料合金熔点 20 ℃ 下持续加热 2 min 来实现焊料与 Cu 的润湿。此外，试验将 55Sn45Pb 焊料在 200 ℃ 下分别保持 30 s、1 min、2 min、4 min、8 min，用于测试金属间化合物的尺寸分布与生长速率。由于当反应时间超过 10 min 时，笋钉状金属间化合物会发生伸长现象，因此未对这种情况进行研究。

为了观察平面中笋钉状金属间化合物的形貌，首先通过机械抛光及选择性化学刻蚀去除未反应的焊料，化学刻蚀液组分为：1 份硝酸、1 份醋酸以及 4 份甘油。由于过刻蚀或欠刻蚀都会影响金属间化合物形貌，因此为确保获得正确的金属间化合物形貌，采用不同的刻蚀时间反复进行试验。

5.5.1 Cu_6Sn_5 形貌对焊料组分的依赖性

图 5.9 所示为不同组分的 SnPb 焊料与 Cu 反应后形成的金属间化合物形貌。表 5.1 总结了观测到的 Cu_6Sn_5 金属间化合物形貌。当 SnPb 焊料中 Pb 的质量分数高于 70% 时，整个试样中可观察到多面体形的笋钉状金属间化合物，其中伴有部分圆形笋钉状金属间化合物；而当焊料中 Pb 的质量分数介于 60% 与共晶成分（34%）之间时，只观察到圆形笋钉状金属间化合物；当 Pb 含量进一步降至 30% 以下时，再次观察到多面体形笋钉状金属间化合物，并伴有少量圆形笋钉状金属间化合物；最后，当焊料为纯 Sn 时，只观察到多面体形金属间化合物。

对于 SnPb 共晶焊料，一些样品中仅含有圆形笋钉状金属间化合物，而另一些样品可在焊料帽中心处观察到成簇的多面体形笋钉状金属间化合物。这种现象在 60Sn40Pb 焊料中也会发生。极端情况下，当从大块焊料（重约 3 g）上取下一小片焊料（0.5 mg）时，大块焊料的少量不均匀性甚至会导致小片焊料的质量分数与预期值相比出现 1%~2% 的偏离。由于共晶 SnPb 焊料帽在 Cu 箔上的润湿角为 11°，因此焊料帽边缘处覆盖金属间化合物的焊料厚度要薄得多。焊料帽边缘处金属间化合物的生长会消耗熔融焊料中的 Sn，使该处的 Pb 含量增大。这种效应可能会影响整个焊料帽中从中心到边缘处金属间化合物形貌的变化。

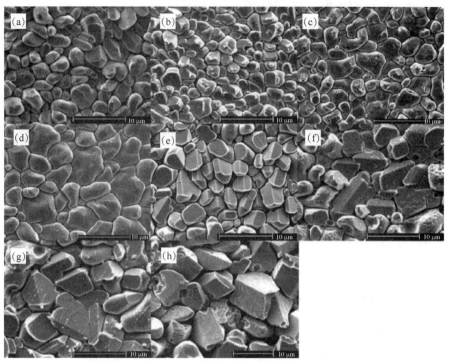

图 5.9　Cu 与不同组分焊料发生润湿反应所形成的 Cu₆Sn₅金属间化合物形貌

（a）20Sn80Pb；（b）30Sn70Pb；（c）40Sn60Pb；（d）50Sn50Pb；

（e）70Sn30Pb；（f）80Sn20Pb；（g）90Sn10Pb；（h）纯 Sn

表 5.1　观察到的 Cu₆Sn₅金属间化合物形貌的总结

焊料组分	反应温度/℃	形貌	焊料组分	反应温度/℃	形貌
20Sn80Pb	295	多面体形	63Sn37Pb	200	圆形
30Sn70Pb	275	多面体形	70Sn30Pb	210	多面体形
40Sn60Pb	255	圆形	80Sn20Pb	225	多面体形
50Sn50Pb	235	圆形	90Sn10Pb	240	多面体形
60Sn40Pb	200	圆形	100Sn	250	多面体形

　　为了准确确定 SnPb 共晶焊料的金属间化合物形貌，对不同组分的焊料在共晶温度附近进行融化，以控制焊料的液相组分。80Sn20Pb、50Sn50Pb、30Sn70Pb 和 63Sn37Pb（共晶）焊料与 Cu 在共晶温度（183.5 ℃）之上 0.5 ℃发生反应，温度控制误差为±1 ℃。当焊料发生部分溶解时，其液相的成分非常接近共晶成分。如图 5.10 中所示，无论焊料成分是多少，金属间化合物总为圆形笋钉状形貌。因此，当 SnPb 焊料组分是共晶成分时，Cu₆Sn₅的真实形貌应为光滑的圆形形貌。

　　形成多面体形或圆形固液界面的经典理论的基本思想是：若界面为多面体形，则固相表面的吸附原子在到达下一个原子层前倾向于首先填满几乎所有的现有表面位置，从而形成伴有少量扭结区的原子级平整界面[18-19]；若晶体的表面为圆形，则其表面在原子级

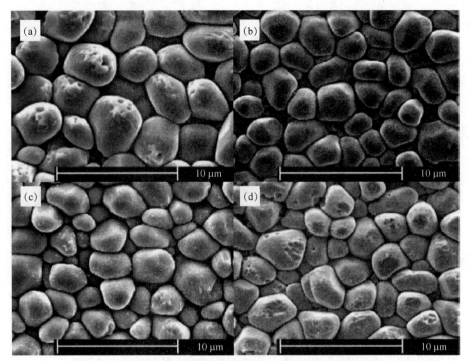

图 5.10 不同组分的焊料在共晶温度（183.5 ℃）之上 0.5 ℃
与 Cu 发生润湿反应所形成 Cu_6Sn_5 金属间化合物的形貌

（a）80Sn20Pb；（b）63Sn37Pb；（c）50Sn50Pb；（d）30Sn70Pb

别上或多或少是粗糙的，且会存在大量的扭结区。所以为了得到圆形笋钉状金属间化合物，它们的表面应具有许多原子台阶和扭结。由于台阶和扭结有很多断键，当断键能量低时，笋钉状金属间化合物在表面处拥有更多的台阶和扭结。金属间化合物/焊料界面的界面能低时，断键能量较低。而金属间化合物/焊料界面的界面能可以通过焊料与 Cu 之间的润湿角来大致估计。

当焊料润湿 Cu 时，Cu 表面被金属间化合物/焊料的界面所取代，因此当焊料/Cu 的润湿角较小时，金属间化合物/焊料界面的界面能相对较低，原因在于熔融的焊料倾向于铺展开以增加金属间化合物/焊料界面的面积。C. Y. Liu 研究了 SnPb 焊料组分对熔融 SnPb 焊料在 Cu 上润湿角的影响，研究发现当焊料中 Pb 含量略高于共晶组分时（即含有质量分数约为 55% 的 Pb），其对应的润湿角最小[20]。这与表 5.1 中的数据一致，即笋钉状金属间化合物在共晶组分附近会呈现圆形形貌。

5.5.2 笋钉状晶粒的尺寸分布与平均半径

由于笋钉状形貌与焊料组分相关，因此选择 55Sn45Pb 焊料来研究笋钉状金属间化合物的尺寸分布，以确保笋钉状金属间化合物为圆形形貌。图 5.11 所示为通过实验获得的半径和高度随时间变化的曲线，用于验证数据与式（5.25）的一致性。图中的增长指数在 0.33~0.35，接近 1/3，而式（5.25）中 k 的大小是 $1.65×10^{-2}$ $μm^3/s$。笋钉状 Cu_6Sn_5 金属间化合物的尺寸分布如图 5.12 所示。图中的理论曲线是将 f（$r/<r>$）归一化为

$\int f(y)\mathrm{d}y = 1$ 后的曲线，其中 $<r>$ 为平均半径。为了与理论曲线进行比较，对频率直方图的高度也进行了归一化处理，直方图的高度表示的是频率密度，且柱状条带的总面积为 1。如图 5.12（a）中所示，相比于 LSW 理论，试验数据与 FDR 理论预测值的符合程度更高。将试验数据与理论曲线进行比较时发现，柱形条带的宽度和峰值位置与 FDR 理论获得的理论曲线吻合较好，但高度略低于预测值。

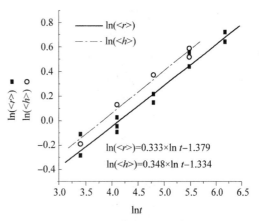

$$\ln(<r>)=0.333\times\ln t-1.379$$
$$\ln(<h>)=0.348\times\ln t-1.334$$

图 5.11 平均高度和平均半径随时间的变化曲线

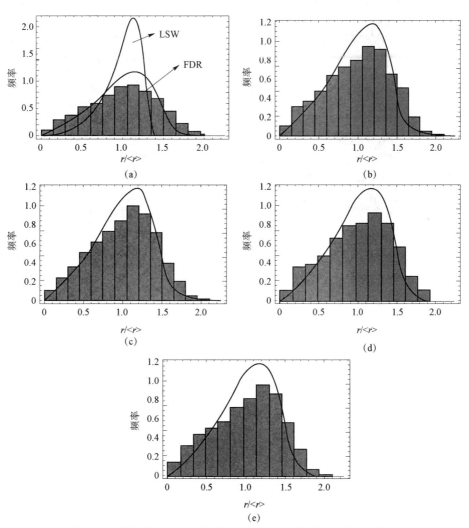

图 5.12 笋钉状 Cu_6Sn_5 金属间化合物归一化后的颗粒尺寸分布

（a）30 s；（b）1 min；（c）2 min；（d）4 min；（e）8 min

　　在润湿反应的初期，笋钉状金属间化合物的形核会对尺寸分布产生更大的影响。因此可以预期，具有较短反应时间的 PSD 分布将偏离理想状况。然而，反应时长为 30 s 时的笋钉状金属间化合物尺寸分布与 FDR 理论预测值十分相符，如图 5.12（a）所示。因此，30 s 的反应时间已足以使笋钉状化合物的尺寸分布在统计学意义上达到稳定，而此时，熟化过程已超过形核和长大，并成为主导因素。PSD 的标准差随反应时间的变化非常小，大约为 0.4。

　　在图 5.13 所示的笋钉状金属间化合物的截面照片中可测得笋钉状金属间化合物的平均高度。高度的增长指数为 0.35，k 值为 2.40×10^{-2} $\mu m^3/s$。由于测量笋钉状金属间化合物高度时采用的是截面图像，因此，可用于测量的笋钉状晶粒的数量比从俯视图测量笋钉状晶粒半径时的数量要少得多，尽管笋钉状晶粒高度随时间的增长指数也接近 1/3，但从统计学意义上来讲，这一数值并不像测量半径时那样可靠。笋钉状金属间化合物的高度与半径的纵横比基本保持不变，平均值为 1.05。

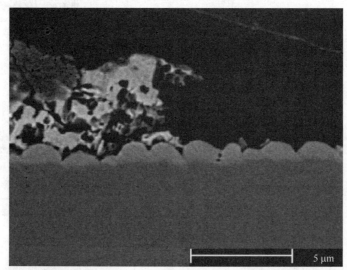

图 5.13　55Sn45Pb 焊料与 Cu 界面处的笋钉状金属间化合物的横截面形貌

　　式（5.25）中的常数 k 由几个热力学参数组成：

$$k = \frac{9}{2} \cdot \frac{n}{n_i} \cdot \frac{D(C^b - C^e)\delta}{C_i}$$

式中，C_i 是笋钉状金属间化合物中 Cu 的含量；C^e 是与平面形 Cu_6Sn_5 维持平衡时熔融焊料中 Cu 的含量；C^b 是基板附近 Cu 的准平衡态含量；n 是熔融焊料的原子密度；n_i 是金属间化合物的原子密度；D 为 Cu 在熔融焊料中的扩散系数。我们取 $C_i \approx 6/11$，$C^b - C^e \approx 0.001$，$n/n_i \approx 1$，$D \approx 10^{-5}$ cm^2/s，则 $k = 2.10 \times 10^{-14}$ cm^3/s，从而可计算出沟道宽度 $\delta = 2.54$ nm。

　　由于 FDR 模型假定笋钉状金属间化合物为半球形，因此有必要关注当笋钉状金属间化合物形貌大幅偏离半球形时，熟化行为是否会产生影响。Ghosh[21] 通过对各种共晶焊料和 Cu/Ni/Pd 金属层之间的反应研究了 Ni_3Sn_4 的形成。笋钉状 Ni_3Sn_4 化合物有着极为明显的多面体形貌，它们的尺寸分布明显偏离 FDR 理论曲线，但是其生长速率仍然遵循 $t^{\frac{1}{3}}$ 规律。Görlich 等[22] 研究了当纯 Sn 与 Cu 反应时 Cu_6Sn_5 的熟化过程。正如在上一节中所讨论的那样，纯 Sn 与 Cu 之间反应形成的 Cu_6Sn_5 具有多面体形貌。然而，在 Görlich 的研究中，多面体形笋钉状金属间化合物的俯视显微图像并不像图 5.9 中的多面体形金属间化合物那样尖锐，这有可能是因为使用了过强的金相腐蚀剂。多面体形笋钉状 Cu_6Sn_5 的尺寸分布与 FDR 理论曲线的吻合度虽然不像圆形笋钉状化合物那么高，但仍为一个中等的吻合程度[22]。笋钉状金属间化合物的直径和高度的增长指数分别为 0.34 和 0.40，其与理论值的偏差可依据笋钉状金属间化合物的高度与半径的比值［即高度/（宽度/2）］来检验。在 Görlich 的研究中，当纯 Sn 与 Cu 反应时，笋钉状金属间化合物的纵横比约为 0.71，而共晶 PbSn 焊料与 Cu 反应时纵横比约为 1.67。

5.6　笋钉状晶粒间的纳米沟道

在界面熟化的 FDR 理论中，笋钉状晶粒间沟道的宽度是最重要的动力学参数之一。在上一节的分析中，计算得到的沟道宽度大约为 2.54 nm。这一宽度值远大于金属和合金中大角度晶界的有效宽度。在反应熟化过程中，假定该沟道会被熔融焊料所润湿。宽度的实测值以及在反应熟化过程中这个宽度能否被原位测量均是值得关注的。

参考文献

[1] I. M. Lifshiz and V. V. Slezov, "The kinetics of precipitation from supersaturated solid solutions," J. Phys. Chem. Solids, 19 (1/2), 35–50 (1961).

[2] C. Wagner, Z. Electrochem., 65, 581 (1961).

[3] V. V. Slezov, "Theory of Diffusion Decomposition of Solid Solution," Harwood Academic Publishers, Newark, NJ, pp. 99–112 (1995).

[4] K. N. Tu, F. Ku, and T. Y. Lee, "Morphology stability of solder reaction products in flip chip technology," J. Electron. Mater., 30, 1129–1132 (2001).

[5] K. N. Tu, T. Y. Lee, J. W. Jang, L. Li, D. R. Frear, K. Zeng, and J. K. Kivilahti, "Wetting reaction vs. solid state aging of eutectic SnPb on Cu," J. Appl. Phys., 89, 4843–4849 (2001).

[6] H. Foell, P. S. Ho, and K. N. Tu, "Cross-sectional TEM of silicon-silicide interfaces," J. Appl. Phys, 52, 250 (1981).

[7] H. Foell, P. S. Ho, and K. N. Tu, "Transmission electron microscopy of the formation of nickel silicides," Philos. Mag. A, 45, 32 (1982).

[8] K. N. Tu, W. K. Chu, and J. W. Mayer, "Structure and growth kinetics of Ni_2Si on Si," Thin Solid Films, 25, 403 (1975).

[9] K. N. Tu, "Selective growth of metal-rich silicide of near noble metals," Appl. Phys. Lett., 27, 221 (1975).

[10] U. Gosele and K. N. Tu, "Growth kinetics of planar binary diffusion couples：Thin film case versus bulk cases," J. Appl. Phys., 53, 3252 (1982).

[11] S. Herd, K. N. Tu, and K. Y. Ahn, "Formation of an amorphous Rh–Si alloy by interfacial reaction between amorphous Si and crystalline Rh thin films," Appl. Phys. Lett.,

42, 597 (1983).

[12] S. Newcomb and K. N. Tu, "TEM study of formation of amorphous NiZr alloy by solid state reaction," Appl. Phys. Lett., 48, 1436-1438 (1986).

[13] D. Turnbull, "Meta-stable structure in metallurgy," Metall. Trans. A, 12, 695-708 (1981).

[14] H. K. Kim and K. N. Tu, "Kinetic analysis of the soldering reaction between eutectic SnPb alloy and Cu accompanied by ripening," Phys. Rev. B, 53, 16027-16034 (1996).

[15] A. M. Gusak and K. N. Tu, "Kinetic theory of flux-driven ripening," Phys. Rev. B, 66, 115403-1 to -14 (2002).

[16] K. N. Tu, A. M. Gusak, and M. Li, "Physics and materials challenges for Pb-free solders," J. Appl. Phys., 93, 1335-1353 (2003). (Review paper)

[17] J. O. Suh, Ph. D. dissertation, UCLA (2006).

[18] K. A. Jackson, "Current concepts in crystal growth from the melt," in "Progress in Solid State Chemistry," H. Reiss (Ed.), Pergamon Press, New York, pp. 53-80 (1967).

[19] D. P. Woodruff, "The Solid-Liquid Interface," Cambridge University Press, London (1973).

[20] C. Y. Liu and K. N. Tu, "Morphology of wetting reactions of SnPb alloys on Cu as a function of alloy composition," J. Mater. Res., 13, 37-44 (1998).

[21] G. Ghosh, "Coarsening kinetics of Ni_3Sn_4 scallops during interfacial reaction between liquid eutectic solders and Cu/Ni/Pd metallization," J. Appl. Phys., 88, 6887-6896 (2000).

[22] J. Görlich, G. Schmitz, and K. N. Tu, "On the mechanism of the binary Cu/Sn solder reaction," Appl. Phys. Lett., 86, 053106 (2005).

6 锡须的自发生长理论及预防措施

6.1 引言

白锡（β-Sn）上的晶须生长是一种蠕变的表面弛豫现象[1-16]，该现象由压应力梯度驱动，并在室温下发生。众所周知，晶须会在铜表面的哑光锡（Matte Sn）镀层上自发生长。目前，由于无铅焊料在消费类电子产品封装铜导线上的广泛应用，且锡基无铅焊料中大多富含锡元素，因此，锡须生长已成为一个较为严重的可靠性问题。锡基无铅焊料的基材几乎是纯锡，诸如"锡鸣""锡瘟"与"锡须"等众所周知的现象再一次得到了人们的广泛关注。

在电子封装的表面贴装技术中，通常会在铜制引线框架的表面上镀一层焊料，其在引线框架焊接至印制电路板的过程中起到表面钝化和提高润湿性的作用。这层焊料镀层为锡铜共晶焊料或哑光锡时，常常可以观察到晶须的存在。一些晶须可以生长至几百微米，其长度足以造成引线框架相邻引脚之间的电气短路。消费类电子产品的发展趋势是将系统集成至封装体尺度，使器件与元器件组件部分间的距离越来越近，而这将提高由晶须导致的短路的可能性。一个折断的晶须也可能掉落至两个电极之间，从而引发短路现象。

如何有效地抑制锡须的生长，如何对锡须生长进行系统性测试以理解其生长驱动力、动力学与生长机理，这些问题对当今的电子封装工业界而言都是极具挑战性的课题任务。由于锡须生长只能发生在非常有限的温度区间内，即从室温到 60 ℃ 左右，因此我们很难对其进行加速性的测试试验。如果温度较低，原子扩散较慢，会导致生长的动力不足；而如果温度较高，由于锡的同系温度较高，致使晶格扩散过程中的应力得到释放，导致生长的驱动力不足。这便是锡须生长温度区间非常有限的原因。

锡须的生长是自发性的，这意味着生长所需的压应力是由自身产生的、不需要外界施加的；否则，如果在外力不连续施加的情况下，当所施应力用尽后，晶须生长过程会逐步放缓直至停止。所以，以下问题备受关注：自身产生的压应力是从何而来的？该驱动力是如何保持自身的压应力并支撑晶须自发生长的？该压应力梯度达到多大时才能满足晶须生长所需的必要条件？

锡须的自发生长是一种独特的蠕变过程，在室温下，锡须生长的应力产生与释放将同时发生。锡须生长的三个不可或缺的条件分别是：①锡在室温下的快速扩散；②锡与铜或其他元素之间进行室温反应并产生金属间化合物，该反应会导致在锡内部产生压应力环境；③锡表面的保护性氧化物破损。最后一个条件是为了形成蠕变所需的压应力梯度。当氧化物的某一薄弱点破损时，所暴露出来的自由表面处于零应力状态，压应力梯度便得以建立。之后，蠕变或锡须生长便会发生以充分释放应力。

虽然锡须生长发生在恒温条件下，但并不是在恒压条件下发生的。所以，我们不能用吉布斯自由能的最小变量来描述其生长。章节 6.7 中会介绍一种不可逆的锡须生长过程。

试验采用聚焦离子束减薄技术来制备试样，并使用截面扫描与透射电子显微镜来研究锡须。另外，我们也已将同步辐射 X 射线微区衍射技术应用于研究锡铜共晶焊料上生长的锡须根部和邻近区域的结构与应力分布状态。

由于在锡须生长过程中，其顶部形貌始终保持不变，因此可知锡须的生长是从底部开始的，而不是从顶部开始。如图 1.10 所示，许多锡须的长度足以引起引线框架上的两个相邻的引脚之间发生短路。所以，在锡须刚好生长到快要触碰到另一引脚的时候，锡须的顶端与另一引脚的点接触之间可能存在一个微小的间隙。当有高强度电场通过该间隙时，便有可能击穿该间隙并产生火花，从而进一步产生火焰，而火焰会导致电子器件或者卫星最终的失效[17-20]。

6.2 自发生长锡须的形貌

图 6.1 （a）所示为锡铜共晶镀层上较长锡须的一张放大的 SEM 照片，该图中的锡须是长直状的，且其表面为沟槽状。锡的晶体结构是体心四方型，其晶格常数为 $a = 0.583\,11$ nm 和 $c = 0.318\,17$ nm。目前已研究发现锡须生长的方向，有的沿晶须长度的轴向，但大多数为晶体结构的 c 轴方向，同时我们也发现了沿其他方向的晶须生长，如沿 [1 0 0] 或 [3 1 1] 晶向。

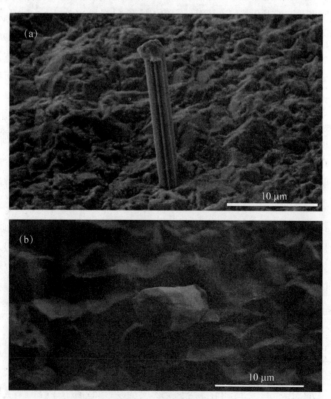

图 6.1　晶须照片

（a）锡铜共晶镀层上较长晶须的 SEM 放大照片；（b）纯锡或哑光锡镀层表面上的短直状或小丘状晶须

如图 6.1 (b) 所示，我们可在纯锡或哑光锡镀层表面上观察到短直状或小丘状的晶须生长。在图 6.1 (b) 中，晶须的表面是多面体状的。除了形貌学上的差异外，晶须在纯锡镀层上的生长速率比在锡铜镀层上的生长速率慢得多，其生长方向也更加随机。

在比较了锡铜共晶焊料与纯锡上形成的晶须后，我们发现锡铜共晶焊料中的铜元素似乎可以加快锡须的生长。虽然锡铜共晶焊料的成分由原子质量分数为 98.7% 的锡和原子质量分数为 1.3% 的铜组成，但少量的铜元素似乎对锡铜共晶镀层上的锡须生长产生了巨大作用。

图 6.2 (a) 所示为一张由锡铜焊料镀层包覆的引线框架引脚的 SEM 横截面照片，铜引线框架的长方形核心被大约 15 μm 厚的锡铜镀层所包围。图 6.2 (b) 所示为由聚焦离子束制得的锡铜焊料与铜界面处的高倍率照片。从中，我们可看到在铜与锡铜焊料之间存在着一层形状不规则的 Cu_6Sn_5 化合物，但在该界面处没有检测到 Cu_3Sn 的存在。更为重要的是，锡铜焊料的晶界处存在着 Cu_6Sn_5 的析出相。位于晶界处的 Cu_6Sn_5 析出相是锡铜焊料中应力产生的源头，它为锡须的自发生长提供了驱动力。下面，我们会对应力产生这一重要问题进行详细阐述。

图 6.2 (c) 所示为一张由聚焦离子束制得的、铜制引线框架上哑光锡镀层的 SEM 横截面照片。虽然在铜与锡之间仍可观察到 Cu_6Sn_5 化合物的存在，但锡的晶界处 Cu_6Sn_5 的析出物要少得多。锡镀层的晶粒尺寸为几微米。对于锡须生长而言，锡铜共晶焊料与纯锡焊料镀层之间最大的区别在于在晶界处是否存在 Cu_6Sn_5 析出相。

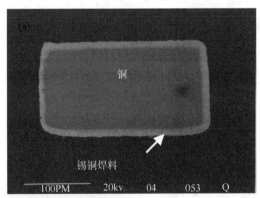

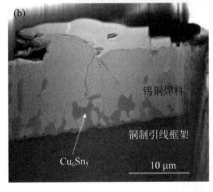
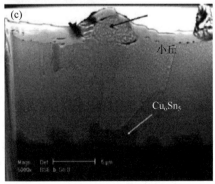

图 6.2 SEM 照片

(a) 锡铜焊料镀层包覆的引线框架引脚的横截面 SEM 照片；(b) 由聚焦离子束制得的锡铜焊料与铜界面处的高倍率照片；(c) 由聚焦离子束制得的、铜制引线框架上的哑光锡镀层的横截面 SEM 照片

图 6.3 所示为垂直于晶须长度方向的锡须横截面透射电子显微镜照片与相对应的电子衍射花样，晶须生长方向沿 c 轴。图中的一些斑纹可能是内部的位错。

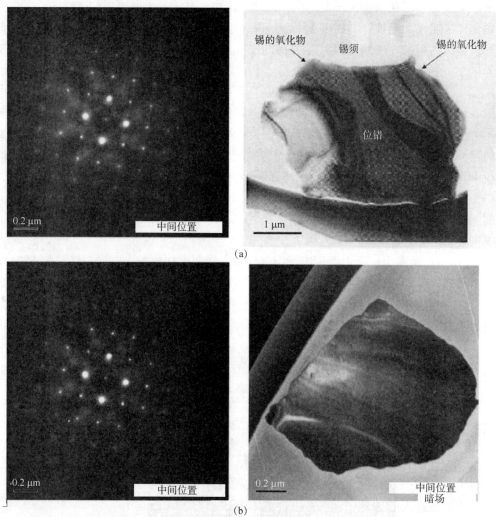

图 6.3 垂直于晶须长度方向的锡须横截面 TEM 照片及 [0 0 1] 方向的电子衍射花样

6.3 在 Sn 须生长中由 Cu–Sn 反应引起的应力（驱动力）

压应力的起源可能是机械性、热学性和化学力。通常，机械性和热学性所产生的应力大小比较有限，所以它们不能在很长时间内一直维持晶须的自发生长或连续生长。化学力是真正导致晶须自发生长的原因，但通常不易被观测到。锡与铜在室温下反应生成 Cu_6Sn_5 金属间化合物是化学力产生的原因。只要未完全反应的锡与铜一直持续反应，该化学反应便可以为锡须的自发生长提供持久的驱动力。

铜通过间隙扩散进入锡并在其晶界处生成 Cu_6Sn_5 化合物的过程，伴随着压应力的产生。如图 6.2（b）所示，当铜原子从引线框架扩散进入镀层以促进 β-Sn 晶界处 Cu_6Sn_5 的生长时，由于金属间化合物生长产生的体积增量会在晶界两侧向 β-Sn 晶粒施加一个压应力。在图 6.4 中，假设虚线方框所示为锡镀层内的一个固定体积 V，其中包含一些金属间化合物析出相。铜原子扩散进入该固定体积，与锡发生反应，导致金属间化合物的生长，从而在内部产生应力：

$$\sigma = -B\frac{\Omega}{V} \tag{6.1}$$

式中，σ 是产生的应力；B 是体积模量；Ω 是铜原子在 Cu_6Sn_5 中的摩尔体积分数（该模型为简化模型，忽略锡原子在反应中的摩尔体积变化）。式（6.1）中的负号代表该应力为压应力。换句话说，就是我们在原本的固定体积中加入了一个原子体积。固定体积的假设意味着体积被限定为了一个常量。如果固定体积不能扩大，那么将会在该体积内部产生压应力。当越来越多的铜原子（假如有 n 个铜原子）扩散进入体积 V，并反应生成 Cu_6Sn_5 时，那么式（6.1）中应力增量将从 Ω 变化到 $n\Omega$。

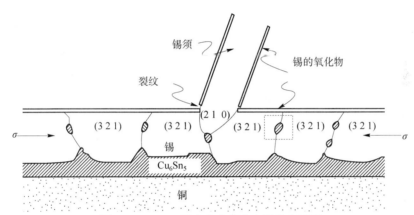

图 6.4　Cu-Sn 反应中内部应力的产生过程

在扩散过程中，正如经典的 A 与 B 体扩散偶中的柯肯达尔效应一样，A 向 B 的扩散原子通量与 B 向 A 的反向扩散原子通量是不相等的。假设由 A 向 B 的扩散要快于由 B 向 A 的扩散，由于扩散进入的 A 原子比扩散出去的 B 原子要多，那么在 B 中将会产生压应力。但是，Darken 的互扩散分析认为在 A 或 B 中不会有任何应力产生，或者并没有对应力进行充分考量。这是为什么呢？Darken 做出了一个重要的假设，即在样品中的空穴浓度每处都处于平衡状态[21-22]。为了实现空穴的平衡态，我们必须要假设，在 A 和 B 中，空穴（或空的晶格位置）可以在需要的时候同时产生或消除。因此只要在 B 中可以增加用于接纳正在进入的 A 原子的晶格位置，应力就不会产生。假设空穴的产生或消除是由位错攀移机制所主导的，那么晶格位置的大量增加意味着晶面也会相应增加。这也意味着晶面会进行迁移，即"柯肯达尔漂移"，也就是嵌入样品中移动晶面的标记物会进行移动。因此，我们在 Darken 分析中便得到了标记物运动公式。但是，我们也必须明白在某些体扩散偶的互扩散过程中，空穴可能并不是在样品中的每处都处于平衡状态的，所以，我们时常会发现因过量空穴存在而形成的柯肯达尔孔洞[23]。

如图 6.4 所示，为了可以让镀层中的固定体积 V 再吸收因铜原子的互扩散而额外增长的原子体积，我们必须在固定体积中加入额外的晶格位置。此外，我们必须允许柯肯达尔漂移或额外增加的晶面进行迁移，否则就会产生压应力。虽然锡表面有自然生成的有保护性的氧化物，但氧化物与锡之间的界面对于空穴的产生和消除是不利的。此外，该保护性氧化物会将锡晶面固定下来，并阻止它们移动。这就是锡须自发生长中应力产生的基本机理。

为了让氧化物有效地固定住晶面的迁移，镀层不能太厚。在一个比较厚的镀层中，如超过 100 μm，镀层内部就会有更多位置来吸收额外增加的铜的体积。我们要注意到晶须是一种表面弛豫的蠕变现象。当块体材料弛豫机制发生时，晶须便不会生长。晶须的生长与镀层的厚度存在一定的依赖关系。因为晶须的平均直径为几微米，晶须将更有可能会在厚度为几微米到晶须直径几倍的镀层上生长。

有时，我们可在锡镀层的拉应力区域发现锡须的生长，这令人感到困惑。例如，当铜引线框架表面镀上锡铜焊料时，在刚刚结束电镀时，锡铜焊料镀层上的初始应力状态应当是拉应力状态，但我们仍可以观察到锡须的生长。若我们来看包覆有锡镀层的铜制引线框架引脚的横截面，如图 6.2（a）所示，引线框架经历了从室温到 250 ℃ 再到室温的热处理过程。因为锡的热膨胀系数比铜大，在回流焊过程之后，锡应当在室温下处于拉应力状态。但随着时间增长，锡须仍会生长，因此看起来锡须在拉应力状态下也可生长。此外，如果引脚被弯折，其一侧会处于拉应力状态，而另一层会处于压应力状态。令人惊讶的是，无论这侧处于压应力还是拉应力状态，锡须都会在两侧生长。这些现象令人难以理解，直到我们意识到无论是拉应力还是压应力状态下，热应力和机械应力的大小都是有限的。它们在室温下可通过原子扩散过程而得到释放或被迅速克服。在此之后，持续的化学反应将不断生成晶须生长所需的压应力，因此化学力是持久并起决定性作用的。当我们研究在铜表面的纯锡或锡铜焊料镀层中锡须自发生长的驱动力时，室温下化学反应所导致的压应力是极其必要的。我们曾用薄膜样品研究了锡与铜在室温下的反应，请参见本书第 3 章内容。

人们对晶界处 Cu_6Sn_5 析出相引发的压应力的认识有几种不同版本的见解。其中一种是由 B. Z. Lee 和 D. N. Lee[24] 所提出的楔形模型：在铜与锡之间的 Cu_6Sn_5 相在生长过程中呈楔形进入锡的晶界处。该楔形的生长会在两个相邻的锡晶粒之间施加一个压应力，就如同楔子劈进一块木头一样。到目前为止，还很少有通过透射电子显微镜得到的横截面照片中可直接观察到的楔形金属间化合物，如图 6.2（b）所示。

6.4　Sn 表面氧化物层对应力梯度产生和晶须生长的影响

为讨论表面氧化物对锡须生长的影响，我们参考铝的小丘生长效应。在一个超高真空环境中，压应力状态的铝表面不能生成任何小丘[25]。只有当铝的表面被氧化时，小丘才会在铝表面上生长，而众所周知，铝的表面氧化物是具有保护性的。在超高真空环境中，铝表面无法生成氧化物，而铝的自由表面有利于产生或消除空穴，所以根据 Nabarro-Herring 的晶格蠕变模型或 Coble 的晶界蠕变模型，压应力可以在整个表面上或在铝的每个晶粒表面上被均匀地释放掉。

为了将这些模型应用于没有氧化物的锡镀层上，由于存在应力梯度，因此每个晶粒都会通过向各自的自由表面扩散而发生弛豫现象，如图 6.5 所示。

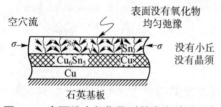

图 6.5　表面没有氧化物时的应力弛豫现象

自由表面是没有任何应力的，同时也对空穴的产生或消除十分有利，所以弛豫现象会在整个锡镀膜表面均匀地发生；所有的晶粒都会稍微长大一点，因此将不会产生局部的小丘或晶须。

我们注意到，晶须或小丘在表面上是局部生长行为。为了能够发生局部生长，表面不能没有氧化物，且氧化物必须是保护性的，这样才能有效地阻挡所有在表面发生的空穴产生或消除的行为。此外，保护性的氧化物也意味着它可以钉扎住锡（或铝）母材中的晶面，这样的话，就没有晶面可以通过迁移来释放在体积"V"中的应力，如图6.4所示。只有那些可以自然生长出保护性氧化物的金属（如铝或锡）才会具有严重的小丘生长或晶须生长问题。当它们形成薄膜或薄镀层时，这些表面氧化物可以很容易地在表面附近钉扎晶面。另外，显而易见的是，如果表面氧化物非常厚，它们将会从物理层面上阻挡任何小丘或晶须的生长。没有任何小丘或晶须可以穿过很厚的氧化物或很厚的镀层。而没有氧化物的破损就意味着没有自由表面，也没有应力梯度。因此，晶须生长的一个必要条件便是保护性的表面氧化物不能太厚，这样的话，表面氧化物的一些薄弱区域才会发生破损，并在破损区域上面形成自由表面，从而可以在这些区域通过晶须的生长来释放应力。

图6.6（a）所示为一张利用聚焦离子束拍摄的、在锡铜焊料镀层上生长的一组锡须的照片。在图6.6（b）中，我们利用水平入射离子束对镀层表面长方形区域的氧化物进行溅射刻蚀，以暴露出氧化物下面的微观结构。图6.6（c）所示为一张被刻蚀后区域的高倍率照片，其中可清晰地观察到锡晶粒与Cu_6Sn_5的晶界处析出相的微观结构。由于离子隧穿效应，一些锡晶粒的颜色看上去比另外一些晶粒更深些。Cu_6Sn_5颗粒主要沿锡母材中的晶界进行分布，并且由于较轻的离子隧穿效应，它们看上去比锡晶粒要更亮些。相比于锡铜镀层的晶粒尺度而言，晶须的直径为几微米。

在空气环境下，我们假设镀层的表面和晶须的表面都包覆着氧化物。小丘或晶须的生长行为是一种从已氧化表面凸起的过程，它们必须要破坏氧化物。当锡的母材受到压应力时，它的氧化物会受到拉应力，所以，氧化物可以在拉应力的作用下受到破坏，而破坏氧化物所需的应力可能要满足晶须生长所需的最小应力。似乎最容易破坏氧化物的地方在晶须的根部。为了维持其生长，该破损区域必须保持开放状态，这样它才能充当无应力的自由表面，而空穴也才能持续地在该破损区域生成，并向锡镀层扩散用以维系晶须生长所需的锡原子的长程扩散输运。在一些情况下，该破损区域会被氧化物恢复，因此，锡须的生长会朝着被修补的一侧进行，从而形成弯曲的锡须。

在图6.4中，我们描述了除根部外的部分晶须表面已经被氧化的现象。锡须表面的氧化物起到了很重要的限制作用，从本质上导致晶须生长是一维生长模式。锡须表面的氧化物保证它不能向侧向生长，这样它才会在固定截面上生长，并形成一个类似铅笔的形状。此外，氧化的表面也解释了为什么锡须的直径只有几微米。这是因为锡须表面的形成可有效平衡锡须在生长中应变能降低的增益。在单位长度的锡须上，通过建立应变内能和表面势能的平衡关系 $\pi R^2 \varepsilon = 2\pi R \gamma$，我们可发现

$$R = \frac{2\gamma}{\varepsilon} \tag{6.2}$$

式中，R 是晶须半径；γ 是单位面积的表面势能；ε 是单位体积的应变内能。由于单位原子

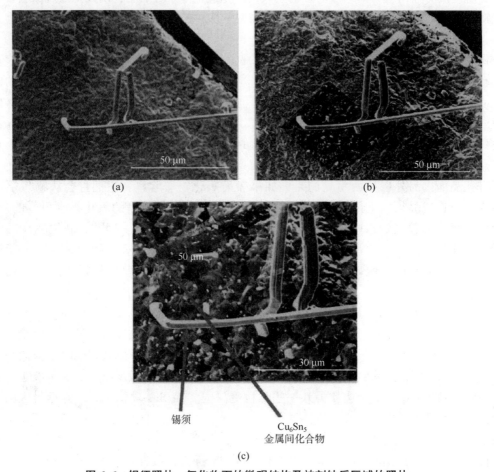

图 6.6 锡须照片、氧化物下的微观结构及被刻蚀后区域的照片
（a）一组锡铜镀层上生长的锡须的聚焦离子束照片；（b）利用水平入射离子束对镀层
表面长方形区域的氧化物进行溅射刻蚀后暴露出来的氧化物下面的微观结构；
（c）被刻蚀后区域的锡晶粒与 Cu_6Sn_5 晶界处的析出相的微观结构

的应变内能是每个氧化物原子的化学键内能或表面势能的四到五个数量级，因此可发现晶须的直径为几微米，这大约比单个锡原子直径要大四个数量级。而因为这个原因，想要自发生长直径为纳米尺度的锡须就变得非常困难。

在锡须的自发生长模型中，根部氧化物的破损是一个关键性的假设，我们会在本章 6.6 节中详细讨论。而氧化物破损后暴露出来的自由表面为晶须生长提供了应力梯度。

6.5 同步辐射微衍射法测量应力分布

我们利用劳伦斯伯克利国家实验室先进光源（ALS）中的微区衍射设备研究了铜制引线框架上锡铜镀层中的锡须在室温下的生长现象。该白光（同步）辐射光束的直径为 $0.8 \sim 1~\mu m$，而光束在 $100~\mu m \times 100~\mu m$ 的区域内进行扫描，其扫描步长为 $1~\mu m$。试验对锡铜镀层上的多个区域进行了扫描，而选择这些区域是由于每一个区域中都存在一个晶须，特别是在一些区域还包含着晶须的根部。由于晶粒尺寸要比光束的直径大得多，因此在扫描过程中，对于扫描光束而言，锡须与每一个扫描区域内的晶粒都可以被认为是单晶体。每一次扫描均可获得一个单晶体的劳厄衍射花样，通过劳厄衍射花样，我们能够测量锡须与围绕于锡须根部的锡铜焊料母材中晶粒的晶体取向与晶格参数。通过 ALS 软件，也能测定每一个晶粒的取向，并将这些晶粒的主要轴向分布图绘制出来。通过将锡须的晶格参数作为内部零应力的参考点，我们能够测定并展示锡铜焊料母材中晶粒的应力或应变状态。图 6.7 所示为一张内含锡须的某一区域的镀层的低倍率 SEM 照片，并在图中圈出了锡须。

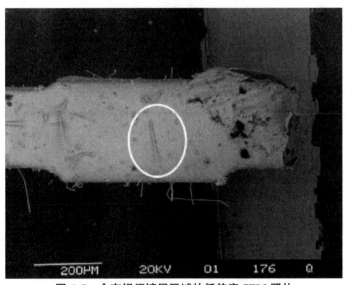

图 6.7   含有锡须镀层区域的低倍率 SEM 照片

图 6.8 所示为一张扫描角度在晶须邻近区域的锡晶粒（１００）轴向与实验室 x 轴基准之间的基准面内晶体取向分布图，可在图中看到一个晶须。该 X 射线微区衍射研究表明，在大小为 100 μm×100 μm 的局部区域内，应力分布非常不均匀，不同晶粒之间的应力大小存在差异。所以，由于每个晶须都会释放掉它邻近区域内的应力，因此仅从平均上来讲，该镀层只能承受一个两轴应力，使得在晶须根部旁边的应力梯度并不是轴对称的。图 6.8 中，该晶须的根部位于图中坐标 $x=-0.8415$ 和 $y=-0.5475$ 处，而图 6.9 所示为它的应力数值及其分布。总体来说，压应力数值是比较低的，在几个兆帕的数量级上，但我们还是能够隐约看到一个从晶须根部到其邻近区域的应力梯度。这说明：晶须正下方的压应力水平仅仅比它周边区域低一点点，这是因为在晶须的生长过程中，晶须旁边区域的应力已经被充分释放。在图 6.10 中，浅色箭头的指向方向便是局部区域应力梯度的方向。在图 6.10 中，一些被圈上的相邻数据具有相似的应力水平，这说明它们的数据很可能来源于同一个晶粒。

图 6.10 所示为 $-\sigma'_{zz}$ 的分布图，即表面法向量方向上的偏应变分量的分布图。总应变张量等于偏应变张量和主应变张量之和。其中，后者是利用单色光束产生的劳厄斑点的能量所测定的，而前者是利用白色辐射光束测量劳厄花样在晶体中的偏移量而获得的。

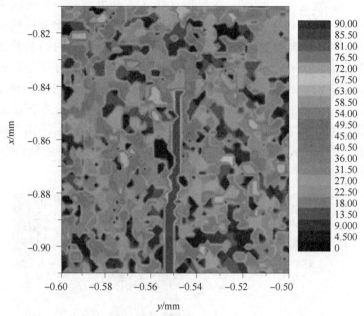

图 6.8　扫描角度在晶须邻近区域的锡晶粒（1 0 0）轴向与
实验室 x 轴基准之间的基准面内的晶体取向分布图

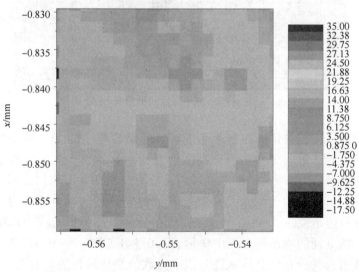

图 6.9　图中坐标 $x=-0.841\ 5$ 和 $y=-0.547\ 5$ 处的晶须的根部的应力数值及其分布

$$\varepsilon_{ij} = \varepsilon_{\text{deviatoric}} + \varepsilon_{\text{dilatational}}$$

$$= \begin{vmatrix} \varepsilon'_{11} & \varepsilon_{12} & \varepsilon_{13} \\ \varepsilon_{21} & \varepsilon'_{22} & \varepsilon_{23} \\ \varepsilon_{31} & \varepsilon_{32} & \varepsilon'_{33} \end{vmatrix} + \begin{vmatrix} \delta & 0 & 0 \\ 0 & \delta & 0 \\ 0 & 0 & \delta \end{vmatrix} \quad (6.3)$$

式中，主应变 $\delta = \dfrac{1}{3}$ （$\varepsilon_{11} + \varepsilon_{22} + \varepsilon_{33}$） 和 $\varepsilon_{ii} = \varepsilon'_{ii} + \delta$。

| 1.5 μm → | | | | | | | | | | (单位:MPa) |
	−0.540 0	−0.541 5	−0.543 0	−0.544 5	−0.546 0	−0.547 5	−0.549 0	−0.550 5	−0.552 0	−0.553 5	−0.555 0
−0.834 0	−2.82	−3.21	−2.26	0.93	0.93	−0.23	−8.17	2.22	1.49	1.6	−0.03
−0.835 5	−2.26	−2.64	−2.64	−1.04	1.37	1.37	−1.31	0.87	0.87	0.87	−0.7
−0.837 0	−2.53	−3.21	−3.21	−2.64	−1.04	3.61	0.75	0.87	0.7	0.7	−0.19
−0.838 5	−7.37	−9.62	−6.57	−2.64	3.61	4.52	3.61	0.29	−1.31	0	−4.79
−0.840 0	−7.37	−8.22	−6.57	−1.18	0.75	4.23	0.75	−2.25	−2.27	−2.91	−6.91
−0.841 5	−4.17	−4.84	−4.17	−1.81	−0.67	0.00	−1.96	−1.96	−3.74	−5.08	−5.08
−0.843 0	−4.17	−4.17	−3.63	−1.81	−1.81	−2.29	−2.29	−1.96	−1.96	−3.27	−3.27
−0.844 5	−4.17	−4.17	−3.86	−3.63	−2.79	−4.64	−4.78	−0.84	−1.4	−1.49	−3.27
−0.846 0	−3.14	−3.63	−3.86	−3.63	−3.13	−4.78	−4.78	0.04	0.04	−1.41	−2.33
−0.847 5	−4.14	−4.49	−4.49	−4.64	−3.86	−6.64	−1.72	3.55	3.55	−0.41	−2.33
−0.849 0	−3.33	−5.67	−6.26	−6.29	−2.66	−2.08	−1.72	−1.79	0	−1.79	−3.73

晶须

图 6.10 表面法向量方向上的偏应变分量−σ'_{zz}的分布图

接下来，我们将解释如何测量上述两种应变张量。偏应变张量是通过测量劳厄花样中斑点位置相对于零应变位置的偏移量而计算得出的。该零应变位置是由测量零应变参考样品所得到的。通过假设晶须内不存在应变，我们利用锡须自身作为该零应变参考样品，校准了样品与传感器之间的距离及传感器相对于光束的倾斜角度。由于几何关系是确定的，如果样品的应变为零，那么通过应变样品的劳厄斑点位置，我们能够测量出它们的位置与计算位置的任意程度的偏差量。随后，可计算出非应变与应变劳厄斑点位置的变换矩阵，并将其旋转部分除掉。然后就可以利用该变换矩阵计算出偏应变张量。劳厄花样的斑点数量越多，该偏应变张量的测定便会越精准。我们应该注意，若假设晶胞体积不变，且拥有五个自由度，偏应变张量与单位晶胞的形状变化相关。而在矩阵中，三个对角线的分量之和应当等于零。

为了得到总应变张量，必须要在偏应变张量的基础上加上主应变张量。主应变张量部分与晶胞体积的变化量相关，并且它包含了式（6.3）中用于描述膨胀或收缩的分量 δ。理论上，如果已知偏应变张量，只需再进行一次测量，即测定单次反射的能量，就可以获得该主应变张量的数值。可以利用单色光束来完成上述测量。在主应变为零的状态下，从晶体取向与偏应变中，可以计算出单次反射能量 E_0 的大小。在单次反射能量 E_0 附近，通过调整单色仪波段，就可以得到该能量大小，并在 CCD 照相机上观测值得注意的峰值信号强度。能够使反射信号强度最大化的能量，就是真正的反射能量。对比观测到的能量与 E_0 之间的差值，就能得到主应变张量。

根据定义，有 $\sigma'_{xx}+\sigma'_{yy}+\sigma'_{zz}=0$。其中，$-\sigma'_{zz}$是在基准面内测定的应力值（要注意，对于覆盖膜而言，无论是自由表面还是钝化表面，其法向应力的平均值 $\sigma_{zz}=0$）。从中，我们可以得到 σ_b（两轴应力状态）$=(\sigma_{xx}+\sigma_{yy})/2=(\sigma'_{xx}+\sigma'_{yy})/2-\sigma'_{zz}=-3\sigma'_{zz}/2$。平均上来讲，该等式始终成立。$-\sigma'_{zz}$的符号为正，则说明总体为拉应力状态；而当其符号为负时，总体则为压应力状态。但是，这些测得的应力数值，所对应的应变大大小于 0.01%，这仅仅比白光劳厄技术中应变/应力的测量灵敏度大了一点点（该技术的应变率灵敏度为 0.005%）。

在一个晶须的根部附近，观测到了作用范围不是很大的应力梯度，这说明晶须的生长已经使其邻近的几个晶粒的局部压应力进行了充分释放。在图 6.9 中，为了更清楚地观察晶须根部附近的应力状态，去掉了一部分晶须。晶须内应力的绝对值要高于邻近晶粒。若假设晶须是零应力状态，则锡铜镀层的表面便处于压应力状态。

6.6　蠕变诱导的锡须生长中的应力松弛：氧化物破坏模型

晶须的生长是一种独特的蠕变现象，在该过程中，应力的产生与释放同时发生。所以我们必须要考虑应力的产生与应力的释放这两种动态过程，以及伴随它们的不可逆过程。晶须的生长可分为两个过程：第一个过程是铜原子从引线框架扩散进入锡镀层，并在晶界处生成 Cu_6Sn_5 的析出相，而该动态过程在镀层中产生了压应力；第二个过程是应力释放，锡原子从受应力区域扩散进入晶须根部的零应力区域。第二个过程的扩散距离要比第一个过程长得多，且第二个过程的扩散率也要慢得多，因此第二个过程通常控制着晶须的生长速率。

因为锡与铜之间的反应在室温下发生，所以只要还有未充分反应的锡与铜，该反应就会一直持续下去。随着 Cu_6Sn_5 的不断生长，锡中的应力也将不断增加，但是该应力不能永远地累积下去，它必须得到释放。在图 6.4 中，在体积 V 内增加的晶面必须迁移出该体积，否则一些锡原子就一定会从该体积内向零应力区域扩散。

锡在 232 ℃熔化，室温对于锡来讲是一个相对较高的温度，因此室温下锡沿其晶界的自扩散过程是十分迅速的。所以，通过由晶界自扩散机制引起的原子重新排列，其由化学反应在锡中产生的压应力在室温下也可被释放。通过移除垂直于应力方向的锡原子层，弛豫现象便能够发生，且这些锡原子可以沿晶界扩散到锡须根部的零应力区域以供锡须生长。这是一个由应力梯度所驱动的蠕变过程。

值得注意的是，缓慢的蠕变过程是由应力梯度所驱动的，而不是应力。通常蠕变被定义为一个在固定载荷下以时间为变量的变形过程。如果我们取一根长方形的棒体材料，并在其两端施加一个固定载荷，那么它便会发生蠕变现象。但是，在该棒体材料的四个侧面的自由表面法向量方向上是没有任何应力的。因此在施加载荷的端面和其侧面之间就存在着一个应力梯度。正如 Nabarro-Herring 模型所述，蠕变中原子迁移的驱动力为应力梯度。在流体的静拉力或压力下，原子可能会发生无规则运动，但是不会存在蠕变现象。铜原子扩散进入锡镀层时会产生压应力。但是，一个均匀的压应力场是不会造成蠕变现象的。因此，我们需要一个在锡镀层内产生压应力梯度的机制。在本章 6.4 节中，我们已经讨论过表面氧化物的破损能够产生无应力自由表面。因此，在氧化物破损模型中便可建立起应力梯度，蠕变或晶须生长也会随之发生。

此外，由于该应力梯度，蠕变过程是不会在恒压条件下发生的，因此我们不能用吉布斯自由能变量的最小化来描述该蠕变过程。这是一个不可逆的（热力学）过程。

6.7　不可逆过程

为了建立用于描述该不可逆过程的公式，通量 J_i 与力 X_j 之间存在基于现象学的线性关系，即

$$J_i = \sum_j L_{ij} X_j \qquad (6.4)$$

式中，L_{ij} 是基于现象的线性系数。将化学反应与应力之间的作用力进行匹配，可得出铜原子与锡原子的通量：

$$J_1 = L_{11} X_1 + L_{12} X_2$$
$$J_2 = L_{21} X_1 + L_{22} X_2 \qquad (6.5)$$

式中，$J_1 = J_{Cu}$ 为铜原子通量，其单位为原子个数$/(cm^2 \cdot s)$；$J_2 = J_{Sn}$ 为锡原子通量，其单位为原子个数$/(cm^2 \cdot s)$；$X_1 = \nabla \mu_1$ 为化学势梯度；$X_2 = \nabla \mu_2$ 为应力场势能梯度。我们要注意，应力场势能也是一种化学势能。

为计算 X_1，我们来分析下面的化学反应：

$$6Cu + 5Sn \rightarrow Cu_6Sn_5$$

在 3.2.5 节，化学亲和力可表示为

$$A = \mu_\eta - 6\mu_{Cu} - 5\mu_{Sn} \qquad (6.6)$$

式中，μ_η 为 Cu_6Sn_5 化合物分子的化学势能，μ_{Cu} 与 μ_{Sn} 分别为未反应的铜与锡的化学势能。

$$X_1 = -\nabla G|_{T,p} = A\nabla n \qquad (6.7)$$

在恒温恒压条件下，n 是反应生成的 Cu_6Sn_5 的摩尔数或分子数。我们的模型是用来描述铜通过间隙扩散机制向镀层扩散并与锡在 Cu_6Sn_5 与锡之间的界面处的反应过程，所以我们假定该反应是由界面反应所控制的。在 3.2.2 节中，我们曾论述到，室温下 Cu_6Sn_5 的生长与时间呈线性增长关系。

对于 X_2，我们曾论述到，由铜向锡扩散所引发的应力可以被描述为 $\sigma = -B(\Omega/V)$。所以，该应力被假定为流体静力应力。由于受应力区域邻近自由表面，其应力状态可能不会是各向同性的，但无论怎样，它肯定可以用一个矢量来描述。故定义

$$X_2 = -\nabla \sigma \Omega \qquad (6.8)$$

式中，σ 和 Ω 分别为应力与原子体积（或在二元系统中的摩尔体积分量）。该驱动力为应力梯度。我们在这里强调，J_1、J_2、X_1 和 X_2 全部为矢量，所以 L_{ij} 为张量。这一对通量方程组可表示为

$$J_i^{Cu} = C_{Cu} \frac{D_{ij}^{Cu}}{kT}(A\nabla n)_i + C_{Cu} \frac{D_{ij}^{Cu}}{kT}(-\nabla \sigma \Omega)_i$$

$$\qquad (6.9)$$

$$J_i^{Sn} = C_{Sn} M_{21}(A\nabla n)_i + C_{Sn} \frac{D_{ij}^{Sn}}{kT}(-\nabla \sigma \Omega)_i$$

在式（6.5）的第二个等式中，等号后面的第一项（即 $L_{21} X_1$）的意义是由生成 Cu_6Sn_5 的化学反应所驱动的 Sn 原子扩散通量。由于我们分析的是在 Sn 中生成 Cu_6Sn_5 的过程，因此该过程中到处都有 Sn 原子，且在生成 Cu_6Sn_5 的过程中无须 Sn 的长程扩散。实际上，我们假设该反应发生在 Cu 通过间隙扩散机制扩散到 Cu_6Sn_5 析出相晶界处的过程与 Sn 在 Cu_6Sn_5 析出相界面处的反应过程中。此外，我们假定该析出相的生长过程是由界面反应所控制的。因此便有

$$L_{21} X_1 = C_{Sn} K_{21} = C_{Sn} M_{21} X_1 = C_{Sn} M_{21}(A\nabla n)_i \qquad (6.10)$$

式中，$K_{21} = M_{21}X_1$ 为界面反应常数，且它拥有速度量纲；M_{21} 为在 Cu_6Sn_5 与 Sn 之间的界面迁移率。M_{21} 的选择必须满足 Onsager 的互换关系，即 $L_{12} = L_{21}$。在 3.2.5 节中，我们曾论述到，我们需要进行一组界面反应分析来判断如何选择 M_{21} 参数。

考虑到式（6.5）第一个等式中的交叉项或最后一项，这说明在锡镀层中的铜扩散通量是由应力梯度所驱动的。由于化学势能比应力势能大得多，因此我们不能忽略该交叉项。所以在下一小节中，我们将会采用一个非常简单的蠕变模型来分析锡须的生长过程。

6.8　晶界扩散控制的晶须生长的动力学

如果有一个晶粒的表面法向量是在密排方向附近且被大角度晶界所包围的，当该晶粒上的表面氧化物破损时，则这个晶粒便会受到来自锡镀层的压力而被推挤出表面。如果所沉积的锡镀层具有织构结构，由于晶粒应当被大角度晶界所包围，这样才能有效地协助压力传导并穿过晶界结构，那么这个晶粒不应该是织构的一部分。这或许可以解释为什么晶须只在极少数的位置形核并生长。

晶须的生长发生在其根部，它是被推挤出来的。其生长的机理是怎样的呢？当锡原子向晶须根部扩散时，它们是如何融入晶须的根部的呢？由于晶须是一种单晶体，且它会随着时间推移不断伸长，因此该生长过程可以被认为是一种晶粒的长大过程。在正常晶粒生长的经典模型中，晶粒的边界向着自身曲率方向进行迁移，该基本过程是通过原子从一个晶粒不断穿越晶界跃迁至晶界另一侧的晶粒而完成的。但是，在晶须的生长过程中，我们还不清楚是否在其根部存在晶界迁移现象。根据一组 SEM 的横截面照片，我们可观察到晶须根部及其周围晶粒的微观结构，从中可以看出：在晶须生长过程中很有可能并不存在晶须与周围晶粒之间的晶界迁移现象。晶须的生长是一种晶粒的生长过程，而在其晶须根部几乎没有晶界迁移现象发生。由于锡原子本身就是通过晶界进行扩散的，因此锡原子似乎是沿晶界来到其根部区域的，且与正常晶粒生长方式不同，它们无须跃迁并穿越晶界便可以融入晶须的根部，这样看来该过程无须晶界的迁移。此外，我们还需要进行更多的研究工作，以建立原子级尺度模型来描述原子融入晶须并供其生长的过程，而该过程有可能会发生在晶须底部的扭折位置，如同在外延生长薄膜中晶体自由表面的台阶状生长一样。我们还必须提到的是，根部区域的表面裂纹会提供大量空穴，以促进其生长。

为了研究晶须根部周围的晶界结构，我们制备了 TEM 试样来直接观察晶须根部。图 6.11 所示为一张聚焦离子束刻蚀制备横截面透射电子显微镜样品的 SEM 照片。如图 6.11 所示，我们利用聚焦离子束在镀层上刻蚀出来两个长方形的深坑，在其中间保留了如同墙体一样的薄片状材料。我们刻意选取这两个深坑的位置，使在所保留的墙体上恰好有一个晶须。在刻蚀之后，该墙体的厚度将会小于 100 nm，所以它对于能量为 100 keV 的电子束而言是透明的。减薄之后的墙体具有一个很薄的垂直状晶须及一些在晶须根部周围的晶粒。图 6.12 所示为该薄片的一张聚焦离子束照片与相对应的 TEM 明场照片。图 6.13 所示为晶须根部处晶须与其相邻晶粒间晶界处的倍率更高的 TEM 明场照片，晶界所在平面看起来是笔直的。

有时，沿其长度方向，晶须的表面会出现非常细的锯齿状台阶。这说明晶须的生长不是连续平缓的过程，而是可能如同棘轮转动一样，该生长模式有可能是由于晶须根部的氧化物

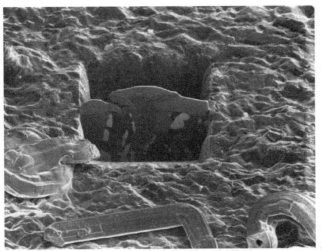

图 6.11　利用聚焦离子束刻蚀制备 TEM 横截面样品过程中所拍摄的 SEM 照片

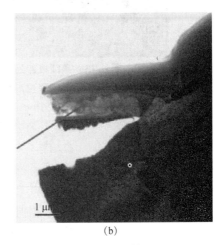

(a)　　　　　　　　　　　　　　　　　　(b)

图 6.12　薄片的聚焦离子束照片与相对应的 TEM 明场照片

(a) 聚焦离子束照片；(b) TEM 照片

重复性破损所致。晶须的生长必须要破坏氧化物，并使其暴露出自由表面。但是该自由表面在空气下会立即被氧化，因此氧化物必须要被重复地破坏，而这一过程可能生成棘轮状台阶。因此，我们还需要进一步对其进行实验研究与分析以说明晶须的原子级生长机制。

为了分析晶须的生长动力学，我们假定一个在柱坐标系下的二维模型。如图 6.14 所示，假定晶须分布具有规律性，且每一个晶须占据扩散场中直径为 $2b$ 的区域。此外，假定晶须的直径为常量 $2a$，且相邻晶须之间的间距为 $2b$，则在该扩散场中，它呈现稳态型生长，且可以用一个在柱坐标系下的二维连续方程来描述。我们曾论述，应力可以被认为是一种能量密度，而其密度分布方程则遵循连续介质方程[26]。

$$\nabla^2 \sigma = \frac{\partial^2 \sigma}{\partial r^2} + \frac{1}{r} \cdot \frac{\partial \sigma}{\partial r} = 0 \tag{6.11}$$

其边界条件为

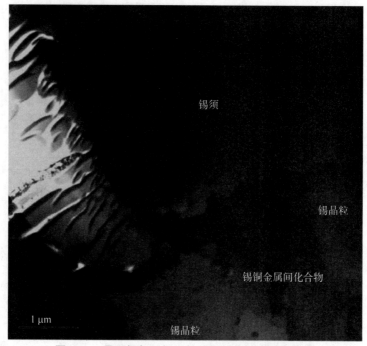

图 6.13　晶须根部处锡须与其相邻晶粒间晶界处的倍率更高的 TEM 明场照片

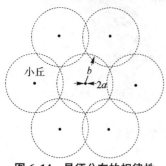

图 6.14　晶须分布的规律性

$$\sigma = \sigma_0, \quad 当 \; r = b \; 时$$
$$\sigma = 0, \quad 当 \; r = a \; 时$$

该方程的解为 $\sigma = B\sigma_0 \ln(r/a)$，其中，$B = [\ln(b/a)]^{-1}$，$\sigma_0$ 是在锡薄膜中的应力。在了解了应力分布之后，我们便可以评估应力梯度为

$$X_r = -\frac{\partial \sigma \Omega}{\partial r} \tag{6.12}$$

接着，可计算出当 $r=a$ 时晶须生长所需的扩散通量

$$J = C\frac{D}{kT}X_r = \frac{B\sigma_0 D}{kTa} \tag{6.13}$$

我们注意到在纯金属中，$C=1/\Omega$。在 dt 时间内，传输进入晶须根部的材料体积为

$$JA\mathrm{d}t\Omega = \pi a^2 \mathrm{d}h \tag{6.14}$$

式中，$A=2\pi as$ 为晶须根部生长台阶的外围区域面积，s 是台阶高度，dh 是在 dt 时间内晶须生长高度的增量。因此晶须的生长速率为

$$\frac{\mathrm{d}h}{\mathrm{d}t} = \frac{2}{\ln(b/a)} \cdot \frac{\sigma_0 \Omega s D}{kTa^2} \tag{6.15}$$

为了评估晶须的生长速率，我们需要了解锡的自扩散率。平行和垂直于 c 轴方向上的晶格自扩散率略有不同，分别如下：

$$D_p = 7.7\exp[-25.6\ \text{kcal}/(RT)]\text{cm}^2/\text{s}$$
$$D_v = 10.7\exp[-25.2\ \text{kcal}/(RT)]\text{cm}^2/\text{s}$$

室温下的晶内扩散率为 $10^{-17}\ \text{cm}^2/\text{s}$ 左右。这说明在一年的时间内或 当 $t = 10^8$ s 时，利用 $x^2 \approx Dt$ 计算所得的扩散距离大约为 1 μm。由此可看出，晶内扩散得很慢，所以它并不是晶须在室温下生长的主要原因。目前，我们还没有测定出锡沿晶界的自扩散率。假设沿大角度晶界扩散所需的激活能为上述晶内扩散的一半，那么我们就可以估算出沿晶界的自扩散率约为 $10^{-8}\ \text{cm}^2/\text{s}$。

通过利用以下参数：$a = 3$ μm，$b = 0.1$ mm，$\sigma_0\Omega = 0.01$ eV（$\sigma_0 = 0.7\times10^9\ \text{dyn/cm}^2$）[①]，室温下 $kT = 0.025$ eV，$s = 0.3$ nm 及 $D = 10^{-8}\ \text{cm}^2/\text{s}$（锡在室温下沿晶界的自扩散率），我们可计算得到一个大小为 0.1×10^{-8} cm/s 的生长速率。在该速率下，我们可估算出生长出一个长度为 0.3 mm 的晶须需要一年，而该数值和观察到的结果也十分吻合。因为假定晶界扩散机制主导，我们需注意到几个晶界将晶须的底部与锡母材的其余部分相连。因此，考虑把供给晶须生长的总原子通量视为 $JAdt/\Omega$，其中 $A = 2\pi as$，我们假设该通量流入整个晶须外围"$2\pi a$"的区域，且仅提供了阶梯高度为"s"的生长。在上述计算过程中 b 和 σ_0 的数值取自参考文献［12］，这些数值与参考文献［15］中的数值有所不同。在参考文献［15］中，应力为 10 MPa 或 $10^8\ \text{dyn/cm}^2$，但其扩散距离仅为几个晶粒的直径。如果利用后者的数值来计算，得到的生长速率也基本相同。

6.9 锡须生长的加速试验

锡须的一个令人讨厌的特性就是当我们需要其生长时，它并不生长，而当我们不希望它生长时，它偏偏会进行生长。就算仅有一个晶须发生了生长行为也可能对可靠性造成威胁。为预测无铅焊料镀层在无晶须生长条件下的寿命，就如同研究大多数可靠性问题一样，我们要进行加速测试。在更大的驱动力或更快的动力学状态下，只要其失效机理保持一致，我们便可以进行加速测试。通常，测试会在更高的温度下进行，从而获得控制反应速率的激活能量，而该测试的分析过程能够让我们推测出器件在正常工作温度下的寿命。对于锡须生长，虽然有可能在 60 ℃ 的环境下进行测试，但是由于原子扩散过程缓慢，晶须的生长速率还是相当慢的。而当温度接近 100 ℃ 时，其扩散过程变快，足以释放掉应力。如此我们就遇到了一个驱动力与动力学过程具有竞争关系的窘境。虽然我们可以在锡中添加铜，从而使得如锡铜共晶焊料中一样的晶须生长得更快，但其速率还是不够快。此外，我们也需要将铜对晶须生长的影响效果加以分离，从而进行独立的研究。

此处，我们考虑利用电迁移现象来进行晶须生长的加速测试。我们将在第 8 章介绍电迁移有关的内容。在经典的铝质短条的 Blech 电迁移测试结构中，铝原子会在电场作用下从阴极迁移到阳极，在阳极处建立起压应力场，并在该条带的终端部位形成小丘状凸起。利用电迁移现象来研究晶须生长的一大优势在于：我们不仅能够调整所施加的电流密度（更大的驱动力），还可以设置更高的测试温度（更快的动力学过程）。这样的话，我们就能够同时控制驱动力与动力学过程。

---

① 1 dyn = 10^{-5} N。

图 6.15 所示为纯锡试样在电迁移作用下阳极处的锡须生长图[27-28]。在测定其生长速率与晶须直径时，我们得到了单位时间内晶须体积的改变量，即 $V=JAdt\Omega$，其中 J 是电迁移通量，其单位为原子个数/（$cm^2 \cdot s$），A 是晶须的横截面，dt 是单位时间，Ω 是原子体积。在已知 J 的前提下，便有

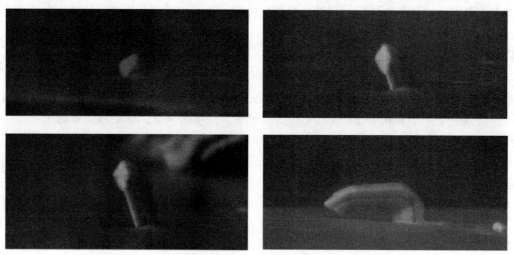

图 6.15　纯锡试样在电迁移作用下阳极处的锡须连续生长

$$J = C\frac{D}{kT}\left(\frac{d\sigma\Omega}{dx} + Z^* ej\rho\right) \quad\quad (6.16)$$

式中，纯锡中 $C=1/\Omega$；D 是扩散率；kT 是热力学能量；σ 是阳极处的应力值，且我们假定阴极处的应力为零，$d\sigma/dx$ 是沿锡的短条带 dx 长度上的应力梯度；Z^* 是在电迁移过程中扩散锡原子的有效电荷数，e 是电子电荷，j 是电流密度，ρ 是锡在测试温度下的电阻率。我们可以从式（6.16）中计算得到 σ。

为确定晶须生长中的应力梯度，我们需要注意，电子是从条带阳极的底部拐角处流出的。因为锡原子是被推挤至这一点的，所以此处的应力值最大。当阳极顶部的拐角上面的氧化物破损时，便会建立起一个垂直方向上的应力梯度。正是在这个应力梯度的驱使下，晶须或小丘便能在阳极上生长。

图 6.16 所示为一张在电迁移驱动下，一组锡铅共晶焊料条带的阳极终端上晶须的 SEM 照片。我们利用聚焦离子束进行切割制得该条带，并发现晶须已在其阳极终端处生长。如果我们保持条带的尺寸与所施加的电流密度不变，当获得生长与时间之间的函数关系后，我们或许可以测定锡须生长的激活能。但是，除非我们确认由电迁移所驱动的晶须生长与在无铅焊料镀层上的锡须自发生长的生长行为和机理完全一致，否则这样的加速测试或许实际意义并不大。

6.10　锡须自发生长的预防

在本章分析论述的基础上，我们归纳出晶须自发生长的三个不可或缺的条件：一是锡在室温下沿晶界扩散；二是锡与铜之间生成 Cu_6Sn_5 的室温反应为锡须生长提供了压应力环境

图 6.16　一组锡铅焊料桌带的阳极终端处生长的晶须的 SEM 照片
（由台湾交通大学的 Chih Chen 教授提供）

或驱动力；三是锡表面保护性氧化物的破损。如果我们去除任何一个条件，理论上都不会有晶须生长。但是我们从同步辐射的研究结果中发现：只需非常小的应力梯度，晶须便能够生长，因此阻止晶须的生长就变得十分困难。美国电子制造业联合会（National Electronics Manufacturing Initiative，NEMI）曾经推荐了一种解决方案，即通过在铜制引线框架与无铅焊料镀层之间增加一层镍的扩散阻挡层来防止铜与锡之间的反应，以去除条件二。而若要去除条件三，那么镀层上不能有氧化物，而这只有将样品一直保存在超高真空环境中才能实现，因此去除条件三是不现实的。此处我们提出了一个去除条件一的方法，即阻碍锡沿晶界的扩散过程。若能够进一步同时去除条件一和二，那么锡须生长的预防效果将会更加理想。

因为锡须生长是一种不可逆过程，且该过程耦合了应力的产生和释放过程，因此如何使应力的产生与释放过程分开对于预防锡须的生长至关重要。换言之，我们必须同时消除应力的产生和释放过程。应力的产生过程可通过使用一个扩散阻挡层来阻止铜向锡的扩散过程从而得以消除。除镍外，我们也可以采用 Cu_3Sn 金属间化合物作为该扩散阻挡层。在第 3 章中，我们曾论述过 60 ℃以上时，在铜与锡之间会形成 Cu_3Sn，因此，对铜制引线框架上的锡镀层进行一次 60 ℃以上的热处理工艺，就可以在它们之间形成 Cu_6Sn_5 和 Cu_3Sn，从而将其作为扩散阻挡层使用。

至今，对于消除应力的释放过程还没有任何解决方案。换言之，我们还不知道如何防止蠕变过程或锡原子向晶须的扩散过程。而我们有可能采用另一层扩散阻挡层来实现这一目标。因为我们必须阻挡镀层中锡原子从每一个晶粒的扩散，所以这并不容易。通过向哑光锡或锡铜共晶焊料中添加几个百分比的铜或其他元素，我们或许能够成功阻挡锡原子的扩散。我们曾论述过锡铜共晶焊料中的铜的原子百分含量只有 1.3%（质量分数为0.7%）。因此为了能让镀层中的所有晶界处都生成足够多的 Cu_6Sn_5，我们应当将铜成分

图 6.17 在铜制引线框架上的一种锡铜焊料镀层在镍扩散阻挡层上的层状结构

浓度增加至几个百分比（质量分数为 3%～7%），而这样的话，所有的锡晶粒就都会被晶界处的一层 Cu_6Sn_5 所包覆，因此晶界包覆层便成了一个防止锡原子离开锡晶粒的扩散阻挡层。若没有锡原子的扩散，就切断了锡的供给，也就不会再有锡须的生长了。图 6.17 所示为铜制引线框架上的一种锡铜焊料镀层在镍扩散阻挡层上的层状结构。我们需要对铜的最佳成分浓度进行更多的研究。为了研究含高浓度铜的电镀锡铜表面的微观结构，我们需要获得样品的断面 SEM 和 FIB 图像。

我们选择铜（或其他元素）在锡中形成晶界析出相的原因有两个：第一，当锡中的铜过饱和时，它不会再从引线框架中获得更多的铜原子；第二，铜的添加不会对镀层表面的润湿性造成强烈的影响。若没有好的润湿性，它将不能作为引线框架上的镀层，原因在于镀层最重要的特性是在助焊剂的帮助下很容易被熔融焊料浸润。

对于可靠性要求低的器件，并不需要使用镍的扩散阻挡层，而是直接将具有质量分数为 3%～7% 铜的锡铜焊料电镀至铜制引线框架上就足够了。如上所述，当锡中的铜元素过饱和时，它将不会再从引线框架中获得更多的铜原子，这样做的好处在于无需增加额外的镀镍工艺，因此其工艺成本会比较低。而对于可靠性要求高的器件，我们需要保留镍扩散阻挡层，并将锡铜焊料镀在镍上，这样的扩散阻挡层组合可以同时阻挡铜和锡的扩散，其阻挡效果会比单独使用其中一个阻挡层更加有效。

添加几个百分比的铜是否有效取决于铜元素是如何被添加的，比如说可通过使用纳米铜颗粒进行添加。此外，我们也必须要研究该方法是否会产生其他问题，如晶界析出相的致脆性所导致的潜在问题。对于防止晶须的生长而言，是否存在比铜更好的其他元素也是接下来值得研究的课题。众所周知，向镀层中添加几个百分比的铅元素可有效预防锡须的生长，而且由于铅比较软，因此它可以降低锡中的局部应力。此外，由于"锡-铅"是一个共晶系统，其共晶微观结构是由两个相互分离且混合排列的相组成的，因此它们会相互阻隔彼此之间的长程扩散过程。故添加一些与锡具有共晶相图且比较软的其他种类元素（如铋、铟、锌等）或许是种不错的选择。如果不存在锡的扩散，我们便认为锡须不会生长。最后，避免锡须生长的最简单的方法或许是在封装结构中采用厚膜工艺。

参考文献

[1] C. Herring and J. K. Galt, Phys. Rev. 85, 1060 (1952).

[2] J. D. Eshelby, Phys. Rev., 91, 755 (1953).

[3] F. C. Frank, Philos. Mag., 44, 854 (1953).

[4] G. W. Sears, Acta Metall., 3, 367 (1955).

[5] S. Amelinckx, W. Bontinck, W. Dekeyser, and F. Seitz, Philos. Mag., 2, 355 (1957).

[6] W. C. Ellis, D. F. Gibbons, and R. C. Treuting, "Growth of metal whiskers from the solid," in "Growth and Perfection of Crystals," R. H. Doremus, B. W. Roberts, and D. Turnbull (Eds.), John Wiley, New York, pp. 102-120 (1958).

[7] P. Levitt, in "Whisker Technology," Wiley-Interscience, New York (1970).

[8] U. Lindborg, "Observations on the growth of whisker crystals from zinc electroplate," Metall. Trans. A, 6, 1581-1586 (1975).

[9] L. A. Blech, P. M. Petroff, K. L. Tai, and V. Kumar, "Whisker growth in Al thin-films," J. Cryst. Growth, 32, 161-169 (1975).

[10] N. Furuta and K. Hamamura, "Growth mechanism of proper tin-whisker," Jpn. J. Appl. Phys., 8, 1404-1410 (1969).

[11] R. Kawanaka, K. Fujiwara, S. Nango, and T. Hasegawa, "Influence of impurities on the growth of tin whiskers," Jpn. J. Appl. Phys. Part I, 22, 917-922 (1983).

[12] K. N. Tu, "Interdiffusion and reaction in bimetallic Cu-Sn thin films," Acta Metall., 21, 347-354 (1973).

[13] K. N. Tu, "Irreversible processes of spontaneous whisker growth in bimetallic Cu-Sn thin film reactions," Phys. Rev. B, 49, 2030-2034 (1994).

[14] G. T. T. Sheng, C. F. Hu, W. J. Choi, K. N. Tu, Y. Y. Bong, and L. Nguyen, "Tin whiskers studied by focused ion beam imaging and transmission electron microscopy," J. Appl. Phys., 92, 64-69 (2002).

[15] W. J. Choi, T. Y. Lee, K. N. Tu, N. Tamura, R. S. Celestre, A. A. Mac-Dowell, Y. Y. Bong, and L. Nguyen, "Tin whiskers studied by synchrotron radiation micro-diffraction," Acta Mater., 51, 6253-6261 (2003).

[16] W. J. Boettinger, C. E. Johnson, L. A. Bendersky, K. -W. Moon, M. E. Williams, and G. R. Stafford, Whisker and hillock formation in Sn, Sn-Cu, and Sn-Pb lectrodeposists; Acta Mater., 53, 5033-5050 (2005).

[17] I. Amato, "Tin whiskers: The next Y2K problem?" Fortune magazine, vol. 151, issue 1, p. 27 (2005).

[18] R. Spiegel, "Threat of tin whiskers haunts rush to lead-free," Electronic News, 03/17/2005.

[19] http://www. nemi. org/projects/ese/tin whisker. html

[20] W. J. Choi, G. Galyon, K. N. Tu, and T. Y. Lee, "The structure and kinetics of tin whisker formation and growth on high tin content finishes," in "Handbook of Lead-Free Solder Technology for Microelectronic Assemblies," K. J. Puttlitz and K. A. Stalter (Eds.), Marcel Dekker, New York (2004).

[21] P. G. Shewmon, "Diffusion in Solids," McGraw-Hill, New York (1963).

[22] D. A Porter and K. E. Easterling, "Phase Transformations in Metals and Alloys," Chapman & Hall, London (1992).

[23] K. Zeng, R. Stierman, T. -C. Chiu, D. Edwards, K. Ano, and K. N. Tu, "Kirkendall void formation in SnPb solder joints on bare Cu and its effect on joint reliability," J. Appl. Phys., 97, 024508-1 to -8 (2005).

[24] B. Z. Lee and D. N. Lee, "Spontaneous growth mechanism of tin whiskers," Acta Mater., 46, 3701-3714 (1998).

［25］C. Y. Chang and R. W. Vook, "The effect of surface aluminum oxide film on thermally induced hillock formation," Thin Solid Films, 228, 205−209 (1993).

［26］K. N. Tu and J. C. M. Li, "Spontaneous whisker growth on lead−free solder finishes," Mater. Sci. and Eng. A, 409, 131−139 (2005).

［27］C. Y. Liu, C. Chen, and K. N. Tu, "Electromigration of thin stripes of SnPb solder as a function of composition," J. Appl. Phys., 80, 5703−5709 (2000).

［28］S. H. Liu, C. Chen, P. C. Liu, and T. Chou, "Tin whisker growth driven by electrical currents," J. Appl. Phys., 95, 7742 (2004).

7 镍、钯、金与焊料的反应

7.1 引言

本章将讨论镍、钯、金与焊料的反应，这类金属与铜在凸点下的金属化（UBM）层和焊盘中均得到了广泛应用，但其中铜、镍的作用和钯、金不同。对于铜和镍而言，在焊料接头中生成 Cu-Sn 或 Ni-Sn 金属间化合物来实现金属间键合。而钯与金则是用作表面镀层来钝化铜与镍的表面，同时增强润湿反应。通常来说，铜表面用金膜来保护，而镍表面则用钯膜来保护，此外，金膜也常在镍上使用。

由于镍与焊料的反应速率比铜要慢两个数量级，因此在镍薄膜上的金属间化合物的剥落效应就没那么严重，同时镍也可作为铜的扩散阻挡层而发挥作用，如在 6.10 节中所论，因此，镍与焊料之间的反应受到了广泛关注。而为什么镍与焊料的反应速率比铜慢得多？这个问题一直以来都是一个很有趣的动力学问题，但至今这个问题还没有确切的答案，这主要是由于镍向反应的供给要比铜慢得多。而该供给速率可能取决于镍在 Ni/Ni_3Sn_4 界面处的扩散速率，也可能与镍在熔融焊料中的溶解度有关[1-3]。

金与锡之间的反应会生成 Sn_4Au，并消耗大量的焊料。众所周知，如果焊料接头中金的含量超过 5%，则由于接头中存在较大体积分数（超过 25%）的 Sn_4Au 金属间化合物，因此会出现"冷接头"或脆性接头的问题。

钯与共晶锡铅焊料的反应在润湿过程中和固态老化过程一样具有最快的金属间化合物生成速率。润湿反应中，其生长速率可达到约 1 μm/s，因此对于直径小于 50 μm 的接头而言，该反应可在 1 min 内消耗所有焊料。这样迅速的反应很有可能将焊料接头完全转化为金属间化合物接头。在倒装芯片技术中，当焊点尺寸小于 25 μm 时，这也将成为一个关键的技术难题。

金属间化合物生成速率极快，这是熔融焊料在钯和金上反应的常见特性。这归因于金属间化合物形貌对其生长动力学的影响。随后，我们将首先讨论镍与焊料的反应，随后依次讨论钯、金与焊料的反应。

7.2 块体镍与薄膜镍上的焊料反应

熔融锡铅共晶焊料与镍的反应速率与铜比大约慢 100 倍[4-32]。镍与焊料之间 Ni_3Sn_4 金属化合物的生长形貌为笋钉状，且镍在熔融焊料中的扩散速率与铜基本相同，然而目前尚不清楚其生成速率这么慢的原因。由于其润湿反应比较慢，因此一些电子封装制造企业已经尝试用镍基 UBM 薄膜来替换铜基 UBM 薄膜。

Ghosh 优化了 Ni-Sn 和 Ni-Pb 二元系统的热力学参数描述，并通过外推算法计算了 Ni-Sn-Pb 三元相图的几个等温截面。通过该计算，我们获得了锡-铅-镍在 170 ℃和 240 ℃下的相图，如图 7.1（a）和（b）所示，其中的元素成分以质量分数呈现。除了 240 ℃相图中"液相焊料+Ni_3Sn_4"和"液态焊料+Ni_3Sn_4+（Pb）"的区域外，这些等温截面大部分相似。我们认为镍在熔融焊料中的溶解度比在固态焊料中的溶解度要大，因此，在润湿反应中首先生成的化合物为 Ni_3Sn_4，与化合物处于平衡状态的熔融焊料中铅元素的质量分数可高达 65%，而固态焊料中铅元素的质量分数则高达 88%。由于镍上生长的 Ni_3Sn_4 不太稳定，因此如果反应温度足够高且反应时间足够长，则在它们之间可能会形成其他化合物，如 Ni_3Sn_2 和 Ni_2Sn 等。

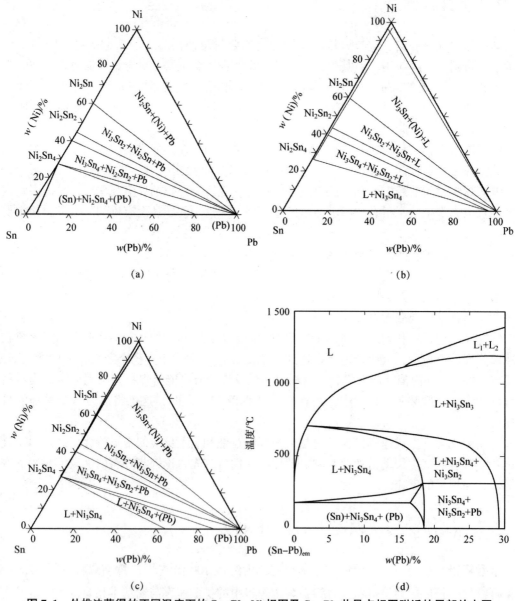

图 7.1　外推法获得的不同温度下的 Sn-Pb-Ni 相图及 Sn-Pb 共晶点相图附近的局部放大图

（a）170 ℃；（b）240 ℃；（c）400 ℃；（d）局部放大图（由得州仪器公司的 K. Zeng 博士提供）

图 7.2（a）到（c）所示分别为锡铅共晶焊料与镍在 240 ℃下反应 1 min、10 min 与 40 min后生成的 Ni_3Sn_4 的三维形貌的 SEM 照片，该图为选择性蚀刻铅后在一定倾斜角度下所拍摄的界面，从中可观察到笋钉状的 Ni_3Sn_4。图 7.3 所示为 200~240 ℃下润湿反应中镍的消耗速率。相比于同样的焊料对铜的消耗速率（图 2.13）而言，我们会发现，在与镍的反应中锡的消耗速率要慢得多。例如，240 ℃下反应 40 min 后，笋钉状 Ni_3Sn_4 化合物的线性尺寸约为 2 μm，而在 200 ℃下反应 40 min 后（图 2.5），笋钉状 Cu_6Sn_5 的尺寸已经达到 10 μm，因此如果考虑三维方向上的生长，后者至少比前者快 100 倍。

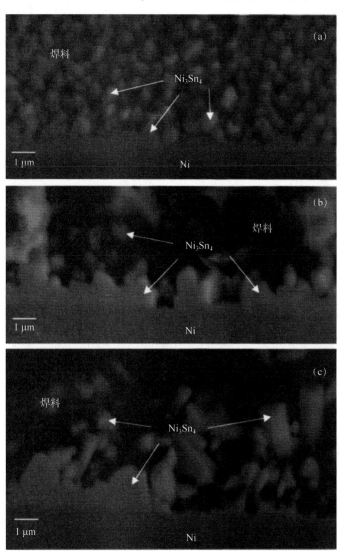

图 7.2 240 ℃环境下，共晶锡铅焊料与镍反应一段时间后生成的 Ni_3Sn_4 的三维形貌 SEM 照片

（a）1 min；（b）10 min；（c）40 min

在 UBM 层的应用中，镍与熔融锡铅共晶焊料的反应速率较小是一大热点问题。然而，当镍/钛薄膜与熔融焊料发生反应时仍可观察到金属间化合物的剥落现象。图 7.4（a）~（c）所示为在 220 ℃下，锡铅共晶焊料在 200 nm 镍/50 nm 钛上分别反应 1 min、5 min 和 40 min

后的 SEM 横截面照片。在图 7.4（b）和（c）中可观察到界面处不存在 Ni_3Sn_4。尽管其剥落过程比 Cu_6Sn_5 要慢些，但该现象确实会发生。

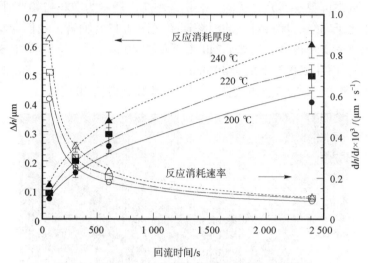

图 7.3　在 200~240 ℃镍在润湿反应中的消耗速率

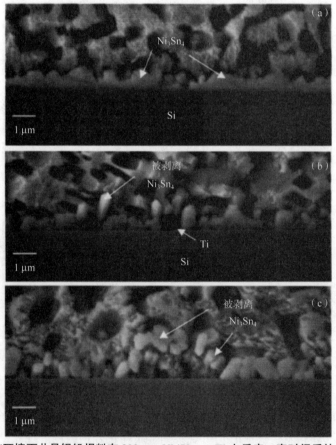

图 7.4　在 220 ℃环境下共晶锡铅焊料在 200 nm Ni/50 nm Ti 上反应一定时间后的 SEM 横截面照片

（a）1 min；（b）5 min；（c）40 min

以上讨论的是当焊料处于熔融状态时的润湿反应。当焊料处于固态时，镍在焊料中的溶解会导致形成 Ni_3Sn_4，如图 7.1（a）所示。然而，如果温度太低（< 160 ℃），可能会形成成分大致为 $NiSn_3$ 的亚稳态相，而非稳定的 Ni_3Sn_4。$NiSn_3$ 以片状形式快速生长，且这一过程能在镍的焊料镀层表面快速发生，从而降低其可焊性。虽然我们尚不清楚由于 $NiSn_3$ 存在而引起的润湿性降低的确切机理，但曾有人提出在镀层附近或表面的 $NiSn_3$ 氧化现象是最可能造成润湿性降低的原因。而解决 $NiSn_3$ 氧化问题的方案之一便是将其分解成稳态化合物。

在第 1 章所讨论的 C-4 技术中，由于考虑到镍薄膜中所存在的本征应力问题，因此镍被用在基板一侧，而非芯片一侧。为了能在芯片一侧使用镍作为 UBM 层，就必须在镍膜下加入缓冲层吸收该应力。在 3.6 节和 3.7 节中，我们讨论了 Al/Ni（V）/Cu 薄膜 UBM 层的设计，否则就必须要沉淀出低应力状态的镍膜，而这就引发了下面对使用化学镀沉积的镍厚膜的讨论。

7.2.1 共晶 SnPb 与化学镀镍（磷）间的反应

化学镀镍（磷）中含有原子百分含量为 15%～20% 的磷，且可通过无掩模工艺沉积在已具有图案花样且镀锌的铝表面上。其生长模式为各向同性，且其外观呈蘑菇状。根据 Ni-P 二元相图，可知在磷成分为 19% 时，镍与磷具有深共晶点，因此即便不经快速淬火工艺在该成分附近也非常容易形成镍-磷非晶合金。在深共晶成分附近，化学镀镍（磷）在刚完成镀覆状态时通常为非晶状态，且具有较低的内应力。对于在 UBM 层中的应用，其厚度可超过 10 μm。

图 7.5（a）所示为化学镀镍（磷）UBM 层上，锡铅共晶焊球的横截面示意。在镀锌的铝表面上，限定接触窗口的介质材料为氧氮化硅（SiON）。图 7.5（b）所示为化学镀镍（磷）UBM 层上，直径为 100 μm 的锡铅共晶焊球的 SEM 横截面照片，在镍（磷）UBM 层上，可观察到一层 Ni_3Sn_4，且其形貌为多面体，其晶粒与 Cu_6Sn_5 的笋钉状形貌有所不同，呈现出粗块型或针状型。然而，在粗块和针状晶粒之间均存在深谷状凹陷。图 7.5（c）所示为镍（磷）UBM 层拐角处的高倍率 SEM 照片，从中可观察到在 Ni_3Sn_4 和化学镀镍（磷）之间存在着一层 Ni_3P 化合物，而在化学镀镍（磷）和氧氮化硅之间也存在着一层 Ni_3Sn_4 化合物。

该 Ni_3P 化合物呈层状形貌，图 7.6（a）～（d）所示为由 X 射线面扫描所得的跨界面区域中锡、镍、铅和磷的元素分布图，其中，锡的分布与 Ni_3Sn_4 中镍的分布相匹配，而磷的层状分布则与 Ni_3P 层相对应。在 Ni_3Sn_4 生长过程中，它从非晶态镍（磷）中消耗镍元素，并不断提高磷的富集程度，直到其浓度变为 75Ni25P，然后结晶成为 Ni_3P 化合物。该过程为非晶镍（磷）通过焊料反应的增强结晶过程，且该反应为守恒反应过程，其中 Ni_3P 的形成消耗了非晶镍（磷）中几乎所有的磷元素，且几乎没有磷元素会进入焊料中。而由于 Ni_3P 很容易产生裂纹，因此若形成较厚的 Ni_3P 层，很容易导致脆性断裂。

Ni_3P 的生长是扩散控制型生长，其激活能为 0.33 eV/原子。而目前尚不清楚主导 Ni_3P 生长过程的是 Ni（P）/Ni_3P 界面处镍原子的扩散，还是 Ni_3Sn_4/Ni_3P 界面上磷原子的扩散。毋庸置疑，Ni_3Sn_4 中的凹陷或沟道可使镍快速溶解至熔融焊料中。如果磷是主要的扩散原子，这意味着 Ni_3P 会在 Ni_3Sn_4/Ni_3P 界面处分解。随后，当镍原子扩散到熔融焊料中时，

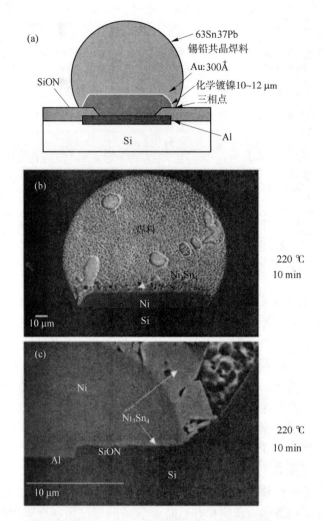

图 7.5 化学镀镍（磷）UBM 层上锡铅共晶焊球的横截面和 SEM 照片

（a）化学镀镍（磷）UBM 层上锡铅共晶焊球的横截面示意；（b）化学镀镍（磷）UBM 层上直径为 100 μm 的锡铅共晶焊球的 SEM 横截面照片；（c）Ni_3Sn_4 沿 SiON 和镍（磷）间界面渗透的 SEM 横截面照片

磷原子会扩散回到 Ni_3P/Ni（P）界面处，从而使镍（磷）富集并结晶。另外，若镍是主要的扩散原子，则它会离开 Ni_3P/Ni（P）界面，并通过 Ni_3P 层扩散至 Ni_3Sn_4/Ni_3P 界面。但是此处更值得关注的是即使 Ni_3P 作为扩散阻挡层发挥作用，整个反应过程所需要的激活能依然很低。此外，在 200~240 ℃ 环境下的润湿反应中，几分钟时间便可耗尽几微米的镍（磷）层。

然而，在化学镀镍（磷）上的共晶锡铅焊料的固态老化过程中，Ni_3Sn_4 的生成速率要慢得多。图 7.7 所示为试样在 150 ℃ 环境中老化 500 h 后界面处的 SEM 横截面照片。Ni_3Sn_4 的厚度仅为几微米，而我们也不清楚在这样的低温下能否生成 Ni_3P。然而此时的 Ni_3Sn_4 呈层状形貌，而非粗块型或针状型。通过对比润湿反应和固态反应可再次得出结论：这与锡铅焊料与铜之间的反应相似，润湿反应的速率更快，且自由能增益率更高。

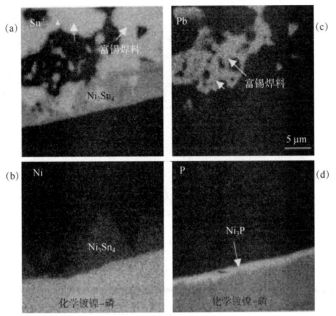

图 7.6   由 X 射线面式扫描所得的跨界面区域的元素分布图

（a）锡；（b）镍；（c）铅；（d）磷

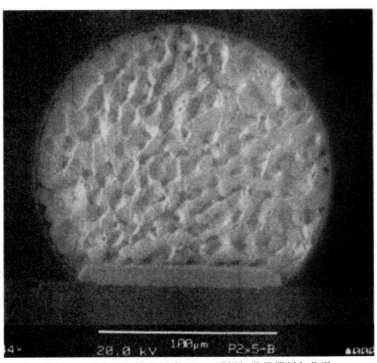

**图 7.7   150 ℃环境下反应 500 h 后锡铅共晶焊料与化学
镀镍（磷）间界面的 SEM 横截面照片**

虽然由于化学镀镍（磷）层足够厚而不会发生金属间化合物的剥落现象，但是它与介电保护材料硅的氧氮化物之间的界面强度较弱。图 7.5（c）所示为化学镀镍（磷）上焊球的横截面照片，其中，熔融焊料可从化学镀镍（磷）、硅的氧氮化物和熔融焊料的三相点处渗入该界面。该渗透过程在化学镀镍（磷）层和硅的氧氮化物之间形成了 Ni_3Sn_4 化合物，并一直延伸到铝界面。除焊料外，腐蚀性反应物也可以渗透该界面，而这将导致可靠性问题。由于该渗入过程涉及界面扩散和金属间化合物的形成过程，因此研究渗入过程的动力学具有重要意义。该渗入过程的解析解如下[16]：

$$y_0 = \left(\frac{12\delta D_i}{b}\right)^{\frac{1}{2}} \left[\frac{2(bC_0 - C_{34})}{C_{34}D_c}\right]^{\frac{1}{4}} t^{\frac{1}{4}} \tag{7.1}$$

式中，y_0 是渗透深度；δ 是界面的有效宽度；D_i 是界面扩散率；$b = C_{34}/C_i$ 是金属间化合物中（C_{34}）和界面处（C_i）的成分浓度之比；C_0 是三相点或界面原点处的浓度；D_c 是金属间化合物中的扩散率。从该解析中，可发现渗透深度与 $t^{\frac{1}{4}}$ 线性相关，这与扩散过程中晶界渗透现象的经典 Fisher 分析的理论结果相似。

7.2.2　无铅共晶焊料与化学镀镍（磷）间的反应

当使用无铅焊料时，非晶态的化学镀镍（磷）与无铅共晶焊料在 200 ℃ 环境下回流时强化结晶形成 Ni_3P 和 Ni_3Sn_4 的问题是一个潜在隐患。举例来说，锡银共晶焊料中锡成分浓度较高，且其回流温度更高（约 240 ℃），这非常接近非晶态镍（磷）的自发结晶温度——250 ℃。

在镍（磷）层上的共晶锡银焊料接头中，其界面金属间化合物是 Ni_3Sn_4。图 7.8 所示为试样在 250 ℃ 环境下回流 1 h、215 ℃ 环境下老化 225 h 后的界面区域照片。在该 Ni_3P 层中可观察到大量的孔洞，而在 Ni_3Sn_4 和 Ni_3P 之间存在着一层镍锡磷。图 7.9 所示为试样在 190 ℃ 环境下老化 400 h 后 Ni_3P 层中孔洞的 SEM 照片。图 7.10 所示为镍和锡在反应过程中经合理推测的通量示意。

在镍（磷）凸点下金属化层上的锡银共晶焊料中柯肯达尔孔洞

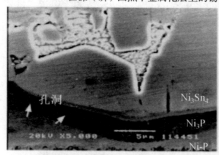

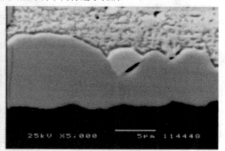

在250 ℃下回流1 h时后　　　　　　　　　在215 ℃下回流225 h后

图 7.8　在 250 ℃下回流 1 h 后，又在 215 ℃下表化 225 h 的样品界面区域的扫描电镜照片（由新加坡南洋理工大学 Zhong Chen 教授提供）

在 Ni（P）层上的共晶 SnAgCu 焊料接头中可发现互连界面处的金属间化合物为 $(Cu,Ni)_6Sn_5$，而非 Ni_3Sn_4。Ni_3P 层已形成了良好的柱状晶结构，而锡元素已渗入 Ni_3P 层中。在 Ni_3P 和（Cu,Ni）$_6Sn_5$ 之间存在着一层非常薄的镍锡磷层（厚度小于 $0.2\ \mu m$），且在该镍锡磷层中存在孔洞。当试样在 $170\ ℃$ 环境下老化 $64\ h$ 后，其界面结构与之前的结果类似，但在镍锡磷层中存在更多孔洞，且有更多的锡渗透进入了 Ni_3P 层。而剩余的非晶态镍（磷）层并没有在固相老化过程中发生结晶。

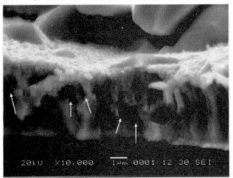

镍（磷）层中的柯肯达尔孔洞的三维形状

在190 ℃下时效400 h后

图 7.9　样品在 190 ℃环境下老化 400 h 后 Ni_3P 层中孔洞的 SEM 照片（由新加坡南洋理工大学 Zhong Chen 教授提供）

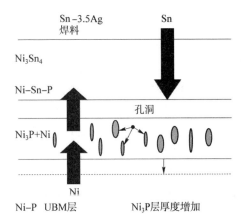

图 7.10　锡银焊料与镍（磷）反应过程中，经过合理推测后所得的镍与锡的通量示意

7.2.3　（Cu,Ni）$_6Sn_5$ 与（Ni,Cu）$_3Sn_4$ 的形成

当没有铜时，镍和锡的二元体系或镍和锡铅的三元体系的反应会形成 Ni_3Sn_4。而锡银铜焊料中存在的铜元素则会抑制 Ni_3Sn_4 的形成，而此时，如文献中所报道，界面中会溶解少量镍来形成（Cu,Ni）$_6Sn_5$ 化合物，而这可以通过综合考虑热力学-动力学的各种因素来进行解释。由于界面金属间化合物层中没有检测到银，因此认为银不会直接参与到界面反应中。此外，可发现（Cu,Ni）$_6Sn_5$ 中镍的浓度随着回流次数的增加而增加。在没有形成（Ni,Cu）$_3Sn_4$ 的情况下，在 $260\ ℃$ 时镍在（Cu,Ni）$_6Sn_5$ 中的最大溶解度可计算为 8%（质量分数），该数值与实验数据基本一致。镍元素在（Cu,Ni）$_6Sn_5$ 颗粒内的分布是比较均匀的，这种均匀分布通常在凝固过程中出现，而在固态扩散过程中不常出现，在固态过程中镍原子会从镍（钒）层中扩散到 Cu_6Sn_5 颗粒中。

（Cu,Ni）$_6Sn_5$ 三元相比（Ni,Cu）$_3Sn_4$ 更加稳定，因此后者一般是通过将铜元素溶解至 Ni_3Sn_4 中形成得到，如 4.3 节中讨论过的因贯穿整个焊料接头相互作用所导致的现象。

7.2.4　柯肯达尔孔洞的形成

如图 7.9 所示，在 Ni_3P 和镍锡磷层中会形成柯肯达尔孔洞，由于孔洞将导致脆性开裂，因此该现象是一个可靠性问题。在该反应中，镍原子会从镍（磷）层扩散至 Ni_3Sn_4 层，且由于在 Ni_3P 层中确实检测到了锡元素的存在，因此在相反方向上，锡原子会扩散到 Ni_3P 层中。我们需要通过标记移动实验来确定镍或锡哪个才是主导扩散过程的原子。孔洞的形成并不是锡银焊料/镍（磷）的反应中独有的现象，在锡铅共晶焊料与镍（磷）的反应中，以及锡银铜焊料/镍（磷）的反应中，均可经常观察到这种现象。

7.3 块体钯和薄膜钯上的焊料反应

7.3.1 共晶 SnPb 与钯箔（块体）间的反应

在焊接反应中，钯的特殊性在于具有抗氧化性强、易与焊料润湿并形成钯-锡金属间化合物等特点[33-41]。它经常与镍一起使用，以使其表面钝化，并增强镍的表面润湿性。熔融共晶锡铅焊料与钯金属箔间的润湿反应与在铜和镍表面上的润湿反应不同，在铜与镍上的润湿角稳定存在，而前者则是焊料和钯之间没有稳定的润湿角。在该过程中，钯上熔融态的焊料不断进行铺展，直到所有焊料帽中的锡被完全转化为钯-锡化合物。造成润湿尖端不稳定性的原因是在熔融焊料和钯之间的金属间化合物的形成过程极其迅速。金属间化合物的形成过程所带来的自由能增量为润湿尖端的运动提供了驱动力。而在润湿尖端形成的金属间化合物并没有充当该润湿反应的扩散阻碍层。熔融态的焊料尖端能够不断向前推进，并润湿位于其前方的金属钯。因此，研究润湿尖端的金属间化合物的形貌便具有现实意义，而这其中一定要具有允许熔融焊料通过的扩散沟道。

为进一步确认该超快反应，我们将厚度为 0.5 mm、宽度为 0.5 cm 的纯钯箔条卷成直径为 3 mm 的圆环，并把共晶锡铅焊丝插入每个圆环当中。然后，在 250 ℃ 下将它们浸入焊剂中 1~20 min。随后，对圆环截面进行抛光、蚀刻，并用光学显微镜、扫描电镜和能量色散 X 射线能谱进行检测。在钯和焊料之间可观察到圆环截面上生成了一层非常厚的 $PdSn_3$ 化合物。图 7.11（a）和（b）所示为润湿反应分别进行 2 min 和 5 min 后样品上形成的较厚 $PdSn_3$ 层（箭头所指）的光学显微镜照片，其厚度分别为 170 μm 与 360 μm。该时间段内的金属间化合物生长随时间变化呈线性关系，其速率超过 1 μm/s，这样快的生长速率超乎寻常，有可能是文献报告中记录的最快的金属间化合物生长速率。图 7.12（a）和（b）所示为 $PdSn_3$ 层及它与钯界面处的 SEM 照片。这层物质具有层状结构，其中较亮的相是 $PdSn_3$，而 $PdSn_3$ 间的暗区是已被蚀刻掉的焊料。这种层状结构的独特之处在于熔融焊料在反应过程中能始终与未反应的钯相接触，而这些由熔融焊料所形成的沟道便充当了快速扩散的路径，从而实现了非常快的反应速率。熔融焊料中的扩散率约为 10^{-5} cm^2/s，这对于测量线性增长率来说已经足够了。但是当反应超过 5 min，我们发现当厚度大于 500 μm 后，金属间化合物的生长速率逐渐减慢。这是我们意料之中的情况，因为即使扩散率高达 10^{-5} cm^2/s，但该生长也会最终变为扩散过程控制型生长。

Pd-Sn 和 Pd-Pb 二元相图表明：Pd 与 Sn、Pb 均可形成多种化合物，如 Pd_2Sn 和 $PdPb_2$。然而，在 250 ℃ 的润湿反应中此三者形成的唯一一种化合物为 $PdSn_3$。而在 260 ℃ 环境下也会有相同的结果。在钯锡化合物中，$PdSn_3$ 的熔点非常低，约 345 ℃，这远低于 Pd_2Sn 和 Pd_3Sn 的熔点（约 1 300 ℃）。如果自由能改变量最大化是反应进行的标准，那么反应后就应该已经形成了上述富含钯的化合物。然而，$PdSn_3$ 的形貌使它在反应中具有很高的生长速率或很高的自由能增益率，因此 $PdSn_3$ 的形成速率更快，并成为首先形成的相。

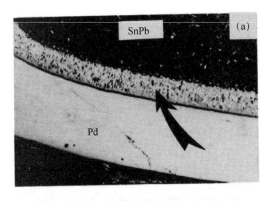

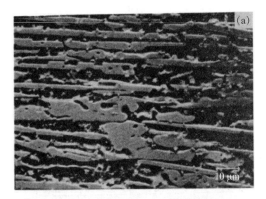

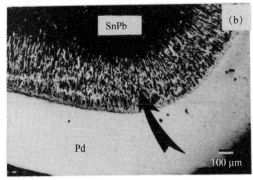

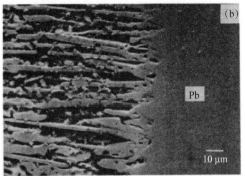

图 7.11 润湿反应进行一段时间后
较厚 $PdSn_3$ 层的光学显微镜照片

(a) 2 min；(b) 5 min

图 7.12 扫描电镜照片

(a) $PdSn_3$ 层；(b) $PdSn_3$ 层与钯界面

在锡铅钯三元体系中，第一个相的形成对温度具有很强的依赖性。在 250 ℃ 及以上的锡铅共晶焊料和钯的反应中，$PdSn_3$ 是反应所形成的第一个相。但是在小于 220 ℃ 的环境时，Ghosh 则发现首先形成的相是 $PdSn_4$，该发现与分别在 250 ℃ 和 220 ℃ 环境下的锡铅钯三元相图所示结果一致，如图 7.13（c）和（b）所示。通过使用 Ghosh 优化的一组热力学数据，我们可通过计算来绘制出这些相图。虽然在这些相图中存在许多种化合物，但是在润湿反应中仅能检测到一种或两种锡的化合物（$PdSn_4$ 和 $PdSn_3$），而最终检测出的化合物种类取决于反应的温度和时间。热力学计算表明锡铅共晶焊料与钯在低于 245 ℃ 的润湿反应中会产生 $PdSn_4$，如图 7.13（d）所示，在 245~303 ℃ 时会形成 $PdSn_3$，而在 303 ℃ 以上时第一反应产物就可能为 $PdSn_2$。

相比之下，锡铅共晶焊料和钯间的固态反应要慢得多。在 220 ℃ 下反应 50 s 后，相同的试样在 125 ℃ 下老化了 30 天。除了较厚（130 μm）的 $PdSn_4$ 层外，还存在 50 μm 厚的 $PdSn_3$ 层和 40 μm 厚的铅层。这些相的形成过程与计算所得的相图一致，如图 7.13（a）所示。然而，在 125 ℃ 下老化 30 天后所形成的化合物厚度与在 220 ℃ 下几分钟内形成的化合物厚度相当。

7.3.2 共晶 SnPb 和钯薄膜间的反应

为钝化镍表面，通常使用厚度为 50~100 nm 的钯膜。当薄膜钯与熔融焊料接触时，它将

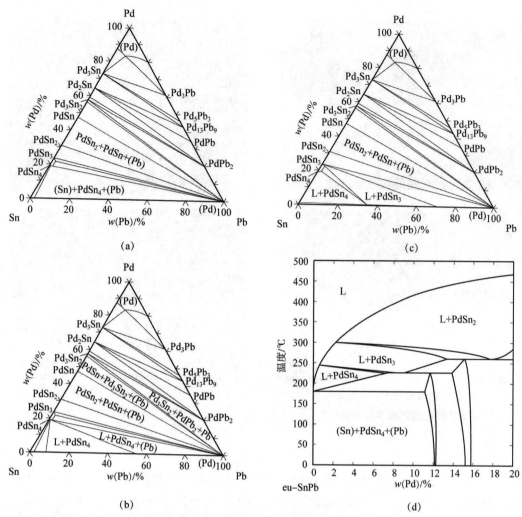

图 7.13　不同温度下的锡铅钯三元相图（由德州仪器公司的 K. Zeng 博士提供）

(a) 125 ℃；(b) 220 ℃；(c) 250 ℃；(d) 303 ℃

很快地溶解到焊料中，并使焊料与镍开始发生反应。但微厚的钯可能导致钯锡化合物形成，而该化合物可能在之后的回流过程中成为扩散阻挡层。我们已经研究了锡铅共晶焊料在钯/镍镀覆的铜制引线框架表面上的润湿行为，该润湿反应会形成钯镍锡三元化合物和 Ni_3Sn_4，且三元化合物晶粒会从界面处剥离并分散进入熔融焊料中。而呈现出较小的笋钉状形貌的 Ni_3Sn_4 则会均匀地分布在未参与反应的镍层上。

7.4　块体金与薄膜金上的焊料反应

金和钯这两者的作用功能基本相同，即表面钝化和增强润湿性，而它们的主要区别在于金在熔融锡铅共晶焊料中的溶解度很高，在 220 ℃环境下其溶解度为 7.8%（质量分数）。当熔融焊料接头溶解大量金时，金锡化合物在凝固过程中会析出，并形成脆性焊料接头或"冷接头"。另外，金凸点可通过较薄的一层焊料或锡来完成连接。虽然相对于软焊料凸点而言，金凸点具有更好的尺寸稳定性及抗蠕变性能，但它们界面的抗断裂性能和耐疲劳性能均较差。当金凸点上的焊料层较薄时，焊点在回流工艺中可以完全转变为金锡金属间化合物。如果金属间化合物又薄又脆，它将不能承受较大程度的热应变。在第 1 章的芯片直接贴装技术中，我们已经具体讨论过热应变产生的原因[42-53]。

我们需要通过多个温度下的锡铅金三元相图的等温截面来比较其润湿反应和固态老化过程，而这些相图是基于优化的二元系统通过进一步计算获得的。图 7.14（a）~（d）所示为 160 ℃、200 ℃、225 ℃和 330 ℃环境下的锡铅金三元相图。在 200 ℃时，熔融焊料在形成 AuSn₄ 前可溶解质量分数约为 4.5% 的金。由于 AuSn₄ 在金上并不稳定，我们推测在 AuSn₄ 和金之间会有其他化合物形成，如 AuSn₂ 和 AuSn。

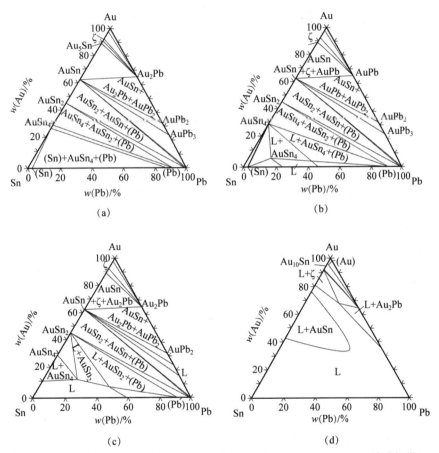

图 7.14　不同温度下的锡铅金三元相图（由得州仪器公司的 K. Zeng 博士提供）

(a) 160 ℃；(b) 200 ℃；(c) 225 ℃；(d) 330 ℃

7.4.1　共晶 SnPb 和金箔间的反应

金箔上共晶锡铅焊料帽在 200 ℃的润湿反应中，润湿角不稳定，且随时间推移而逐渐减小，但这与在钯表面上的润湿角现象不同。反应前期，润湿角约为 20°；在 2~3 min 内润湿角减小至 6°，随后由于所有熔融焊料都与金反应形成了金属间化合物，润湿角停止变化。此时焊料帽的焊料表面变得非常粗糙，且可观察到金属间化合物的多面体形表面。图 7.15 所示为

200 ℃下反应 5 s 和 60 s 后焊料帽的 SEM 横截面照片，其中 $AuSn_4$ 化合物一直延伸到焊料帽的表面。焊料帽上表面的横截面轮廓既不是平滑的，也不是圆形的。此外，焊料帽的底面已经完全陷入金箔中。金由于在熔融焊料中的溶解度较高，在凝固期间会形成大量的 $AuSn_4$ 化合物。由于金在熔融焊料中的扩散率为 10^{-5} cm^2/s，金原子在 5 s 内的扩散距离可达 100 μm，并抵达焊料帽的上表面，因此在回流期间，金很容易在熔融焊料中达到饱和。然而在这里值得我们关注的问题是：为什么反应生成的 $AuSn_4$ 没能充当扩散阻挡层阻止界面陷入金箔中？在之前章节内容中，如在锡铅焊料/铜和锡铅焊料/镍的界面反应中，并没有出现界面凹陷的现象。

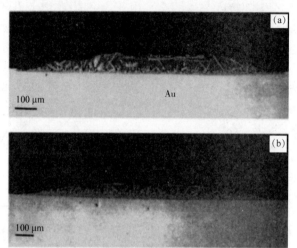

图 7.15　200 ℃下共晶锡铅焊料帽在金箔上的 SEM 横截面照片

(a) 5 s; (b) 60 s

我们还可以提出这样一个问题：金在熔融共晶锡铅焊料中的高溶解度是如何影响金属间化合物的形成过程的。根据热力学原理，当熔融焊料与金发生接触时，首先金必然会溶解到熔融焊料中，并且我们认为只有当金在熔融焊料中的溶解度达到极限时，金属间化合物才会在表面开始形成，然而并不是样品中的全部熔融焊料都需要达到溶解极限。实际上，只要金附近的熔融焊料边界层到达饱和或过饱和后，金属间化合物就可以在金表面异质形核并开始生长。因此我们可以假定金附近的熔融焊料边界层可以溶解金，并达到过饱和，随后金属间化合物就会在金表面异质形核并析出。由于金属间化合物在润湿反应温度下已实现过冷，故其成核过程仅需要熔融焊料中发生很小的过饱和即可。当金属间化合物生长成连续的一层时，它才能成为之后溶解过程的扩散阻挡层。

为了研究这类溶解与反应问题，我们将 0.5 mm 厚的金箔条卷成直径为 0.4 mm 的圆环，再将共晶锡铅焊丝插入环中并一同浸入助焊剂中，最后在 200 ℃下进行反应。图 7.16 (a)~(c) 所示为 200 ℃下反应 10 s，90 s 和 210 s 后的样品界面。为了阻止冷却过程中的快速反应，我们将环形试样在乙醇溶剂中淬火，随后对横截面进行抛光并刻蚀以用于扫描电镜观察。最终在样品横截面处同时发现了 $AuSn_4$ 和 $AuSn_2$，后者位于 Au 和 $AuSn_4$ 之间，呈现具有固定厚度的连续薄层状，其厚度与退火工艺时间无关。由于 $AuSn_2$ 层的厚度是恒定的，所以我们认为它是在淬火过程中形成的，而不是在 200 ℃退火中形成的。$AuSn_4$ 呈粗块状，在三维方向上进行生长，并随时间推移而变长、变宽、变厚。在粗块状晶粒之间存在着一些焊料相或扩散沟道。$AuSn_4$ 初始生长速率非常快，约为 1 μm/s，这与 $PdSn_3$ 的生长模式类似，但 $PdSn_3$ 可生长到几百微米厚，而 $AuSn_4$ 层在界面处不会生长至很厚。此外，$AuSn_4$ 的形貌也与 $PdSn_3$ 不同。$AuSn_4$ 会分散分布在环内所有焊料之中，并占据焊料总体积的 1/4。这些分散的 $AuSn_4$ 晶粒主要来自两种途径：第一，来自在界面生长的晶粒破裂剥离；第二，来自在冷却过程中溶解在熔融焊料中过饱和 Au 的析出。因为 $AuSn_4$ 中存在扩散沟道，所以它不能作为扩散阻挡层，也不会阻止 Au 溶解到熔融焊料中的连续过程。$AuSn_4$ 的多孔形貌使其能够快速生长，同时伴随有 Au 在熔融焊料中的快速溶解。当扩散沟道被熔融焊料填充时，它们将作为最短输运路径为 $AuSn_4$ 生长提供所需的 Au，同时这些通道的存在还保证了 Au 可持续溶解到熔融焊料池中。

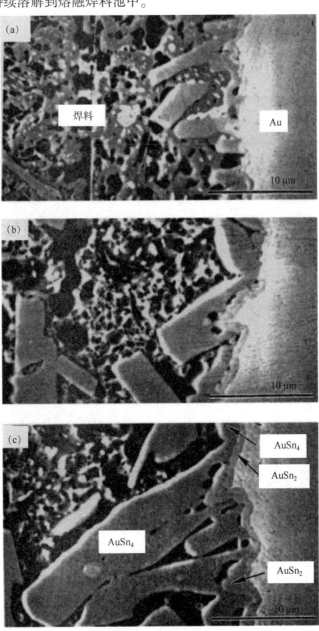

图 7.16 在 200 ℃下反应一段时间后含有锡铅共晶焊料的金箔圆环的横截面照片

(a) 10 s；(b) 90 s；(c) 210 s

通过 Pb-5%Sn（质量分数）焊料与 Au 在 330 ℃ 环境下反应 10 s 的实验，我们研究了 Au 的溶解现象。图 7.17（a）和（b）所示为焊料帽的横截面 SEM 照片和焊料帽一端的放大照片，在图中我们可以注意到两个突出的现象。第一个现象是熔融焊料溶解了约 70 μm 厚的 Au，造成了非常深的凹陷界面。假设溶解速率呈线性，则 Au 的溶解速率可估算为 7 μm/s，这确实是极快的溶解速率。第二个现象是焊料帽内充满了 Au_2Pb 化合物，而界面处却没有其他的金属间化合物。如图 7.14（d）所示，根据在 330 ℃ 环境时的锡铅金三元相图，熔融高铅焊料可溶解质量分数高达 50% 的 Au，且在 330 ℃ 环境下形成的金属间化合物是 Au_2Pb。基于相图和图 7.17（a）所示的 SEM 照片可知在 10 s 的回流工艺中，焊料帽不会溶解所有的 Au 以达到溶解度极限，甚至 Au 附近的边界层亦是如此，因此此界面处没有金属间化合物形成。另外，如果样品经过超过 10 s 的退火工艺，则可能在其中发现 Au_2Pb 界面层。在冷却过程中，原本溶解的 Au 会以 Au_2Pb 的形式析出，并分布在整个焊料体内。我们还不清楚焊料中质量分数为 5% 的 Sn 在反应过程中发生了什么。根据相图中液相线的投影，在初生相 Au_2Pb 析出后会形成极少量的 AuSn 化合物。

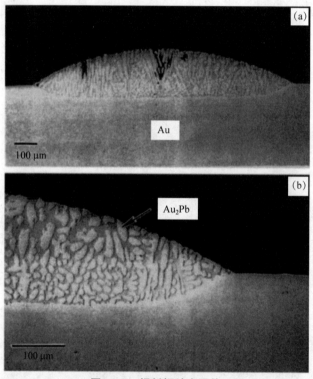

图 7.17 焊料帽放大照片

（a）Au 上 Pb-5%Sn（质量分数）焊料帽的横截面 SEM 照片；（b）焊料帽一端的放大照片

由于凹陷界面会改变润湿尖端角度，因此在回流过程中润湿角不是恒定的。这是因润湿界面上的化学反应（溶解）而破坏了润湿尖端杨氏平衡条件的另一种情况。当包括凹陷部分时，润湿角不是恒定的，而是随时间推移而增加。

我们研究了在 80~160 ℃ 近共晶锡铅焊料在 Au 上的固态老化过程。将 12 μm 厚的电镀 Au 层刻制成了直径为 2 mm 的圆盘，并用一滴熔融 Pb-72%Sn（原子百分数）焊料在助焊剂的帮助下润湿 Au 的表面，回流反应约 1 s。冷却至室温后，进行固态老化实验。在 160 ℃ 环境下老化 7 h 后，在 Au 一侧，我们发现了很薄但富含 Au 的 δ 相，后面依次是 1.5 μm 的 $AuSn$、10 μm 的 $AuSn_2$ 和 30 μm 的 $AuSn_4$，三种 Au-Sn 化合物都含有一定量的 Pb。$AuSn_4$ 的形貌非常类似于图 7.11 所示的 $PdSn_3$ 的形貌。我们可将 $AuSn_4$ 的微观结构描述为平行于生长方向的层状（柱状）晶粒结构，其厚度（直径）约为 3 μm，而在相邻的层状晶粒之间沿相同方向存在着片状或棒状的焊料合金。我们发现 $AuSn_4$ 的生长是由扩散所控制的，其激活能为 0.84 eV/原子。在残余焊料中并未发现 Au-Sn 和 Au-Pb 的化合物。根据 160 ℃ 下的 Sn-Pb 金相图，如图 7.14（a）所示，可预期在焊料和 Au 的反应中会生成 $AuSn_4$、$AuSn_2$、$AuSn$ 及其他可能的富金化合物，而我们认为不会形成 Au-Pb 的化合物。之前所述的试验结果与上述相的形成过程高度一致。

此处，我们重申润湿反应和固态反应间的主要区别在于反应速率不同。200 ℃ 下的润湿反应中金属间化合物的生长速率约 1 μm/s，因此仅需要几分钟就会形成一层 30 μm 厚的 $AuSn_4$。另外，在 160 ℃ 下的固态反应中，形成相同量的 $AuSn_4$ 则需要长达 7 h 的时间，因此两种反应的反应速率之间至少存在 2 个数量级的差异。此外，润湿反应中会存在 Au 的大量溶解现象，而在固态反应中则不会出现。

与在 Cu、Ni 和焊料反应中所发现的情况相比，其金属间化合物的形成速率的差异没有那么大。我们注意到这是因为 $AuSn_4$ 不会形成连续层状结构，因此 Au 可以在 $AuSn_4$ 间的层状固态焊料中利用间隙扩散机制进行扩散。虽然 Au 在熔融焊料中的扩散率约为 10^{-5} cm²/s，但是 160 ℃ 下 Au 在 Pb 和 Sn 中的固态扩散率约为 10^{-7} cm²/s，而这也是相当快的。

7.4.2　共晶 SnPb 与金薄膜间的反应

在铬/铜/金三层结构中，金的厚度通常约为 100 nm，在与铜反应前，熔融焊料已很快地溶解了所有的金。在冷却过程中，微小的金-锡颗粒会在球状 Cu_6Sn_5 表面上发生偏析。当金膜较厚时，如在球栅阵列封装（BGA）中使用的铜/镍/金三层结构中，金大约为 1 μm 厚，在 225 ℃ 下 10 s 的回流工艺便可以将所有的金转化为一层具有多孔结构的 $AuSn_2$ 和 $AuSn_4$。随后该层中的晶粒开始与镍层分离，并剥落至熔融焊料中。在横截面的 SEM 照片中，可观察到几个非常大的 $AuSn_4$ 晶粒已分散在焊球中。

当镍（磷）层用于倒装芯片中的 UBM 层时，可通过电镀工艺在镍（磷）上沉积一层金薄层。在回流过程中，金溶解到熔融焊料中，并允许镍（磷）层与焊料进行反应。金层很薄，使得在熔融焊料凸点中金的总体含量低于饱和溶解度。在冷却期间，$AuSn_4$ 会在焊料中均匀析出。然而在高温下经过几个小时的固态老化后，老化前分散在球栅阵列焊料接头中的一些 $AuSn_4$ 晶粒在焊料/Ni_3Sn_4 界面处再次沉积为连续的一层。老化后的接头强度明显低于老化前的接头强度，且老化后的接头会沿着 $AuSn_4$ 层和 Ni_3Sn_4 层界面发生脆性断裂并失效。为了防止再沉积问题发生，可在焊料中添加 1% 的镍颗粒以保持 $AuSn_4$ 在焊料中的均匀分布。

参考文献

[1] P. W. Dehaven, "The reaction kinetics of liquid 60/40 Sn/Pb solder with copper and nickel: a high temperature X-ray diffraction study," in Proc. Electronic Packaging Materials Science,

Materials Research Society, USA, 1984, pp. 123-128.

[2] W. G. Bader, "Dissolution of Au, Ag, Pd, Pt, Cu, and Ni in a molten tin-lead solder," Weld. J. Res. Suppl., 28, 551s-557s (1969).

[3] K. N. Tu and R. Rosenberg, "Room temperature interaction in bimetallic thin films," Jpn J. Appl. Phys., Suppl. 2 (Part 1), 633 (1974).

[4] C. -Y. Lee and K. -L. Lin, "The interaction kinetics and compound formation between electroless Ni-P and solder," Thin Solid Films, 249, 201-206 (1994).

[5] C. -Y. Lee and K. -L. Lin, "Preparation of solder bumps incorporating electroless nickel-boron deposit and investigation on the interfacial interaction behavior and wetting kinetics," J. Mater. Sci. Mater. Electron., 8, 377-383 (1997).

[6] C. -J. Chen and K. -L. Lin, "The reactions between electroless Ni-Cu-P deposit and 63 Sn-37Pb flip chip solder bumps during reflow," J. Electron. Mater. 29, 1007 - 1014 (2000).

[7] G. Ghosh, "Thermodynamic modeling of the Ni-Pb-Sn system," Metall. Mater. Trans. A, 30, 1481-1494 (1999).

[8] G. Ghosh, "Kinetics of interfacial reaction between eutectic Sn - Pb solder and Cu/Ni/Pd metallizations," J. Electron. Mater., 28, 1238-1250, 1999.

[9] D. Frear, F. Hosking, and P. Vianco, "Mechanical behavior of solder joint interfacial intermetallics," in Proc. Materials Developments in Microelectronic Packaging: Performance and Reliability, 19-22 Aug. 1991, Montreal, Canada, ASM International, Materials Park, Ohio, pp. 229-240 (1991).

[10] A. C. Harman, "Rapid tin-nickel intermetallic growth: Some effects on solderability," in Proc. InterNepcon, Brighton, UK, pp. 42-49 (1978).

[11] J. Haimovich, "Intermetallic compound growth in tin and tin-lead platings over nickel and its effects on solderability," Weld. J., 68, 102s-111s (1989).

[12] P. J. Kay and C. A. MacKay, "Growth of intermetalic compounds on common basis material coated with tin or tin-lead alloys," Trans. Inst. Met. Finish., 54, 68-74 (1976).

[13] J. W. Jang, P. G. Kim, K. N. Tu, D. R. Frear, and P. Thompson, "Solder reaction-assisted crystallization of electroless Ni - P under bump metallization in low cost flip chip technology," J. Appl. Phys., 85, 8456-8463 (1999).

[14] J. W. Jang, D. R. Frear, T. Y. Lee, and K. N. Tu, "Morphology of interfacial reaction between Pb - free solders and electroless Ni (P) under - bump - metallization," J. Appl. Phys., 88, 6359-6363 (2000).

[15] P. G. Kim, J. W. Jang, T. Y. Lee, and K. N. Tu, "Interfacial reaction and wetting behavior in eutectic SnPb solder on Ni/Ti thin films and Ni foils," J. Appl. Phys. 86, 6746-6751 (1999).

[16] P. G. Kim, J. W. Jang, K. N. Tu, and D. Frear, "Kinetic analysis of interfacial penetration accompanied by intermetallic compound formation," J. Appl. Phys. 86, 1266-1272 (1999).

［17］ Y. -D. Jeon, K. -W. Paik, K. -S. Bok, W. -S. Choi, and C. -L. Cho, "Studies on Ni-Sn intermetallic compound and P-rich Ni layer at the electroless nickel UBM-solder interface and their effects on flip chip solder joint reliability," in Proc. 51st Electronic Components & Technology Conference, May 29 - June 31, 2001, Orlando, FL, IEEE, Piscataway, NJ, pp. 1326-1332 (2001).

［18］ K. C. Hung, Y. C. Chan, C. W. Tang, and H. C. Ong, "Correlation between Ni_3Sn_4 intermetallics and Ni_3P due to solder reaction-assisted crystallization of electroless Ni-P metallization in advanced packages," J. Mater. Res. 15, 2534-2539 (2000).

［19］ K. C. Hung and Y. C. Chan, "Study of Ni3P growth due to solder reactionassisted crystallization of electroless Ni-P metallization," J. Mater. Sci. Lett., 19, 1755-1757 (2000).

［20］ P. Liu, Z. Xu, and J. K. Shang, "Thermal stability of electroless-Ni/solder interfaces: Part A. Interfacial chemistry and microstructure," Metall. Mater. A, Trans. 31, 2857-2866 (2000).

［21］ K. Zeng, V. Vuorinen, and J. K. Kivilahti, "Intermetallic reactions between lead-free SnAgCu solder and Ni (P) /Au surface finish on PWBs," in Proc. 51st Electronic Components & Technology Conference, May 29 - June 31, 2001, Orlando, FL, IEEE, Piscataway, NJ, pp. 685-690 (2001).

［22］ M. Li, F. Zhang, W. T. Chen, K. Zeng, K. N. Tu, H. Balkan, and P. Elenius, "Interfacial microstructure evolution between eutectic SnAgCu solder and Al/Ni (V) /Cu thin films," J. Mater. Res., 17, 1612-1621 (2002).

［23］ C. Y. Liu, K. N. Tu, T. T. Sheng, C. H. Tung, D. R. Frear, and P. Elenius, "Electron microscopy study of interfacial reaction between eutectic SnPb and Cu/Ni (V) / Al thin film metallization," J. Appl. Phys., 87, 750-754 (2000).

［24］ K. Y. Lee, M. Li, and K. N. Tu, "Growth and ripening of (Au, Ni) Sn_4 phase in Pb-free and Pb containing solder on Ni/Au metallization," J. Mater. Res., 18, 2562-2570 (2003).

［25］ M. O. Alam, Y. C. Chan, and K. N. Tu, "Effect of reaction time and P content on mechanical strength of the interfaces formed between eutectic Sn-Ag solder and Au/electroless Ni (P) /Cu bond pad," J. Appl. Phys., 94, 4108-4115 (2003).

［26］ M. O. Alam, Y. C. Chan, and K. N. Tu, "Effect of 0.5 wt% Cu addition in the Sn-3.5% Ag solder on the interfacial reaction with Au/Ni metallizaion," Chem. Mater., 15, 4340-4342 (2003).

［27］ C. E. Ho, Y. W. Lin, S. C. Yang, C. R. Kao, and D. S. Jiang, "Effect of limited Cu supply on soldering reactions between SnAgCu and Ni," J. Electron. Mater., 35, 1017-1024 (2006).

［28］ Y. D. Jeon, S. Nieland, A. Ostmann, H. Reichl, and K. W. Paik, "A study on interfacial reactions between electroless Ni-P under bump metallization and 95.5Sn4Ag 0.5 Cu alloy," J. Electron. Mater., 32, 548-557 (2006).

[29] M. L. Huang, T. Loeher, D. Manessis, L. Boettcher, A. Ostmann, and H. Reichl, "Morphology and growth kinetics of intermetallic compounds in solid-state interfacial reaction of electroless Ni-P with Sn based Pb-free solders," J. Electron. Mater., 35, 181-188 (2006).

[30] K. S. Kim, S. H. Huh, and K. Suganuma, "Effects of intermetallic compounds on properties of SnAgCu Pb-free soldered joints," J. Alloys Compounds, 352, 226-236 (2006).

[31] L. Y. Hsiao, S. T. Kao, and J. G. Duh, "Characterizing metallurgical reaction of Sn3Ag0. 5Cu composite solder by mechanical alloying with electroless Ni-P/Cu under bump metallization after various reflow cycles," J. Electron. Mater., 35, 81-88 (2006).

[32] C. Lin, J. G. Duh, and B. S. Chiou, "Wettability of electroplated Ni-P in under bump metallization wuth SnAgCu solders," J. Electron. Mater., 35, 7-14 (2006).

[33] K. N. Tu, "Single intermetallic compound formation in Pd-Pb and Pd-Sn thin-film couples studied by X-ray diffraction", Mater. Lett., 1, 6-10 (1982).

[34] Y. Wang, H. K. Kim, H. K. Liou, and K. N. Tu, "Rapid soldering reactions of eutectic SnBi and eutectic SnPb solder on Pd surfaces," Scr. Metall. Mater., 32, 2087-2092 (1995).

[35] Y. Wang and K. N. Tu, "Ultra-fast intermetallic compound formation between eutectic SnPb and Pd where the intermetallic is not a diffusion barrier," Appl. Phys. Lett., 67, 1069-071 (1995).

[36] P. G. Kim, K. N. Tu, and D. C. Abbott, "Effect of Pd thickness on soldering reaction between eutectic SnPb and plated Pd/Ni thin films on Cu leadframe," Appl. Phys. Lett., 71, 61-63 (1997).

[37] P. G. Kim, K. N. Tu, and D. C. Abbott, "Soldering reaction between eutectic SnPb and plated Pd/Ni thin films on Cu leadframe", Appl. Phys. Lett., 71, 61-63 (1997).

[38] P. G. Kim, K. N. Tu, and D. C. Abbott, "Time and temperature dependent wetting behavior of eutectic SnPb on Cu lead-frame plated with Pd/Ni and Au/Pd/Ni thin films," J. Appl. Phys. 84, 770-775 (1998).

[39] G. Ghosh, "Diffusion and phase transformations during interfacial reaction between lead-tin solders and palladium," J. Electron. Mater., 27, 1154-1160 (1998).

[40] G. Ghosh, "Thermodynamic modeling of the Pd-Pb-Sn system," Metall. Mater. Trans. A, 30, 5-18 (1999).

[41] G. Ghosh, "Interfacial microstructure and the kinetics of interfacial reaction in diffusion couples between Sn-Pb solder and Cu/Ni/Pd metallization," Acta. Mater., 48, 3719-3738 (2000).

[42] A. Prince, "The Au-Pb-Sn ternary system," J. Less-Common Met., 12, 107-116 (1967).

[43] G. Humpston and D. S. Evans, "Constitution of Au-AuSn-Pb partial ternary system," Mater. Sci. Technol., 3, 621-627 (1987).

[44] E. -B. Hannech and C. R. Hall, "Diffusion controlled reactions in Au/Pb-Sn solder system," Mater. Sci. Technol., 8, 817-824 (1992).

[45] P. G. Kim and K. N. Tu, "Morphology of wetting reaction of eutectic SnPb solder on Au foils," J. Appl. Phys., 80, 3822-3827 (1996).

[46] P. G. Kim and K. N. Tu, "Fast dissolution and soldering reactions on Au foils," Mater. Chem. Phys., 53, 165-171 (1998).

[47] Z. Mei, M. Kaufmann, A. Eslambolchi, and P. Johnson, "Brittle interfacial fracture of PBGA packages soldered on electroless nickel/immersion gold," in Proc. 48th Electronic Components and Technology Conference, 25 - 28 May 1998, Seattle, WA, IEEE, Piscataway, NJ, pp. 952-961 (1998).

[48] Z. Mei, P. Callery, D. Fisher, F. Hua, and J. Glazer, "Interfacial fracture mechanism of BGA packages on electroless Ni/Au," in Proc. Pacific Rim/ASME International Intersociety Electronic and Photonic Packaging Conf., Advances in Electronic Packaging 1997, ASME, New York, Vol. 2, pp. 1543-1550 (1997).

[49] S. C. Hung, P. J. Zheng, S. C. Lee, and J. J. Lee, "The effect of Au plating thickness of BGA substrates on ball shear strength under reliability tests," in Proc. 24th IEEE/CPMT International Electronics Manufacturing Technology Symp., Oct. 18-19, 1999, Austin, TX, IEEE, Piscataway, NJ, pp. 7-15 (1999).

[50] C. E. Ho, R. Zheng, G. L. Luo, A. H. Lin, and C. R. Kao, "Formation and resettlement of (Au_xSn_{1-x}) Sn_4 in solder joints of ball-grid-array packages with the Au/Ni surface finish," J. Electron. Mater., 29, 1175-1181 (2000).

[51] A. M. Minor and J. W. Morris, "Growth of a Au-Ni-Sn intermetallic compound on the solder-substrate interface after aging," Metall. Mater. Trans. A, 31, 798-800 (2000).

[52] A. M. Minor and J. W. Morris, "Inhibiting growth of the Au0. 5Ni0. 5Sn4 intermetallic layer in Pb-Sn solder joints reflowed on Au/Ni metallization," J. Electron. Mater., 29, 1170-1174 (2000).

[53] S. Anhock, H. Oppermann, C. Kallmayer, R. Aschenbrenner, L. Thomas, and H. Reichl, "Investigations of Au-Sn alloys on different end-metallizations for high temperature applications," in Proc. 22nd IEEE/CPMT International Symp. Electronics Manuf. Technol., 27-29 April 1998, Berlin, IEEE, pp. 156-165 (1998).

8 电迁移的基本原理

8.1 引言

普通的家用插头导线在导电过程中并没有电迁移现象，这是因为导线中的电流密度低，约为 10^2 A/cm^2，并且环境温度较低，因此铜线中的原子无法进行扩散。金属导体的自由电子模型假定：在金属原子的完美晶格中，导带电子可不受约束地自由运动，而仅由于声子振动的影响对其自由运动产生散射机制。这里所讲的散射机制则是材料具有电阻属性并产生焦耳热的本质原因。当某个原子偏离其热力学平衡位置时，例如，一个处于激活状态的扩散原子，将会具有非常大的散射截面。然而，当电流密度低时，电子和扩散原子之间所产生的散射作用或动量交换不会大到足以增强后者的位移运动，所以电子与原子的相互作用对原子扩散没有实际效用。但是，在电流密度高于 10^4 A/cm^2 的情况下，电子的散射作用则达到足以增强被作用原子在电子流方向上的位移运动的程度。在电场（主要是高密度电流）的影响下，被电子散射机制所增强的原子位移运动与所累积的质量传输效应并称为电迁移现象。

值得注意的是，家用导线只允许承载比较低的电流密度，否则所生成的焦耳热就会烧断熔断丝。然而，硅基器件中的薄膜互连可以承载高得多的电流密度，这就促使了电迁移现象的产生。硅是热的良导体，因此构建在硅芯片上的电气互连便可以承载非常高的电流密度而不会产生过热现象。在具有高密度互连的集成电路电子器件中，如何有效地解决散热问题也是非常重要的课题。通常来讲，电子器件需要通过安装风扇或其他方式进行冷却，以确保维持其工作温度低于 100 ℃。

如果我们考虑一个构建于硅基器件上的超大规模集成电路，假设该器件的电气互连为铝或铜薄膜，其线路宽度为 0.5 μm，厚度为 0.2 μm，并承载着大小为 1 mA 的电流，那么该电气互连的电流密度将达到 10^6 A/cm^2。在 100 ℃ 的器件工作温度下，这样高的电流密度便能够引起在互连线路中产生电迁移现象，并导致阴极处孔洞和阳极处凸起（物质堆积）的形成。这类缺陷是最持久和最严重的可靠性缺陷。随着器件趋向小型化，需要的互连尺度越来越小，电流密度也随之上升，所以电迁移引起电路失效的可能性也便大大提高。对电迁移现象本质的认知及采取有效的解决办法，便成为当下受到业界高度关注与亟待解决的重要课题[1-25]。

如图 8.1（a）所示，电迁移现象可以在一组氮化钛（TiN）基线上短的铝导线上的电学响应试验中直接观测到。图中所示设计结构是用于电迁移测试的，被称为 Blech 结构。图中所示的铝导线线宽为 10 μm，厚度为 100 nm。加载在氮化钛基线上的电流会拐弯而流经短的铝导线，因为铝导线所提供的导电路径的电阻值更低。当电流密度与温度都足够高时，原子输运现象将会发生，并且我们将可以直接观测到孔洞和凸起的形成。在电流密度为 10^6 A/cm^2、温度为 225 ℃的试验条件下测试 24 h 后，如图 8.1（a）所示，可以看到数个铝导线上阴极处的物质消耗损失与阳极处的凸起（物质堆积）形成。值得注意的是，在图中右上角的较短的铝导线上面并没有电迁移造成的损伤。图 8.1（b）所示为其中单个铝导线在更高倍率下的 SEM 照片。在这里我们需要注意，原子位移运动与质量传输方向是从图中左下角指向右上角的，该方向与电子流方向一致。

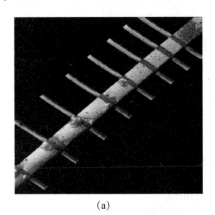 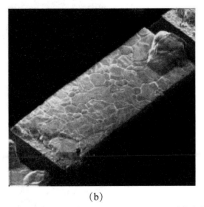

(a)　　　　　　　　　　　　　　　(b)

图 8.1　铝导线电镜扫描照片（由德国 MPI Stuttgart 研究中心的 Alexander Straub 博士提供）

（a）氮化钛（TiN）基线上短的铝导线发生电迁后的 SEM 照片；（b）单个铝导线的高倍率图像

图 8.2（a）所示为经过电迁移试验的铜导线的表面形貌，该试验条件为在电流密度为 $5×10^5$ A/cm^2、温度为 350 ℃的试验条件下测试 99 h。在铜导线的阴极端可以看到物质消耗缺损的区域，而在阳极端可看到凸起形成区。根据质量守恒定律，在同一个铜导线上面的物质耗损量（孔洞）应当等于对应凸起的物质的量。这样可以测量出阴极端的物质耗损速率，从而计算出相应的原子迁移速度。图 8.2（b）所示为一组铜导线上阴极物质耗损区域的 SEM 照片，其电迁移试验条件为 $2.1×10^6$ A/cm^2 的电流密度和 400 ℃温度下分别测试 2.5 h、3.5 h 和 4.5 h，计算所得的原子迁移速率大约为 2 μm/h。

图 8.3 所示为在双层大马革士（Dual Damascene）结构中，由于电迁移所导致的铜互连线的阴极端所产生的孔洞，图 8.3（a）所示为双层大马士革结构中在互连通道上部的孔洞情况，图 8.3（b）所示为互连通道底部的孔洞情况。图中所示结果导致了测试电阻值的激增，并被诊断为电气互连开路的失效形式。失效孔洞的动力学形成过程的原因，可以归纳为在铜互连顶部表面所形成的小孔洞的不断增加和聚集。很明显，在铜互连线中的电迁移是由表面扩散所决定的。

8.2　金属互连中的电迁移现象

电迁移是由热学效应与电学效应共同作用的质量传输现象。如果我们把导线放在温度很低的环境中（如液氮温度），即使有足够大的驱动力，但因为在低温下的原子扩散率很低，电迁移是不会发生的。可以通过以下实验事实来了解热学效应对于电迁移的影响：块体共晶

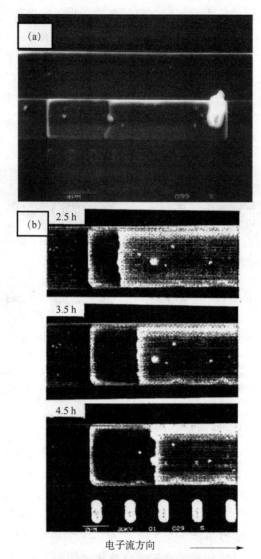

电子流方向

图 8.2   不同实验条件下，电迁移后的铜导线扫描电镜照片
（a）钨基线上铜导线在电迁移后的 SEM 照片；（b）在 2.1×10^6 A/cm² 的电流密度和
400 ℃温度的实验条件下不同实验时间间隔下的铜导线阴极物质耗损区的 SEM 照片

成分的焊料凸点，会在其绝对温度达到 3/4 的熔点时开始产生电迁移现象。铝薄膜互连线，需要至少在绝对温度达到 1/2 的熔点时开始产生电迁移现象。而具有竹型晶粒结构的铜薄膜互连线，大致会在绝对温度达到 1/4 的熔点时开始产生电迁移现象。在这些同源温度（Homologous Temperature）下，原子会分别在焊料凸点块体中，在铝薄膜互连线的晶界处，在大马革士结构中铜互连线的自由表面处，进行随机的布朗运动，并且最终在所承载的电流的作用下产生电迁移现象。我们假设硅基器件的工作温度为 100 ℃，其温度分别约为焊料熔点的 3/4，略低于铝熔点的 1/2 和铜熔点的 1/4。在这样的同源温度的尺度下，晶格扩散、晶界扩散和表面扩散分别在金属的同源温度达到 3/4、1/2 和 1/4 时，是该温度下的主导扩散机制。

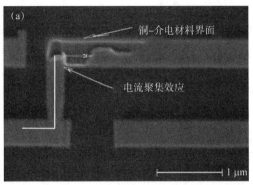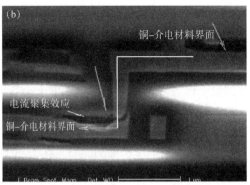

图 8.3　在双层大马革士结构中由于电迁移所导致铜互连线的阴极端所产生的孔洞
（新加坡南洋理工大学 S. M. Mhaisalkar 教授提供）
（a）垂直方向互连的顶端 SEM 照片；（b）垂直方向互连的底端 SEM 照片

　　表 8.1 所示为与铜、铝和共晶成分的锡铅焊料的电迁移行为密切相关的各组分熔点与扩散率的数据。在面心立方金属的主对数 lg D 与 T_m/T 的函数关系图中（参见参考文献［26］中的图 15），铜和铝的扩散系数可以通过下面的一组公式计算所得：

表 8.1　铝、铜和锡铅合金的扩散率

成分	熔点/K	温度比 373K/T_m	100 ℃下的扩散系数/（cm² · s⁻¹）	350 ℃下的扩散系数/（cm² · s⁻¹）
铜（Cu）	1 356	0.275	晶格 D_l = 7×10⁻²⁸ 晶界 D_{gb} = 3×10⁻¹⁵	D_l = 5×10⁻¹⁷ D_{gb} = 1.2×10⁻⁹
铝（Al）	933	0.4	表面 D_s = 10⁻¹² 晶格 D_l = 1.5×10⁻¹⁹ 晶界 D_{gb} = 6×10⁻¹¹	D_s = 10⁻⁸ D_l = 10⁻¹¹ D_{gb} = 5×10⁻⁷
共晶锡铅（SnPb）	456	0.82	晶格 D_l = 2×10⁻⁹ ~ 2×10⁻¹⁰	熔融状态 D_l > 10⁻⁵

$$D_l = 0.5\exp(-34T_m/(RT)),$$
$$D_{gb} = 0.3\exp(-17.8T_m/(RT)),$$
$$D_s = 0.014\exp(-13T_m/(RT)),$$

(8.1)

式中，D_l，D_{gb} 和 D_s 分别是晶格扩散系数、晶界扩散系数和表面扩散系数[26-27]。T_m 是熔点，其中 $34T_m$，$17.8T_m$ 和 $13T_m$ 的单位为卡/摩尔（cal/mol）。如表 8.1 所示，在 100 ℃下，铜和铝的晶格扩散系数都非常小，可以忽略不计。而铜的晶界扩散系数比其表面扩散系数要低三个数量级。在 350 ℃下，铜的表面扩散系数和其晶界扩散系数的差值已经很小了，所以我们就不能忽略后者的影响。如表 8.1 所示，共晶成分的锡铅焊料（不是一个面心立方金属）的晶格扩散系数由锡和铅在合金成分中扩散系数的加权平均值所确定[29]。在很大的程度上，它是与共晶成分样品中的层状微观结构相关的。因为在直径为 100 μm 的焊点中通常只有几个较大的晶粒（晶界较少），这样我们就最好只考虑较小的晶格扩散系数。在 100 ℃下，铜的表面扩散系数、铝的晶界扩散系数和焊料的晶格扩散系数实际上差不多大的。在比较这三种不同扩散机制的原子传输通量时，我们本应将这些扩散系数乘以它们所对应扩散路径的截面面积，但所得的结果会是一样的。

如表 8.1 所示，在器件工作温度达到 100 ℃ 时，铜、铝和焊料的同源温度分别为 0.25、0.5 和 0.82。在器件的正常工作温度下，焊料所达到的同源温度是很高的。这将意味着焊点在器件的应用性能将会取决于焊料本身的高温性能，或者受热激活过程所控制，如扩散过程。例如，焊点的力学性能很大程度上会受到蠕变的影响。在我们研究焊点的力学性能的时候，需要时刻牢记这一点。

例如，铝和铜这样的面心立方金属，原子主要依靠空位扩散机制进行扩散。电迁移驱动下，大量铝原子向阳极扩散的同时，还需要大量的空位向相反的方向扩散，即向阴极扩散。如果我们能够阻止空位的扩散运动，就能够防止电迁移现象的产生。为了维持空位的扩散通量，我们必须要持续地供给所需的空位。这样一来，我们就可以通过去除提供空位供给源的方式来阻止空位的扩散运动。在金属互连当中，虽然位错和晶界是提供空位的供给源，但是自由表面其实才是最重要和有效的空位供给源。对于铝来说，它表面所形成的天然氧化层是具有保护性质的。这样的话，金属和其氧化物之间的界面就不能良好地提供或者消除空位。同样的道理也适用于锡。当空位被消除而不能得到补充，或者被增加而不能得到消除的时候，空位浓度的热力学平衡将难以维持，所以其空位浓度会向着原变化方向相反的方向进行变化。我们会在本章 8.5 节当中，对此问题进行进一步的探讨。

假设原子或空位在互连当中的扩散通量是连续的，或者说，阳极可以持续地提供空位而阴极可以持续地接受空位，如果我们假设在介质中的扩散的物质浓度是无源场（No Flux Divergence），则空位浓度应当处处都处于热力学平衡状态，那么就不会出现因为电迁移而导致损伤（如孔洞和凸起的形成）。换句话讲，如果物质的浓度场是无源场的话，原子和空位的扩散通量将会均匀分布，则在互连线中也不会发生电迁移现象。这样看来，原子或物质的扩散场源则是在真实器件中引起电迁移失效的必要条件。最为常见的扩散场源便是在非同质材料的晶界和界面处的三（晶粒）节点处。因为焊点处有两个界面，一个在阴极端，另一个在阳极端，它们是常见的失效位置，特别是在发生空位积聚以形成孔洞的阴极界面处。

总而言之，电迁移现象的本质涉及了原子的扩散通量和电子的漂移通量。在研究电迁移损伤的时候，它们的通量分布则是最值得关注的物理量。如果在某个区域中，它们的分布是十分均匀的，则会有电迁移现象的发生，但并不会有电迁移所导致的损伤出现，其本质原因是其场量是无源的。

在考虑原子或者空位的扩散通量的时候，最重要的因素则是在表 8.1 中所列出的温度尺度。原子扩散现象必须依靠热激发过程来进行。第二重要的因素则是互连结构的设计与工艺过程。在互连线路中所出现的不规则微观结构，如三晶粒节点和相界面处，都会使扩散场量变得不均匀，或是成为有源场。而这些微观结构都是诱发失效的初始位置。在接下来的内容中，我们将接着分别讨论微观结构、溶质原子和应力对于焊点的电迁移现象的影响作用。我们还会进行基于有源场所致的孔洞和小丘形成的平均故障时间分析。

在考虑电子的漂移通量的时候，当电流密度达到足够高时，电迁移现象才能够发生。因为在器件中，晶体管都是由脉冲式的直流电所驱动的，所以我们在研究如计算机中的基于晶体管器件的电迁移现象时只考虑直流电。参考文献 [18] 是一篇关于由脉冲式直流电所致电迁移的文献综述。在互连线中，虽然直线部分的电流分布通常是均匀的，但是在导线拐角处，在导电率变化的界面处，在母材中具有孔洞和第二相析出处，其电流分布往往是不均匀的。在倒装焊芯片焊点设计中，一个很重要的影响电迁移现象的因素，即其特有的互连线连接焊点几何形状。这是因为从互连线到焊点的电流密度会发生非常大的改变，这样会导致在互连线与焊点的接触位置产生电流集聚效应（Current Crowding）。在接下来的内容中，我们将讨论电流集聚效应对在焊料焊点处的电迁移所致损伤的具体影响。进一步来说，因为电流集聚效应和具有整流效果的界面的影响，交流电迁移现象将会在倒装芯片焊点处发生。在一个电流均匀分布的区域，只有直流电迁移现象会发生，但是在一个电流非均匀分布的区域，直流和交流电迁移现象可能会同时发生。

8.3　电迁移现象中电子风的力的作用

由 Huntington 和 Grone 所提出的作用在扩散原子（离子）上的电场力可以用下面的公式所描述：

$$F_{em} = Z^* eE = (Z_{el}^* + Z_{wd}^*)eE \tag{8.2}$$

式中，e 是单个电子的电荷；E 是电场强度（$E = \rho j$，其中 ρ 是电阻率，j 是电流密度）；Z^* 是电迁移等效电荷数；Z_{el}^* 可以被认为是，当忽略动态屏蔽效应时，金属中扩散离子的名义价态，它在电场下会产生力的作用；$Z_{el}^* eE$ 是直接力。Z_{wd}^* 是假想电荷数，它所表示的是电子与扩散原子之间动量交换的力的等效效果；$Z_{wd}^* eE$ 是电子风力，在良导体中通常它是直接力的十倍左右，在金属的电迁移现象中电子风力的作用要远大于直接力。所以，在电迁移现象中，被增强的原子扩散通量方向通常与电子漂移通量方向一致。

为了理解电子风力的作用，我们在图 8.4（a）中描绘了面心立方晶格结构中，一个被涂上阴影的铝原子和相邻空位，在沿<1 1 0>方向交换位置之前的结构示意。它们都有四个最临近的原子，其中包括两个由虚线圆圈所表示的密排面上原子，一个在该阴影原子的顶部，另一个在其底部。如图 8.4（b）所示，当该阴影原子向空位的扩散过程进行到一半的时候，该原子便处于激发态，它位于鞍点，并使四个最临近原子产生偏离平衡位置的位移。因为鞍点并不是属于晶格规则周期的一部分，所以在鞍点的原子处于偏离平衡态的位置，并且它相对于正常晶格中的原子，会对电流产生大得多的电阻值。换句话说，它将会体验到更大的电子散射作用，以及更大的电子风产生的力的作用，从而将其推向下一个平衡位置，即该原子扩散前空位所在位置。这样，原子的扩散运动在电子的流动方向上得到了增强。这里我们需要注意，扩散原子不仅在鞍点会受到电子风力的作用，该作用是在从扩散起始到跃迁结束的整个扩散路径中一直存在的。

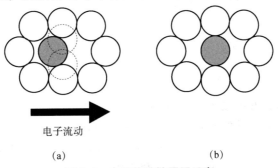

（a）　　　　　　　　（b）

图 8.4　电迁移扩散原子示意

（a）在激活之前的状态；（b）在激活之后的状态

为了估算电子风力的大小，Huntington 和 Grone[1] 提出了一种弹道方法（Ballistic Approach）来对电子散射过程进行物理建模。这个物理模型假设性地提出了一种跃迁概率，用于描述由于扩散原子的散射作用，即在单位时间内从一个自由电子态跃迁至另一个自由电子态的可能性。其相互作用力，即单位时间内的动量传输，可以通过对从初始态到最终态的散射电子进行求和以计算得出。下面给出一个简化的推导过程。

在电子与扩散原子的弹性散射过程中，其系统的总动量始终守恒。传输方向上的电子动量的平均变化等于 $2m_e<v>$，其中 m_e 是电子质量，$<v>$ 是电子在电流方向下的平均速度。那由于散射而作用在金属离子上面的力为

$$F_{wd} = \frac{2m_e < v >}{\tau_{col}} \tag{8.3}$$

式中，τ_{col} 是相邻的两次碰撞之间的平均时间间隔。平均每秒单位体积内的电子向扩散原子传输的净动量损失为 $2nm_e<v>/\tau_{col}$。那么作用在单个扩散离子上的力为

$$F_{wd} = \frac{2nm_e < v >}{\tau_{col}N_d} \tag{8.4}$$

式中，n 是电子密度；N_d 是扩散离子密度。那么电子电流密度可写为

$$j = - ne < v > \tag{8.5}$$

将 $<v>$ 代入式（8.5）和式（8.4），可以得到

$$F_{wd} = - \frac{2m_e j}{e\tau_{col}N_d}$$
$$= - \left[\frac{\rho_d}{N_d}\right]\left[\frac{n}{\rho}\right]eE \tag{8.6}$$

式中，$\rho = E/j$ 是导体的总电阻率；$\rho_d = m/(ne^2\tau_{col})$ 是因扩散原子而引起的金属电阻率；E 是外加电场强度。

除了电子风力的作用，电场 E 还会在扩散离子上施加一个直接作用力，其可以写作

$$F_d = Z_{el}^* eE \tag{8.7}$$

式中，Z_{el}^* 是忽略动态屏蔽效应时金属中扩散离子的名义价态。这样，全部的合力应力为

$$F_{EM} = \left[Z_{el}^* - Z\frac{\rho_d}{N_d} \cdot \frac{N}{\rho}\right]eE \tag{8.8}$$

式中，N 是导体中的原子密度，并且使用了 $n=NZ$ 的关系式。式（8.8）可以写为

$$F_{EM} = Z^* eE \tag{8.9}$$

$$Z^* = \left[Z_{el}^* - Z\frac{\rho_d}{N_d} \cdot \frac{N}{\rho}\right] \tag{8.10}$$

式中，Z^* 为离子在电迁移中的等效电荷数。

基于电子的弹道散射的电迁移模型是研究电迁移现象的第一个模型，也是最简单的模型。许多研究者进一步对电迁移的理论认识做出了贡献，并影响至今。尽管之后理论认知不断发展完善，但这个由 Huntington 和 Grone 所建立的模型，特别是电迁移漂移速度概念的提出，被当作几乎所有基于实验方法研究电迁移现象的理论基石。例如，电迁移的漂移速度可写为

$$v_d = MF = \frac{D}{kT} Z^* e j \rho \tag{8.11}$$

式（8.11）表明，如果我们可以在金属短条上测量出漂移速率（将会在下面 8.5 节和 8.6 节中详细讨论）并且知道其扩散系数 D，我们就可以计算出 Z^*。

上述模型表明，有效电荷数可以表示为扩散原子和正常晶格原子的电阻率的函数：

$$Z_{wd}^* = -Z \frac{\dfrac{\rho_d}{N_d}}{\dfrac{\rho}{N}} \cdot \frac{m_0}{m^*} \tag{8.12}$$

式中，$\rho = m_0 / (ne^2) \ \tau$ 和 $\rho_d = m^* / (ne^2 \tau_d)$ 分别为位于平衡态的晶格原子与扩散原子的电阻率。m_0 和 m^* 分别为自由电子质量和有效电子质量，并且我们可以假设它们相等。τ 和 τd 为弛豫时间。在面心立方晶格中，沿<1 1 0>方向有 12 个等效的跃迁路径。对于某一个电流方向，扩散原子的平均比电阻率需要被修正为原值的 1/2。通过改写式（8.10），我们可以得到以下关系式：

$$Z^* = -Z \left[\frac{1}{2} \cdot \frac{\dfrac{\rho_d}{N_d}}{\dfrac{\rho}{N}} \cdot \frac{m_0}{m^*} - 1 \right] \tag{8.13}$$

式中，Z_{el}^* 被金属原子的名义价态 Z 所替换。该公式是 Huntington 和 Grone 为了计算电迁移中有效电荷数所得出的。为了计算出 Z^*，我们需要首先知道该扩散原子的电阻率，或是它与晶格原子的电阻率比值。

8.4 有效电荷数的计算方法

如果我们假设某种金属原子的电阻率与其散射的弹性碰撞截面成正比，也就是假设与其原子偏离平衡位置的平均位移的平方成正比，即<x^2>，那么正常晶格原子弹散射截面可以通过爱因斯坦的原子振动模型来进行估算，其中每个振动模式所具有的能量为

$$\frac{1}{2} m\omega^2 <x^2> = \frac{1}{2} kT \tag{8.14}$$

式中，$m\omega^2$ 为简谐振动的弹簧常数，而 m 和 ω 分别为原子质量和原子振动的角频率。

为了得到扩散原子的散射截面，即<x_d^2>，我们假设该扩散原子与图 8.4（b）所示的临近原子获得了扩散动能 ΔH_m，该参数独立于温度变量：

$$\frac{1}{2} m\omega^2 <x_d^2> = \Delta H_m \tag{8.15}$$

那么，将式（8.15）与式（8.14）作比，则得出的就是散射截面的比值：

$$\frac{<x_d^2>}{<x^2>} = \frac{2\Delta H_m}{kT} \tag{8.16}$$

式（8.16）表明该比值和温度成反比。这个关系式是从一个著名的实验事实所得出的，即通常金属的电阻率在德拜温度（Debye Temperature）以上会随温度呈线性变化。将式

（8.16）代入计算 Z^* 的公式中，则可以得到

$$Z^* = -Z\left[\frac{\Delta H_m}{kT} \cdot \frac{m_0}{m^*} - 1\right] \tag{8.17}$$

在上述等式中，当考虑在面心立方金属中的 12 个 <1 1 0> 路径中的给定方向（电子流动的方向）上的平均跳跃的概率时，数值因子 1/2 被抵消。现在可以通过使用式（8.17）在给定温度下计算 Z^* 的值，计算所得出的 Z^* 的值和那些金、银、铜、铝、铅的实验测量值吻合得十分好（表 8.2）。例如，在 480 ℃ 下，对于铝（$\Delta H_m = 0.62$ eV/原子）的 Z^* 的测量值和计算值分别为 −30 和 −25.6。对于金，Z^* 随温度的变化关系如图 8.5 所示，其计算值与测量值也十分一致。

表 8.2　Z^* 测量值和计算值的比较

金属	Z^* 的测量值[①]	温度/℃	ΔH_m/eV[②]	Z^* 的计算值[③]
一价原子金（Au）	−9.5~−7.5	850~1 000	0.83	−7.6~−6.6
银（Ag）	−8.3±1.8	795~900	0.66	−6.2~−5.5
铜（Cu）	−4.8±1.5	870~1 005	0.71	−6.3~−5.4
三价原子铝（Al）	−30~−12	480~640	0.62	−25.6~−20.6
四价原子铅（Pb）	−47	250	0.54	−44

注：①Z^* 的测量值数据来自 Huntington（1974），此处忽略了一些无关因素；
　　②ΔH_m 的数据来自表 3.1；
　　③Z^* 的计算值数据由式（8.17）计算得出。

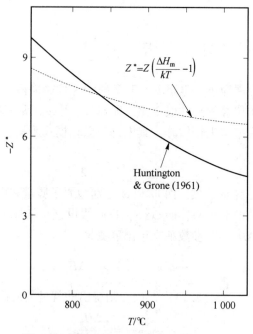

图 8.5　金原子的 Z^* 随温度的变化关系

我们可以从图 8.4（b）粗略地估计出，处于激发态的扩散原子的散射截面是正常原子的十倍左右，所以其有效电荷数大约等于 10Z。其中，Z 是其名义价电子数，所以对于铜

（贵金属）、铝和铅（或锡），我们得到的 Z^* 的大小分别为-10、-30 和-40。

8.5　背应力和电迁移的相互作用与影响

图 8.6 所示为在钛化氮基线上一条铝质短条带的示意。在电迁移现象中，高密度电子流从左向右传导，并从阴极向阳极传输铝原子，导致阴极的物质损耗与孔洞的形成，以及阳极的物质堆积与小丘的形成。这样我们就能够直接观察电迁移所造成的损伤。我们可以测量出阴极的物质耗损速率，并从而推导出电迁移的漂移速度。此外，我们发现铝条越长，在电迁移过程中阴极的物质损耗就越多。但是，如图 8.1 所示，当其低于"临界长度"时，我们就不能观察到任何物质损耗。

铝条带长度与物质损耗的关系，可以用背应力的作用来进行解释。本质上，在电迁移将铝条带中的铝原子从阴极移动到阳极的过程中，后者（阳极）处于压应力状态，而前者（阴极）处于拉应力状态。基于 Nabarro-Herring 空位浓度平衡模型，我们可以对应力状态下的固体进行分析。与无应力区相比，拉应力区有更多的空位而压应力区有较少的空位，所以便形成了一个空位浓度梯度，其浓度从阴极到阳极逐渐降低。该浓度梯度，引起铝原子从阳极到阴极扩散流动，与由电迁移所导致的从阴极到阳极的扩散流动方向相反。此空位浓度梯度是与铝条带的长度相关的，铝条带长度越短，其浓度梯度越大。当其长度降低到一定程度时，我们将此长度定义为"临界长度"，其浓度梯度就大到足以完全平衡并抵消电迁移的作用，这样在阴极上就不会有物质损耗，在阳极上也不会有凸起形成了。

图 8.6　钛化氮基线上的一条铝质短条带的示意

在分析这样的应力状态影响时，人们提出了在电场力和机械力的综合作用下的原子扩散过程为不可逆转的物理过程的设想。由 Huntington 和 Grone 所提出的电场力为

$$F_{em} = Z^* eE$$

在应力状态下由化学势梯度所引起的机械力为

$$F_{em} = -\nabla\mu = -\frac{d\sigma\,\Omega}{dx} \tag{8.18}$$

式中，σ 是金属的静压力；Ω 是原子体积。本质上，这是一个由应力梯度驱动的蠕变过程。因此，我们可以得到一组描述原子扩散通量和电子漂移通量的现象方程：

$$J_{em} = -C\frac{D}{kT}\cdot\frac{d\sigma\,\Omega}{dx} + C\frac{D}{kT}Z^* eE \tag{8.19a}$$

$$J_e = -L_{21}\frac{d\sigma\,\Omega}{dx} + n\mu_e eE \tag{8.19b}$$

式中，J_{em} 是原子扩散通量，其单位为原子数目/（$cm^2\cdot s$）；J_e 是电子漂移通量，其单位为$C/(cm^2\cdot s)$；C 是单位体积的原子的浓度；n 是单位体积的导电电子的浓度；$D/(kT)$ 是原子迁移率；μ_e 是电子迁移率；L_{21} 是用于描述该不可逆过程的实验经验参数，它包含材料形变所致的畸变势能。

在式（8.19a）中，如果我们假设 $J_{em} = 0$，即无净电迁移量或电迁移损伤，换句话说，该不可逆过程达到了一个稳定的状态，那么我们可以得到"临界长度"的表达式为

$$\Delta x = \frac{\Delta \sigma \Omega}{Z^* eE} \tag{8.20}$$

由于导体的电阻值在一个恒定的温度下可被视为常数，因此我们可以得到被称作"临界积值"或"阈值积值"的物理量 $j\Delta x$。我们将电流密度从等式的右边移到等式左边后，可将等式改写为

$$j\Delta x = \frac{\Delta \sigma \Omega}{Z^* e\rho} \tag{8.21}$$

在施加一个恒定的电流密度条件下，式（8.21）会得到一个较大的临界积值，意味着在式（8.20）中有较大的临界长度，相应地就有一个较大的背应力。在铝和铜的互连中，我们如果取 $j = 10^6$ A/cm^2 和 $\Delta x = 10$ μm，那么将得到一个常见的临界积值，约为 1 000 A/cm。我们应注意到，上文中的背应力是由电迁移引起的，但外加应力和电迁移之间的相互作用是相同的。例如，在阳极施加的压应力会延缓电迁移现象。

如果我们考虑使用一条沉积在绝缘基板上的短带条，并在式（8.19b）中假定 $J_e = 0$，我们能得到

$$N^* = -\frac{1}{\Omega} \left| \frac{\mathrm{d}\phi}{\mathrm{d}\sigma} \right| \quad (J_e = 0) \tag{8.22}$$

式中，dϕ/dσ 是畸变势，它为在零电流下单位应力变化下的电势差。我们利用 Onsager 倒易关系 $L_{12} = L_{21}$，可以得到

$$\frac{\mathrm{d}\phi}{\mathrm{d}\sigma} = -\frac{Z^* D\rho e}{kT} \tag{8.23}$$

dϕ/dσ 和 N^* 的单位分别是 cm^3/C 和 C^{-1}。

8.6 临界长度、临界积值和有效电荷数的测量

在用式（8.20）计算铝条带的临界长度时，在 350 ℃下，我们取在铝的弹性极限下的应力大小 $\sigma = -1.2 \times 10^9$ dyn/cm^2，$\Omega = 16 \times 10^{-24}$ cm^3，$e = 1.6 \times 10^{-19}$ C，$E_x = j\rho = 1.54$ V/cm，其中，$j = 3.7 \times 10^9$ A/cm^2，$\rho = 4.15 \times 10^{-6} \Omega$/cm^{-1}。将这些数值代入式（8.21）中，我们可以得到

$$\Delta x_{Al} = \frac{-78 \text{ μm}}{Z^*}$$

对于铝的块体材料，取 $Z^* = -26$，则临界长度为 3 μm，其大小在数量级上是正确的，但是要小于实验测量的 10~20 μm。由于铝条是多晶体薄膜，那么晶界扩散机制可能会在电迁移中起主导作用，而对于晶界处的原子扩散过程，其 Z^* 值可能会小于基于块体原子扩散分析所得值。值得注意的是，临界长度可以利用实验方法测量长的铝条直接测出。在测量时，需要延长电迁移试验至足够长的时间，直到使得在阴极的质量传输或抑制作用停止为止。

将 Z^* 代入式 (8.20)，我们可以验证临界长度和温度的关系，得到

$$\Delta x = \frac{\Delta \sigma \Omega}{-Z\left(\dfrac{\Delta H_m}{kT} \cdot \dfrac{m_0}{m^*} - 1\right)ej\rho} \tag{8.24}$$

在德拜温度以上时，对于一般的正常金属来说，其电阻率随温度的增加而呈线性变化。当 $\Delta H_m \gg kT$ 时，在分母中的 "-1" 项便可以忽略不计，化简后的等式表明临界长度对温度并不敏感。

为了计算方程 (8.21) 中的临界积值，我们取铝条带参数 $j = 10^6 \ \text{A/cm}^2$ 和 $\Delta x = 10 \ \mu\text{m}$，就能够得到一个约 1 000 A/cm 的典型的临界积值。

只要测定出 Δx 和 $\Delta \sigma$，我们就可以用上述给出的式 (8.20) 来计算有效电荷数。另一方面，如果我们所用的为一个非常长的铝条带，而且忽略了背应力效应和测量漂移速度，我们可以得到

$$v_d = MF = \frac{D}{kT}Z^* ej\rho = \frac{D_0}{kT}\exp\left(-\frac{Q}{kT}\right)Z^* ej\rho \tag{8.25}$$

这表明，如果我们知道了扩散率 D，就能够计算 Z^*。此外，我们如果分别在几个不同温度下测量漂移速度，就可以对式 (8.25) 两边取自然对数，得到

$$\ln(v_d T) = \ln\left(\frac{D_0}{k}eZ^* j\rho\right) - \frac{Q}{kT} \tag{8.26}$$

这样，通过绘制 $\ln(v_d T)$ 与 $1/(kT)$ 的函数关系图，我们就可以确定在电迁移中扩散过程的激活能。

8.7 为什么在电迁移中存在背应力？

虽然 Blech 结构在铝条的电迁移的实验研究中经常被人们使用，但关于背应力起源的问题仍亟待解决。

如图 8.7 所示，如果将一个短条约束在刚性壁上，那么我们可以很容易地想象出电迁移在阳极所产生的压应力。在体积为定值或常数的阳极端，电迁移在阳极增加原子，即增加 ΔV，所造成的应力变化为

$$\Delta \sigma = -B\frac{\Delta V}{V} = -B\frac{\dfrac{\Delta V}{\Omega}}{\dfrac{V}{\Omega}} = B\frac{\Delta C}{C} \tag{8.27}$$

式中，B 是体积模量；Ω 是原子体积。负号表明该应力状态为压应力。换句话说，我们是在固定体积中再加入一些原子的体积。如果固定体积不能扩展，那么压应力就会产生。从理论上讲，一个固定的体积意味着一个体积为常数的约束。因此，背应力产生隐含的假设就是一个恒定的体积约束的假设。对于在铝短条带模型中为何有这样的约束将在后文中进行解释。

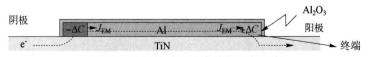

图 8.7 由刚性壁所约束的铝短条示意

在被刚性壁约束的固定体积内，压应力随着原子的增加而增大。然而，在短条实验中，除了天然氧化层之外没有刚性壁覆盖铝条。如果天然氧化层不是刚性壁，那么阳极上的背应力将如何产生？

在6.3节中，我们提到在扩散过程中，例如在A、B两体互扩散中的经典的柯肯达尔效应中，即使当A原子的通量不等于B的相反扩散的通量时，在Darken互扩散模型分析中仍假定其没有压力。基于上述结论，如果假设更多的A原子扩散到B原子处，我们期望在B原子处将产生压应力。然而，Darken提出了一个关键性的设想：空位浓度在任何地方都处于平衡，因此样品中的空位（或格点）可以随时产生和消失。所以，倘若B中的晶格位置可以随意添加以容纳进入的A原子，那么在B中就没有压应力产生。如果我们假设空位的产生或消失的机制是位错攀移机制，那么添加大量的晶格位点就意味着晶面的增加和体积的膨胀。然而，如果我们有体积恒定的约束假设，那么必须允许过量的晶面在相反的方向上滑移并离开该固定体积；假若此时标记了嵌入在样本中移动的晶格上的原子，就意味着会观察到标记运动。因此，在Darken互扩散模型的理想情况下，在恒定体积约束下的有效空位的产生和消失导致晶格位移的发生。如果没有发生晶格位移，那么就将产生应变或应力。

因此，在铝短条带上产生背应力的一个合理解释是铝的原生氧化层已经将表面的空位源和空位阱移走，因此当电迁移驱动原子进入阳极区域时，如果没有补充空位，那么空位的外扩散将减小阳极区域的空位浓度。此外，我们必须允许添加的晶面移动，否则将产生压应力。而铝薄膜有一层具有保护性的天然表面氧化物，它有固定铝的晶面并防止它们移动的作用。由于薄膜很薄，因此氧化物是能有效地固定的晶面。这就是铝互连中背应力产生的基本机理。

在第6章中，我们讨论了在室温下的自发的锡晶须生长，其压应力产生的机制和上文是类似的，因为锡也有一层具有保护性的天然氧化物。然而，锡的熔点较低，由于快速的应力松弛，在接近或超过100℃的条件下没有自发的晶须生长发生。焊点中电迁移造成的背应力没有铝中的背应力大，就是因为焊料的同源温度较高。背应力可以在阳极一定距离上迅速松弛。

在上述讨论的基础上可知，背应力的来源取决于样品中有效的空位源和空位阱，因此在铝短条带的电迁移中存在着临界积值或临界长度。如果空位源和空位阱都与Darken的相互扩散模型假设一样有效，则不会存在背应力，也没有临界积值和电迁移的阈值电流密度。电子风力可以被视为原子扩散的驱动力，而原子扩散是热激活过程。从理论上来说，即使在1K的温度条件下，原子扩散都能够发生，除非交换跳跃的概率或频率无限小，如电迁移一样。但是，在实际器件中，值得关注的是电迁移引起的损伤，而不是电迁移现象本身。而该损伤不应该在器件的寿命内发生。Blech短条结构使我们能够非常方便地看到电迁移引起的在阴极处的孔洞形成和在阳极处的小丘形成所造成的损伤。实际上，因为铝薄膜短带上的表面氧化物的存在，导致铝短条带的阈值电流密度、背应力和临界长度是独特的。而对于铜互连，情况是不同的，因为它没有保护性氧化物。

因为应力是一种能量密度，而密度函数服从连续性方程，所以我们可以通过求解短条带中的电迁移现象的连续性方程来建立应力与时间的关系，并可以通过上一个方程将 ΔC 转换为 $\Delta\sigma$：

$$\frac{C}{B} \cdot \frac{\partial\sigma}{\partial t} = -\frac{D}{kT} \cdot \frac{\partial^2\sigma}{\partial x^2} - \frac{D}{BkT}\left(\frac{\partial\sigma}{\partial x}\right)^2 - \frac{CDZ^*eE}{BkT} \cdot \frac{\partial\sigma}{\partial x} \tag{8.28}$$

对于有限长度的条带，该微分方程的解与其应力随时间变化的趋势，如图8.8所示。显然，在电迁移开始时，条带的背应力是非线性的，如图 8.8 中曲线所示。在实际中，该曲线不对称，是因为在阴极处几乎不能产生的静水拉应力。

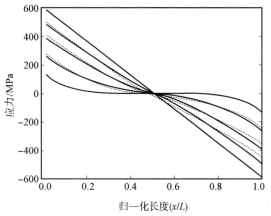

图 8.8　有限长度的条带所得解与其应力随时间变化的趋势

8.8　由电迁移引起的背应力的测量

人们为了测定铝条带电迁移中的背应力已经付出了大量努力。因为铝条带薄又窄，所以这并不是一个容易完成的工作。通常铝条带仅有几百纳米厚和几微米宽，所以如果想通过测量精确的晶格参数以确定其晶粒中的应变，就需要很高强度的聚焦 X 射线束。同步加速器辐射出来的微衍射 X 射线束已经被用于研究背应力。来自 Brookhaven 国家实验室的国家同步辐射光源的 10 μm×10 μm 波束的全波段 X 射线已经被用于研究纯铝线中的电迁移诱导的应力分布。该铝线长 200 μm，宽 10 μm，厚 0.5 μm，其上表面有 1.5 μm 厚的二氧化硅（SiO_2）钝化层，底部具有 10 nm 厚的钛（Ti）和 60 nm 厚的氮化钛（TiN）的分流层，并且在铝线两端都具有 0.2 μm 厚的钨与接触焊盘相连接。电迁移测试是在 260 ℃ 的温度下进行的。稳态下电阻增长速率 $\delta(\Delta R/R)/\delta t$，和稳态下电迁移所引起的压应力梯度 $\delta\sigma_{EM}/\delta x$，与电流密度的函数关系如图 8.9 所示。在 1.6×10^5 A/cm^2 的阈值电流密度 j_{th} 以下不会发生电

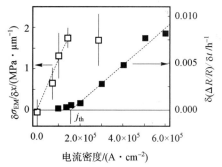

图 8.9　稳态下电阻增长速率 $\delta(\Delta R/R)/\delta t$，和稳态下电迁移所引起的压应力梯度 $\delta\sigma_{EM}/\delta x$ 与电流密度的函数关系（由 Lehigh University 的 G. S. Cargill 教授提供）

迁移。当电流密度低于阈值电流密度时，电迁移诱导的稳态应力梯度随电流密度线性增加，其中电子风力与机械力平衡，因此实验中没有观察到电迁移漂移现象。但是，阈值应力存在的根本原因尚不明确。

劳伦斯伯克利国家实验室的先进光源（ALS）的 X 射线微衍射装置能够通过一对椭圆形弯曲的 Kirkpatrick-Baez 反射镜反射聚焦 0.8~1 μm 的白光 X 射线束（6~15 keV）。在该装

置中，光束可以以 1 μm 的步长在 100 μm×100 μm 的区域上扫描。由于条带中的晶粒的直径约为 1 μm，因此每个晶粒在微衍射下可以被当作单晶。如应力/应变和晶粒取向等晶体结构信息可以利用白光劳厄衍射获得。用大面积（9 cm×9 cm）电荷耦合器件（CCD）传感器以 1 s 或更长的曝光时间收集劳厄衍射图案，这样每个被同步辐射光源照到的晶粒，都可以通过软件推导并显示其晶体取向和应变张量。白光劳厄技术的应变分辨率为 0.005%。此外，四晶体单色器装配后，可以为衍射制造单色光束。综合白色和单色光束的衍射结果，我们能够确定每个晶粒中的总应变张量。扫描 X 射线微衍射技术与应用的详细信息，请参见 MacDowell 等的著作[30-31]。

在器件工作温度下，铜的大马士革结构的电迁移中是否存在背应力尚未明确。如果在铜的大马士革结构中，能够通过表面扩散机制引发电迁移，那么在结构体内，我们需要获得一个由表面扩散引发背应力的机理。因为如果没有保护性的表面氧化物，那么就会发生表面扩散，表面将会是良好的空穴源和空位阱。

8.9　电流集聚效应和电流密度梯度力

超大规模集成电路技术中的互连为三维多层结构。当电流转向或汇聚时，例如，在三维结构中当电流从一层互连到另一层时，电流集聚效应发生并且显著作用于电迁移现象。我们设想，如空位和溶质原子等缺陷，很有可能在高电流密度区的势能比低电流密度区的势能要高。电流集聚区的势能梯度为这些缺陷从高电流密度区向低电流密度区移动，提供了其所需的驱动力。因此，孔洞往往形成在低电流密度区域，而不是在高电流密度区域。换句话讲，在三维互连中，缺陷所导致的失效有很大可能发生在低电流密度区域[32-33]。

图 8.10（a）所示为著名的 Blech 短条带电迁移测试结构的截面示意。首先，我们假设电子从左（阴极）向右（阳极）运动。钨基线电阻高于短铝条带，所以电子会绕过钨基线进入铝条带中，因为后者是一个更好的导体。当电流进入铝带的区域时，就会发生电流集聚效应。我们对电流集聚效应进行计算机模拟仿真计算，其结果如图 8.10（b）所示。箭头所指左上角及其附近部分为低电流密度区。在图中可以清楚地看出，在发生电流集聚效应的区域，即铝/氮化钛界面左下角处，为高电流密度区[34-36]。

许多 SEM 照片表明，在电迁移的作用下孔洞的形成发生在条带的阴极区域。如果孔洞形成并生长在高电流密度区，如图 8.10（c）所示，那么它将不能扩展到左上角的低电流密度区，由于孔洞实际上为电路开路，这样电流路径会被推回到阳极。为了完全耗尽阴极，孔洞必须扩散到低电流密度区，所以孔洞必须从条带左端的左上角开始形成。

图 8.11 所示为通过钨垂直连接的两级铝互连结构的截面示意。再次假设电子方向是从左到右，通过钨通道时发生电流集聚效应。我们认为左端钨通道与左上角箭头所指之处及其临近区域是低电流密度区域，也是孔洞首先形成的区域。因为在钨中的原子扩散比在铝中慢得多，钨/铝界面是扩散通量的有源平面（Divergence Plane），更多的铝原子从此界面处离开。孔洞的反向通量将导致孔洞在靠近界面处聚集。但孔洞不会在钨/铝界面右侧，即电流密度最高处形成，它往往形成于左上角或邻近区域。随着孔洞的扩展，当覆盖整个钨通道时，它便导致电路通道断开，最终引起电路系统失效。在微电子工业中，这被称为磨损机制

故障。推迟磨损机制故障的一种方法是，在钨通道上方增加一个铝的悬臂梁结构，如图 8.11 中虚线所示。该悬臂梁结构提供了孔洞生长所需的额外的吞吐体积，所以它可以延长平均失效到达时间。然而，这个解决方案的隐含假设条件为，孔洞将进入低电流密度的悬臂梁所在区域。

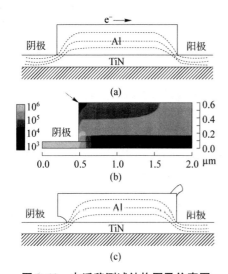

图 8.10 电迁移测试结构图及仿真图

（a）Blech 短条带电迁移测试结构的截面示意；

（b）电流集聚效应计算机模拟仿真结果云图；

（c）孔洞形成并生长的区域

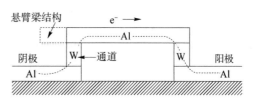

图 8.11 通过钨通道连接的两级铝互连结构的截面示意

通常假定有一个应力梯度驱动孔洞向低电流密度区运动。应力梯度在空位形成之后能建立起来是由于材料拥有自由表面。孔洞形核需要具有过饱和的空位浓度，因此空位必须先扩散到低电流密度区，之后孔洞才能形成。在电子风力的作用下，我们预想空位将会流向高电流密度区，并在那里形成孔洞。但这并不符合真实情况，因为孔洞的形成发生在低电流密度区。

设想有一种驱动力，使空位从高电流密度区向低电流密度区运动，我们在单晶铝条带中进行以下分析，并假设在铝的晶体晶格中，一个空位所具有的比电阻率为 ρ_v。其比电阻率可能取决于电流密度，这是由于焦耳热的产生导致电阻率对温度存在依赖关系。不过，为了简化模型，我们在这里忽略温度的影响，以下的简化分析都认为其只受电流密度影响。因为空位是一种晶格缺陷，我们可以将其比电阻率视为原有晶格原子的电阻率的额外值。在电迁移试验中，当电流密度为 j_e 时，空位周围将出现电压降，其大小为 $j_e\rho_v$。从能量的角度来看，我们可以认为空位电势高于周围的晶格原子电势，其电势差为 $j_e\rho_v$。如果知道空位的电荷，在电流密度为 j_e 的情况下，我们就能得到空位所具有的电势能。令空位的电荷是 $Z^{**}e$，其中，Z^{**} 是空位的有效电荷数，e 是电子元电荷，那么，当电流密度为 j_e 时，空位所具有的电势能为 $P_v = Z^{**}ej_e\rho_v$。

如果我们假设在没有任何电流（$j_e = 0$）的情况下，热力学平衡态下的晶体具有空位浓度 C_v：

$$C_v = C_0 \exp(-\Delta G_f / kT) \tag{8.29}$$

式中，晶体的原子浓度为 C_0；空位的形成能为 ΔG_f。那么，当电流密度为 j_e 时，空位浓度将减少到

$$C_{ve} = C_0 \exp[-(\Delta G_f + Z^{**} ej_e\rho_v)/(kT)] \tag{8.30}$$

在一个均匀的高电流密度下，晶体的平衡空位浓度降低。换句话说，电流不喜欢额外的高电阻值障碍（或缺陷），并且其更愿意消除它们，直到达到平衡态。当电流集聚时，存在一个电流密度梯度，就会存在这样一个驱动力：

$$F = -dP_v/dx \tag{8.31}$$

这个力驱使多余的空位朝垂直于电流的方向扩散。现在如果我们回到图 8.10（a）中，考虑短条带中的电迁移通量，在条带中间部分，电流密度是常数，所以从左指向右的铝原子扩散通量也是常数，进而会有空位通量从右指向左去平衡该原子的扩散作用。靠近表面或基底部分的少量空位会跑到表面或者基底的界面处，但由式（8.31）可知，其浓度保持不变。当空位扩散通量靠近阴极，并进入电流集聚区域时，其中大部分成了过剩空位，并且有一种力开始发挥作用，使它们向低电流密度区移动。因此，空位扩散通量具有垂直于电流方向的分量：

$$J_{cc} = C_{ve}[D_v/(kT)](-dP_v/dx) \tag{8.32}$$

式中，$D_v/(kT)$ 与 D_v 分别是晶体中空位的迁移率和扩散率。由于电迁移效应，空位总是有一个从阳极到阴极的恒定的扩散通量，指向阴极的空位扩散总通量，可以分解为两个扩散通量分量：

$$J_{sum} = J_{em} + J_{cc} = C_{ve}[D_v/(kT)](-Z^* eE - dP_v/dx) \tag{8.33}$$

式中，第一项是由电迁移在电流密度（电子风力）驱动下产生的，第二项是由电流集聚效应在电流密度梯度驱动下产生的。Z^* 是在铝原子中扩散的有效电荷数，并且 $E = j_e\rho$（ρ 是铝的电阻率）。在这里，我们假设空位通量的方向与铝相反但其大小等于铝的扩散通量。此外，括号中的是一个矢量求和，第一项的方向是沿着电流方向，第二项的方向垂直于电流方向。换句话说，在电流集聚区中的空位会受到两个力的作用，如图 8.12 所示。由于电流在电流集聚区域中转向，J_{sum} 的方向会随位置变化。显然，我们需要一个更为细致的模拟仿真，来获得在电流集聚区域中的力的大小和分布。

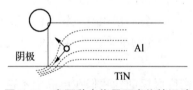

图 8.12 在两种力作用下空位的运动

我们对该梯度力的大小是非常感兴趣的。如果我们在短条带上施加 10^5 A/cm² 的电流密度，并且假设通过厚度为 1 μm 的短条带中的电流密度会逐渐降至 0，那么其电流密度梯度将高达 10^9 A/cm³。该梯度力与电子风力大小在数量级上相当。在这么大的梯度之下，高阶效应可能存在，但我们暂且忽略这一效应。

倒装芯片焊点中的电流集聚效应及其在电迁移引发的故障中的影响将在 9.3 节进行介绍。

8.10　各向异性导体白锡中的电迁移

白锡（β-Sn）具有体心四方晶体结构，其晶格参数 $a = b = 0.583$ nm，$c = 0.318$ nm。其电

导率具有各向异性；a 轴和 b 轴的电阻率是 13.25 μΩ·cm，c 轴的电阻率是 20.27 μΩ·cm。Lloyd[37] 的研究表明，在施加的电流密度为 6.25×10^3 A/cm²，且温度为 150 ℃ 下保温一天，由于电迁移的作用，白锡条带电压降上升了 10%。白锡（$T_m = 232$ ℃）中的电迁移现象是很令人感兴趣的，因为大多数无铅焊料是锡基的。而在器件的工作温度下，电迁移主要是由晶格扩散产生的。在其各向异性电导率的影响下，它的微结构可能发生明显变化。

图 8.13（a）所示为电迁移测试前的锡条带，图 8.13（b）所示为在电流密度为 2×10^4 A/cm²、温度为 100 ℃ 的条件下进行 500 h 电迁移测试后的锡条带在扫描电镜下的俯视图。其中，从位于下侧的图中可以看到电迁移后几个晶粒的转向。

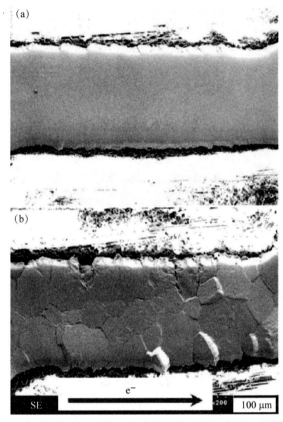

图 8.13　锡条带 SEM 照片（由台湾中央大学的高振宏教授提供）
（a）电迁移测试前的锡条带；（b）500 h 电迁移测试后的锡条带

图 8.14 所示为一个白锡晶粒的截面示意。它具有体心四方晶体结构，并且我们假设其晶向的 c 轴同图中的 x 轴呈 θ 角度，其晶向的 a 轴在图中纸面所在平面内，并与 x 轴呈 $(90°-\theta)$ 角度，并且它的 b 轴垂直于图中纸面所在平面。所施加的电子的电流密度 j，其方向沿着 x 轴从左到右。其电阻率在 a 轴与 b 轴方向上是相等的，并且小于 c 轴方向的电阻率。由于电阻率的各向异性，电场强度 E 可以写为在两个方向的分量，E_a 与 E_c，其方向分别沿 a 轴和 c 轴。电场沿 a 轴的分量为 $E_a = \rho_a j_a$，沿 c 轴的分量为 $E_c = \rho_c j_c$。其中，j_a 与 j_c 分别为电流密度 j 沿着 a 轴和 c 轴的两个分量。

各向同性的材料，如铜或铝，在各个晶向上有相同的电阻率。因此，$\rho_c j_c$ 应当与 $\rho_a j_a$ 的

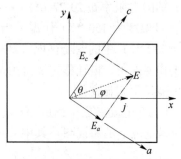

图 8.14　白锡晶粒的截面示意

大小相同。这也意味着 $E_a = E_c$，晶粒内的整体电场将与电流流动方向 j 相一致。然而，由于 E_a 与 E_c 在各向异性材料中不同，例如白锡晶粒内电场方向和电流方向之间会有一个夹角 φ，如图 8.14 所示，这是各向异性导电材料的特有属性。在研究这个角度 φ 是如何影响电流与施加在晶粒上的电场力之间的相互作用的时候，利用解析法进行分析是很重要的[18]。

如图 8.14 所示，电流密度 j 沿着 a 轴和 c 轴的分量为

$$j_a = j\sin\theta$$
$$j_c = j\cos\theta \tag{8.34}$$

所以，沿着这两个方向产生的电场分量为

$$E_a = \rho_a j\sin\theta$$
$$E_c = \rho_c j\cos\theta \tag{8.35}$$

其合电场为

$$E = \sqrt{E_a^2 + E_c^2} = \sqrt{(\rho_a j\sin\theta)^2 + (\rho_c j\cos\theta)^2} = j\sqrt{(\rho_a\sin\theta)^2 + (\rho_c\cos\theta)^2} \tag{8.36}$$

为了估算角 φ 的大小，我们考虑总电场 E 在 y 轴上的分量 E_a 和 E_c。从图 8.14 中得

$$E\sin\varphi = E_c\sin\theta - E_a\cos\theta \tag{8.37}$$

通过等式变换，我们可以得到

$$\sin\varphi = \frac{E_c\sin\theta - E_a\cos\theta}{E} = \frac{(\rho_c j\cos\theta)\sin\theta - (\rho_a j\sin\theta)\cos\theta}{E} \tag{8.38}$$

将式（8.36）中的 E 代入式（8.38），我们可以得到

$$\sin\varphi = \frac{j[(\rho_c\cos\theta)\sin\theta - (\rho_a\sin\theta)\cos\theta]}{j\sqrt{(\rho_a\sin\theta)^2 + (\rho_c\cos\theta)^2}} \tag{8.39}$$

将分子分母中的电流 j 约去，并利用等式 $2\sin\theta\cos\theta = \sin 2\theta$ 进行代换，最后式（8.39）变为

$$\sin\varphi = \frac{(\rho_c - \rho_a)\sin 2\theta}{2\sqrt{(\rho_a\sin\theta)^2 + (\rho_c\cos\theta)^2}} \tag{8.40}$$

同理，如果我们考虑总电场 E 在 x 轴上的分量 E_a 和 E_c，我们可以得到

$$\cos\varphi = \frac{\rho_c\cos^2\theta + \rho_a\sin^2\theta}{\sqrt{(\rho_a\sin\theta)^2 + (\rho_c\cos\theta)^2}} \tag{8.41}$$

根据电阻率及晶粒取向数据，由式（8.40）或式（8.41）可确定电场方向与所施加的电流密度方向之间夹角 φ 的大小。式（8.40）表明，当 $\theta=0°$ 和 $\theta=90°$ 时，$\varphi=0°$，或者，在这种情况下 E 将平行于 j，这种情况将在稍后考虑。

由于电场的方向偏离电流密度的方向，所以源自该电场的力也将偏离电流流动方向。这样，这种偏离效应对力的作用有两种显著的影响及后果。其一，产生了一个力矩；其二，产生了与晶界或 y 轴方向平行的分力，如图 8.14 所示。可以看出，由施加在晶粒边界上的电子和原子之间的动量交换作用所产生的力，也与电流密度方向呈一定角度。这样就为所存在

的一对方向完全相反的力提供了力矩。注意，这里的边界不一定全部为晶界，也可以是样品和基底之间的界面。

8.11 各向异性导体中晶界的电迁移

在本节我们探讨在晶界处的电迁移现象。电子漂移通量方向是垂直于晶界所在平面的。在铝薄膜的晶界中，已经可以观察到由电迁移所诱导的晶界迁移现象。我们现在将讨论在各向异性导体白锡的晶界处的电迁移现象，并且证明电迁移会导致沿着晶界平面的原子通量的产生。换句话说，沿晶界平面所引发的原子通量是沿垂直于电子流动方向或电子风力的方向移动的[39]。

图 8.15 所示为在理想状态下的两个白锡晶粒之间的晶界的简单几何示意。晶粒 3 在晶界的右侧，晶粒 2 在晶界的左侧。我们假定晶粒 2 的晶体的 c 轴晶向与电子电流方向 j 一致，也就是图中长箭头从左指向右所指方向。我们进一步假设右边的晶粒 3，它的 a 轴晶向也与电子电流方向一致。因为白锡沿着 a 轴和 c 轴的电阻率和扩散率是不同的，那么沿 c 轴（晶粒 2）和 a 轴（晶粒 3）所受的电子风力与相应的空位扩散通量也有所不同.

$$J_v^c = \frac{C_v^{\text{bulk}} D_v^{c,\,\text{bulk}}}{kT} Z^* e\rho^c j$$

$$J_v^a = \frac{C_v^{\text{bulk}} D_v^{a,\,\text{bulk}}}{kT} Z^* e\rho^a j \tag{8.42}$$

J_v^c 和 J_v^a 分别是晶粒 2 沿 c 轴与晶粒 1 沿 a 轴的空位扩散通量。以下参考数据为锡沿着这两个方向的扩散率和电阻率：

$$D^c = 5.0\times10^{-13}\ \text{cm}^2/\text{s}, \quad \rho^c = 20.3\times10^{-6}\ \Omega\cdot\text{cm}$$
$$D^a = 1.3\times10^{-12}\ \text{cm}^2/\text{s}, \quad \rho^a = 13.3\times10^{-6}\ \Omega\cdot\text{cm}$$

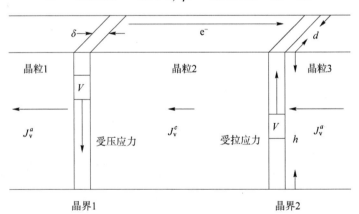

图 8.15　理想状态下的两个白锡晶粒之间的晶界的简单几何示意

在电迁移下的原子的扩散通量方向应当和电子流动方向相同。因此，空位的逆通量方向从右指向左，如图 8.15 中两个短箭头所示。我们认为有效电荷数 Z^* 在两个方向上是相同的。因为有 $D^c\rho^c < D^a\rho^a$，从式（8.42）可以看出，从晶粒 3 出发到达晶界处的空位扩散通量比从晶粒 2 出发的要大，而从晶界处出发进入晶粒 2 的空位扩散通量较少。在晶粒 2 中，在

晶界处的空位浓度过饱和，在晶界附近产生相应的拉应力。

如果我们考虑晶界内的一个小体积区域：$h \times d \times \delta$，其中 d 是晶粒的宽度，h 是晶粒的高度，δ 是有效晶界宽度，在稳定状态下，由于进出体积的通量平衡或质量守恒定律，则有

$$\frac{C_{\mathrm{v}}^{\mathrm{bulk}} Z^* ej}{kT}(D_{\mathrm{v}}^{a, \, \mathrm{bulk}} \rho^a - D_{\mathrm{v}}^{c, \, \mathrm{bulk}} \rho^c) \times d \times h \cong D_{\mathrm{v}}^{\mathrm{GB}} \frac{C_{\mathrm{v}}^{\infty} - C_{\mathrm{v}}^{\mathrm{L}}}{h} \times d \times \delta \qquad (8.43)$$

这个等式的第一项表示的是体积扩散通量差；第二项表示的是通过晶界扩散到表面的空位通量差，因为表面是一个良好的空位阱/源。

根据式（8.43），可估算出空位浓度差值为

$$\frac{\Delta C_{\mathrm{v}}}{h} \cong \frac{C_{\mathrm{v}}^{\mathrm{bulk}} Z^* ej}{kT\delta D_{\mathrm{v}}^{\mathrm{GB}}}(D_{\mathrm{v}}^{a, \, \mathrm{bulk}} \rho^a - D_{\mathrm{v}}^{a, \, \mathrm{bulk}} \rho^c) \times h \qquad (8.44)$$

式中，$\Delta C_{\mathrm{v}} = C_{\mathrm{v}}^{\infty} - C_{\mathrm{v}}^{\mathrm{L}}$，$C_{\mathrm{v}}^{\infty}$ 是自由表面的平衡态空位浓度，$C_{\mathrm{v}}^{\mathrm{L}}$ 是晶界处的空位浓度。因此，在晶界一端存在空位阱的前提条件下，我们得到了沿着晶界的空位（或原子）通量。该空位阱可以是自由表面或孔洞。我们应当再次注意，通量方向是垂直于电子流动方向的。我们回想一下，这是原子或空位通量方向垂直于电子通量方向的第二种情况。第一种情况是由电流密度梯度所造成的，在之前的8.9节中我们已经详细探讨过。

如果我们将上述分析扩展到一个三晶粒结构，其中一个 c 轴晶粒夹在两个 a 轴晶粒之间，会导致三明治结构中的 c 轴晶粒发生转动，如图8.15所示[39]。此外，上述分析还可以应用于不同相之间的界面。例如，如果我们考虑倒装芯片焊点中焊料和 Cu_6Sn_5 的界面，由于这两个相的电阻率和扩散率不同，在电迁移时，会存在沿界面方向的空位扩散通量，其中电子流动方向垂直于界面所在平面。这个界面通量可能会导致孔洞的形成和界面处的形貌变化，我们将在9.4.6节中详细讨论。

8.12　交流电迁移

互连中的电迁移通常是直流行为。在计算机中应用的基于场效应的晶体管器件，如动态随机存储器（DRAM），其晶体管的栅极都是通过脉冲直流电流来控制其开关的。另一方面，在大多数通信器件中，交流电流（AC）也被使用。尤其是在电力开关器件、无线电频率和音频功率放大器中，在其工作期间会产生大的交流电流摆幅。人们经常对交流电流能否引发电迁移现象存在疑问，而一般我们认为交流电流对电迁移没有影响。

我们遵循 Huntington 和 Grone 的模型，电迁移的驱动力是由于电子与扩散原子在散射过程中的动量交换所产生的。扩散原子不会处于平衡状态，并且具有一个很大的散射截面。如果我们考虑 60 Hz 的交流频率，这意味着在 1/120 s 的时间内，散射将反转 1 次。在铅的晶格扩散中，假设在 100 ℃ 的条件下空位扩散为主要扩散机制，1cm³ 的铅中的平衡空位数为

$$\frac{n_{\mathrm{v}}}{n} = \exp\left(-\frac{\Delta G_{\mathrm{f}}}{kT}\right)$$

式中，ΔG_{f} 是一个晶格空位形成的自由能。取 $\Delta G_{\mathrm{f}} = 0.55$ eV/原子，我们可以得到 $n_{\mathrm{v}}/n = 10^{-7}$。如果我们取 $n_{\mathrm{v}} = 10^{22}$ 原子/cm³，那么我们可以得到 $n_{\mathrm{v}} = 10^{15}$ 空位/cm³。这意味着存在数量如此巨大的空位，正试图跳离其原平衡位置。连续跳跃受频率因素限制：

$$v = v_0 \exp\left(-\frac{\Delta G_{\mathrm{m}}}{kT}\right)$$

式中，v_0 是德拜频率或扩散原子跃迁频率，金属在德拜温度以上，其频率约为 10^{13} Hz。

取 $\Delta G_{\mathrm{f}} = 0.55$ eV/原子，我们认为这是铅中一个空位的运动自由能，我们可以获得 $v = 10^6$ 次跳跃/s。在 1/120 s 内，每立方厘米中的 10^{15} 个空位大约有 10^4 个是连续跳跃的。其隐含的条件是，我们假定过渡态或激活态的存在时间很短。换句话说，在 60 Hz 交流的每个周期的前半周期中，大量的空位（或原子）在电迁移的作用下在一个方向上跳跃，然后同等数量的空位在后半周期往相反的方向跳跃。在统计学上它们相互抵消，因此没有由交流电流驱动的净原子通量产生。然而，交流电流将产生焦耳热，而焦耳热可能会引发一个温度梯度，从而导致原子扩散。

在上面的分析中，一个隐含的假设是，电场或电流是均匀的。然而，当电流分布不均匀时，尚不清楚交流电流是否可能引发电迁移。非均匀电流分布在以下情况中有发生：在倒装芯片焊点中发生电流转向时；在铜线和垂直通道之间的金属互连中；在两相合金中，其中第二相析出与其母材具有不同的电阻率；在一个如锡/铜的反应相间界面。在最后一种情况下，如果界面不处于平衡态，在一个方向上跨越界面的原子跃迁与其反向原子跃迁并不相同。因为其物理过程是不可逆的，电迁移的交流效应可能会使在一个方向上的跳跃增强。在横跨金属/n 型半导体界面的肖特基势垒处，载流子流动是从半导体向金属单向流动的，所以电流密度高的交流电流可能会增强半导体在金属中的扩散效应。

参考文献

[1] H. B. Huntington and A. R. Grone, "Current-induced marker motion in gold wires," J. Phys. Chem. Solids, 20, 76 (1961).

[2] H. B. Huntington, in "Diffusion," H. I. Aaronson (Ed.), American Society for Metals, Metals Park, OH, p. 155 (1973).

[3] H. B. Huntington, in "Diffusion in Solids: Recent Development," A. S. Nowick and J. J. Burton (Eds.), Academic Press, New York, p. 303 (1974).

[4] I. Ames, F. M. d'Heurle, and R. Horstman, IBM J. Res. Dev., 4, 461 (1970).

[5] I. A. Blech, "Electromigration in thin aluminum films on titanium nitride," J. Appl. Phys., 47, 1203-208 (1976).

[6] I. A. Blech and C. Herring, "Stress generation by electromigration," Appl. Phys. Lett., 29, 131-33 (1976).

[7] F. M. d'Heurle and P. S. Ho, in "Thin Films: Interdiffusion and Reactions," J. M. Poate, K. N. Tu, and J. W. Mayer (eds.), Wiley-nterscience, New York, p. 243 (1978).

[8] P. S. Ho and T. Kwok, Rep. Prog. Phys., 52, 301 (1989).

[9] K. N. Tu, "Electromigration in stressed thin films," Phys. Rev. B, 45, 1409-413 (1992).

[10] R. Kircheim, Acta Metall. Mater., 40, 309 (1992).

[11] M. A. Korhonen, P. Borgesen, K. N. Tu, and C. Y. Li, J. Appl. Phys., 73, 3790 (1993).

[12] J. J. Clement and C. V. Thompson, J. Appl. Phys., 78, 900 (1995).

[13] P. C. Wang, G. S. Cargill Ⅲ, I. C. Noyan, and C. K. Hu, Appl. Phys. Lett., 72, 1296 (1998).

[14] K. L. Lee, C. K. Hu, and K. N. Tu, J. Appl. Phys., 78, 4428 (1995).

[15] R. S. Sorbello, in "Solid State Physics," H. Ehrenreich and F. Spaepen (Eds.), Academic Press, New York, Vol. 51, pp. 159-31 (1997).

[16] C. K. Hu and J. M. E. Harper, Mater. Chem. Phys., 52, 5 (1998).

[17] R. Rosenberg, D. C. Edelstein, C. K. Hu, and K. P. Rodbell, Annu. Rev. Mater. Sci., 30, 229 (2000).

[18] E. T. Ogawa, K. D. Li, V. A. Blaschke, and P. S. Ho, IEEE Trans. Reliab., 51, 403 (2002).

[19] K. N. Tu, "Recent advances on electromigration in very – large – scale – integration of interconnects," J. Appl. Phys., 94, 5451-473 (2003).

[20] C. L. Gan, C. V. Thompson, K. L. Pey, W. K. Choi, H. L. Tay, B. Yu, and M. K. Radhakrishnan, Appl. Phys. Lett., 79, 4592 (2001).

[21] A. V. Vairagar, S. G. Mhaisalkar, A. Krishnamoorthy, K. N. Tu, A. M. Gusak, M. A. Mayer, and E. Zschech, "In–situ observation of electromigration induced void migration in dual–damascene Cu interconnect structures," Appl. Phys. Lett., 85, 2502-504 (2004).

[22] A. V. Vairagar, S. G. Mhaisalkar, M. A. Meyer, E. Zschech, A. Krishnamoorthy, K. N. Tu, and A. M. Gusak, "Direct evidence of electromigration failure mechanism in dual – damascene Cu interconnect tree structures," Appl. Phys. Lett., 87, 081909 (2005).

[23] M. Y. Yan, J. O. Suh, F. Ren, K. N. Tu, A. V. Vairagar, S. G. Mhaisalkar, and A. Krishnamoorthy, "Effect of Cu_3Sn coatings on electromigration lifetime improvement of Cu dual–damascene interconnects," Appl. Phys. Lett., 87, 211103 (2005).

[24] M. Y. Yan, K. N. Tu, A. V. Vairagar, S. G. Mhaisalkar, and A. Krishnamoorthy, "Confinement of electromigration induced void propagation in Cu interconnect by a buried Ta diffusion barrier layer," Appl. Phys. Lett., 87, 261906 (2005).

[25] T. V. Zaporozhets, A. M. Gusak, K. N. Tu, and S. G. Mhaisalkar, "Three dimensional simulation of void migration at the interface between thin metallic film and dielectric under electromigration," J. Appl. Phys., 98, 103508 (2005).

[26] P. G. Shewman, "Diffusion in Solids," 2nd ed., The Minerals, Metals, and Materials Society, Warrendale, PA (1989).

[27] N. A. Gjostein, in "Diffusion," H. I. Aaronson (Ed.), American Society for Metals, Metals Park, OH, p. 241 (1973).

[28] P. Wynblatt and N. A. Gjostein, Surf. Sci., 12, 109 (1968).

[29] D. Gupta, K. Vieregge, and W. Gust, Acta Mater., 47, 5 (1999).

[30] A. A. MacDowell, R. S. Celestre, N. Tamura, R. Spolenak, B. Valek, W. L. Brown, J. C. Bravman, H. A. Padmore, B. W. Batterman, and J. R. Patel, Nucl. Instrum. Methods., A 467, 936 (2001).

[31] N. Tamura, A. A. MacDowell, R. S. Celestre, H. A. Padmore, B. Valek, J. C. Bravman, R. Spolenak, , W. L. Brown, T. Marieb, H. Fujimoto, B. W. Batterman, and J. R. Patel, Appl. Phys. Lett., 80, 3724 (2002).

[32] H. Okabayashi, H. Kitamura, M. Komatsu, and H. Mori, AIP Conf. Proc., 373, 214 (1996). (See Figs. 2 and 4)

[33] S. Shingubara, T. Osaka, S. Abdeslam, H. Sakue, and T. Takahagi, AIP Conf. Proc., 418, 159 (1998). (See Table I).

[34] K. N. Tu, C. C. Yeh, C. Y. Liu, and C. Chen, "Effect of current crowding on vacancy diffusion and void formation in electromigration," Appl. Phys. Lett., 76, 988−90 (2000).

[35] C. C. Yeh and K. N. Tu, "Numerical simulation of current crowding phenomena and their effects on electromigration in VLSI interconnects," J. Appl. Phys., 88, 5680−686 (2000).

[36] E. C. C. Yeh and K. N. Tu, J. Appl. Phys., 89, 3203 (2001).

[37] J. Lloyd, J. Appl. Phys., 94, 6483 (2003).

[38] A. T. Wu, K. N. Tu, J. R. Lloyd, N. Tamura, B. C. Valek, and C. R. Kao, "Electromigration induced microstructure evolution in tin studied by synchrotron X−ray microdiffraction," Appl. Phys. Lett., 85, 2490−492 (2004).

[39] A. T. Wu, A. M. Gusak, K. N. Tu, and C. R. Kao, "Electromigration induced grain rotation in anisotropic conduction beta−Sn," Appl. Phys. Lett., 86, 241902 (2005).

9 倒装芯片焊点中的电迁移

9.1 引言

1998 年，Brandenburg 和 Yeh[1] 报道了倒装芯片锡铅共晶焊点中的电迁移失效现象。在 150 ℃采用电流密度为 $8×10^3$ A/cm² 的电流对焊点持续通电 100 h 后，他们发现与硅晶片接触的整个阴极出现了一个薄层状的孔洞，并由此引发了电迁移失效。此外，他们观察到大部分的共晶焊点中出现了大量的相分离现象，即铅移动到了阳极，而锡移动到了阴极。另外，在所检测的一对凸点中，虽然电子从硅流往衬底的部分发生了以薄层状孔洞为特征的失效，但电子从衬底流往硅的部分并没有发生失效。基于测试数据，他们尝试着用 Black 给出的描述电迁移平均失效时间的经典公式来推断倒装芯片焊点的寿命。取电流密度指数因子 $n = 1.8$，扩散激活能 $Q = 0.8$ eV 后，结果显示，焊点电迁移现象是研究倒装芯片技术焊点可靠性的重要问题。自那时起，这个课题被录入国际半导体技术发展路线图中并被进一步研究。

在 Brandenburg 和 Yeh 的研究工作中有四个有趣的发现：①低电流密度——与引起铝、铜互连引线电迁移失效所需的电流密度相比，倒装芯片焊点发生电迁移失效所需要的电流密度要低约两个数量级；②薄层状孔洞的特殊失效模式；③在所检测到的一对凸点中失效的模式为非对称性的——只有与硅晶片相接触的阴极所在处的凸点发生了失效；④铅和锡之间的重新分布——铅和锡朝着相反的方向移动。锡朝着与电子流相反的方向运动，而这一点可能意味着锡的有效核电荷数是一个正值，但这在我们看来并不合理。

通常来说，大家认为焊料中电迁移的基本机制与铝和铜互连引线中的相同，而金属导体中对电迁移的基本概念给出的解释是其通过电子风力加强了在电子流方向上的原子扩散。因此，我们并没有充足的理由认为铅和锡在电迁移中出现不同的行为及结果。

此外，在锡铅共晶焊点中，研究结果表明温度高于 100 ℃时，铅原子的移动方向与电子流相同，锡原子的移动方向与电子流相反。然而，在锡铅共晶焊料中当电迁移在室温下进行时，锡原子和铅原子反转了其原子扩散方向。另外，在纯锡或无铅焊料中，锡原子的移动方向与电子流相同。这一点可以通过在阳极生长的锡的凸起及晶须来证实[2-6]。在 9.7 节中，我们将尝试给出一种关于锡在恒定体积约束下的反向流动行为的解释。

我们已经在 1.3.3 节中对倒装芯片焊接技术进行了详细谈论，如图 1.9 所示的一个焊点横截面的示意。在当代的电路设计中，在倒装芯片中每一个焊点大概可以承载 0.2 A 的电流，而这一数据未来还会加倍。目前，焊点的直径大概为 100 μm，并且很快就可以减小到 50 μm，甚至到 25 μm。如果焊点的半径及每两个焊点之间的距离是 50 μm，我们就可以在一块 1cm×1cm 的芯片表面上设置 100×100 = 10 000 个焊点。在如今最先进的器件中，一块芯片上的焊点已经超过了 7 000 个。当对焊点施加 0.2 A 的电流时，一个直径为50 μm的焊点上的电流密度大约是 10^4 A/cm²。这一数值比通过铝、铜互连引线的电流密度要小大概两个数量级。然而，在倒装芯片焊接中，在电流密度如此低的水平下，电迁移现象确实发生了，而且这是由晶格扩散引起的。

通常来说，焊点在低电流密度下很容易产生电迁移现象，可以通过焊料的低熔点或者焊料的快速原子扩散来进行解释。然而，如表 8.1 所示，当温度达到器件的工作温度，即 100 ℃ 时，焊料的晶格扩散并不比铝的晶界扩散慢很多，也并不比铜的表面扩散慢。晶格扩散的总原子通量比晶界扩散及表面扩散的大得多，且引起焊点失效所需要的孔洞的体积也比晶界扩散及表面扩散的要更大。因此，低熔点和快速扩散并不是解释这一现象的关键。那么为什么倒装芯片焊点中的电迁移可以在如此低的电流密度下发生呢？真正的原因是焊料合金中电迁移的低临界积值[6]。此外，倒装芯片焊点的引线至凸点的几何形状，也导致在阴极处有较大的电流集聚效应，并加剧了电迁移现象的产生。最近，有人尝试用铜柱凸点的方法来减少电流集聚效应所带来的影响。在 9.6 节中，我们将会对铜柱凸点中的电迁移现象进行详细的介绍。

表 9.1　铝、铜互连引线和倒装芯片焊点的电阻率

参数	铝、铜互连引线	焊料凸点
横截面积/（μm×μm）	0.5×0.2	100×100
电阻值/Ω	1~10	10^{-3}
电流/A	10^{-3}	1
电流密度/（A·cm⁻²）	10^6	$10^3 \sim 10^4$

9.2　倒装芯片焊点电迁移中的独特现象

9.2.1　焊料合金的低临界积值

让我们回到式（8.22）中的"临界积值"。如果我们把 $\Delta\sigma$ 用 $Y\Delta\varepsilon$ 替换，其中 Y 是杨氏模量，$\Delta\varepsilon = 0.2\%$ 是弹性极限，我们可以看到，"临界积值"是杨氏模量、电阻率及互连材料的有效电荷数的函数：

$$j\Delta x = \frac{Y\Delta\varepsilon\Omega}{Z^* e\rho} \tag{9.1}$$

我们已经用体积模量，而不是杨氏模量来解释式（8.28）中背应力的产生。由于体积模量和杨氏模量是相关联的，所以为了方便起见，我们在这里使用杨氏模量来进行相关的演算。

为了方便我们对铜、铝和锡铅共晶焊料之间的临界积值进行讨论，我们先来回顾一下相关内容。锡铅共晶焊料的电阻率比铝、铜的电阻率要大一个数量级，如表 9.1 所示。锡铅共晶焊料的杨氏模量（30 GPa）是铝（69 GPa）和铜的（110 GPa）1/2~1/4 倍。锡铅共晶焊料的有效电荷数（晶格扩散的 Z^*）比铝（晶界扩散的 Z^*）和铜（表面扩散的 Z^*）的有效核电荷数要大 1 个数量级。因此，在式（9.1）中，如果将 Δx 看作一个常量，那么引起锡铅共晶焊点

中电迁移损伤所需的电流密度，比在铝和铜互连引线中所需要的电流密度要小 2 个数量级。如果引起铝和铜互连引线电迁移失效的电流密度为 $10^5 \sim 10^6$ A/cm²，那么共晶焊点的电迁移失效电流密度为 $10^3 \sim 10^4$ A/cm²。这也正是倒装芯片焊点中电迁移问题如此严重的主要原因。

9.2.2 倒装芯片焊点中的电流集聚效应

由于在阴极接触界面所形成的薄层状孔洞而引起的倒装芯片焊点失效，可通过倒装芯片焊点中电流在其特殊的几何形状中的分布来解释[8-11]。图 9.1 所示为一个原理示意图，其描绘了倒装芯片焊点在芯片一端（顶部）的互连线与在基板上或模块一端（底部）的导电线之间连接的几何形态。电流集聚效应发生在焊点和互连线（其仿真模拟将在 9.3 小节中进行讨论）之间的接触界面处。由于电流集聚效应所引起的高电流密度比焊点块体中的平均电流密度要高大约一个数量级。作为微型电子器件中最主要的可靠性问题之一，倒装芯片焊点中的电迁移问题之所以可以与铝、铜互连线中的电迁移问题相提并论，是因为诱发焊点中电迁移的电流密度低阈值，以及由电流集聚效应所引起的高电流密度。正是电流集聚效应现象的存在，导致了倒装芯片焊点中形成薄层状孔洞的独特失效模式（详见 9.3 节）。

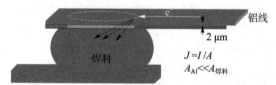

图 9.1　倒装芯片焊点在芯片一端（顶部）的互连线与在基板上或
模块一端（底部）的导电线之间的连接的几何形态

9.2.3 共晶焊点中的相分离

在倒装芯片焊点的电迁移现象中，其焊料块体材料内部，以及阴极和阳极的界面处的微观结构变化与铝、铜互连引线中的现象有很大的不同。在较高温度下的锡的反向原子扩散，以及在室温环境下铅的反向原子扩散，是由于焊料合金的两相共晶结构所导致的。这种反向扩散流动现象，可以通过在两相偏析结构中假定存在一个恒定体积约束并进行物理建模来给予解释。由于某种作用力所引起的两相共晶结构中的相分离的独特行为现象，我们将在 9.7 节和 12.3 节中进行详细探讨。

9.2.4 电流密度可变化范围小

器件小型化的趋势致使焊点的直径被缩小至 100 μm 以下，这样一来，焊点中的平均电流密度接近 10^4 A/cm²。当电流密度较低的时候，与电流集聚效应及薄层状孔洞的形成相关联的焦耳热效应将会引起焊点温度的大幅提升。在对锡铅共晶焊料成分的倒装芯片焊点的熔化现象的系统性实验研究中，我们发现锡铅共晶焊料倒装芯片焊点的阈值电流密度大约为 1.6×10^4 A/cm²。当超过阈值电流密度时，焊点将会发生熔化。熔化的过程是随时间变化并仅在局部发生的。这就意味着超过阈值电流一段时间后，焊料的一部分区域就会被熔化。关于倒装芯片焊点熔化的时间依赖性问题，我们将在 9.4.7 节中进行更为深入的讨论。由于在真实的器件中所承载的电流密度接近 1×10^4 A/cm²，而这一数值已经十分接近熔化所需的阈值电流密度，并且由于其时间依赖性，所以倒装芯片焊点的熔化问题已经成为一个全新的可靠性问题。

导致熔化的原因我们尚不清楚。然而，值得一提的是，当焊点中的电流密度达到 1×10^4 A/cm^2 时，互连线中的电流密度大约为 1×10^6 A/cm^2，这是因为互连线横截面的尺寸要比焊点小 2 个数量级。在这一电流密度下，铝互连线中将会发生电迁移。因此，从可靠性的角度来考虑，焊点和铝互连线中的电迁移失效之间存在着一个竞争机制。特别是在倒装芯片焊点中，当电子流从焊点流向互连线，在铝互连线中将会出现由电迁移诱发的原子扩散通量的场源（Atomic Flux Divergence），这一点与铝线在钨通道上所发生的现象相同。在电流汇入铝互连线的位置，电流密度的大幅变化导致了更多的铝原子发生受迫迁移。除此之外，反向空位流的汇聚可能会导致焊点上的铝中形成孔洞。这将会提高铝的电阻率，并释放更多焦耳热。

在我们已经了解了熔化时的电流密度上限之后，我们可能会提出这样的问题——电流密度的下限或电迁移阈值电流密度（低于这一电流密度时焊点中几乎不会发生电迁移损伤）是多少呢？这一数值大概是 1×10^3 A/cm^2。将两个边界值结合起来看，我们在研究倒装芯片焊点电迁移现象时，只能在电流密度只有一个数量级差值的小范围内来进行研究工作。电流密度上限在一定程度上取决于 UBM 层和接合焊盘的设计，其中，一种最佳的设计方案，可以将可供我们研究电迁移现象的电流密度的上限提高到 5×10^4 A/cm^2。而该电流密度下限则取决于焊料的组成成分，例如，如果使用的是无铅焊料，这一数值就有可能被修改为 5×10^3 A/cm^2。总而言之，电流密度上下边界之间的差距是很小的。

9.2.5 凸点下金属化层对电迁移的影响

由于在焊料形成的过程中使用了 UBM 层，电迁移加强了阴极上的 UBM 层向焊点的溶解，同时也加剧了阳极上的溶质运输，从而导致了阳极附近大量金属间化合物的形成[12-14]。这一现象我们将在之后进行更详细的探讨。对于厚铜 UBM 层效应，我们将在 9.6 节中进行讨论。

9.3 倒装芯片焊点中电迁移的失效形式

图 9.1 所示为倒装芯片焊点引线至凸点的几何示意。由于芯片端引线的横截面积比焊点的至少小两个数量级，所以在焊点与引线的接触界面上出现了很大的电流密度变化，其原因为通过焊点与引线的是同一电流。我们都知道电流总是倾向于从电阻最低的路径通过，因此电子会在焊点的入口处发生拥堵，从而形成电流集聚效应。以下是两个由电流集聚所引起的显著影响。首先，在互连区域出现了电流密度的急剧变化。该变化发生在电流进入焊点位置之前或者之后。其次，入口处附近的焊点平均电流密度大约比焊点中的平均电流密度大一个数量级。当焊点中的平均电流密度为 1×10^4 A/cm^2 时，入口处附近的电流密度是 1×10^5 A/cm^2。

图 9.2（a）所示为一个焊点电流分布的二维仿真示意。图 9.2（b）所示为焊点电流分布的三维示意，其中 x-y 平面表示的是连接处的横截面，z 轴表示与此相对应的电流密度。由此可见，引起焊点中电迁移失效的并不是块体材料连接处的平均电流密度，而是这种电流集聚效应或图 9.2（a）和图 9.2（b）右上角所示的高电流密度。因此，焊点中的电迁移失效发生在芯片端阴极附近，也就是说，发生在互连线和焊点之间的界面。电迁移损伤开始于电流的入口处附近，接下来我们来解释一下这种失效作用是怎样在整个接触面传播扩散的。

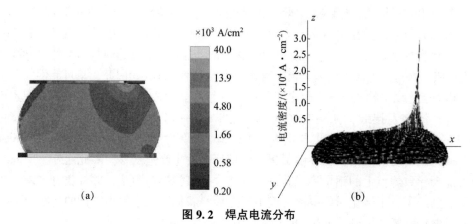

图9.2 焊点电流分布

（a）焊点电流分布二维仿真示意；（b）焊点电流分布三维示意

图 9.3 所示为倒装芯片焊点中电迁移损伤的一组 SEM 照片。在上部，焊点与硅晶片之间的接触面包含着一层由铜/镍（钒）/铝薄膜组成的 UBM 层。UBM 薄膜的总厚度为 1 μm 左右，铜的厚度大概只有 0.4 μm，所以在 SEM 照片当中并没有显现出来。施加的电子流从连接处的右上角进入焊点。将其在 125 ℃ 下持续通过电流密度为 2.25×10^4 A/cm² 的电流达 37 h，如图 9.3（a）所示，我们发现其中并没有出现失效现象。然而，在过了 38 h 和 40 h 之后，在接触面的右上角出现了孔洞，并且这些孔洞分别沿着接触面从右向左进行扩展，分别如图 9.3（b）和 9.3（c）中所示。在 43 h 之后，连接处出现了一个横跨整个接触面的大型薄层状孔洞并因此而失效，如图 9.3（d）所示。图 9.4 所示为电势随时间变化的相应曲线。该曲线显示，电势的变化对于孔洞的形成并不敏感，在孔洞扩展到整个接触面的时候，电势发生剧烈突变。图 9.4 中的箭头给出了图 9.3 中照片拍摄时所对应的时间。

焊点的电势变化对于孔洞的形成和扩散并不敏感，可通过以下两点实验结果来解释。第一点，图 9.5 所示为在接触面的最上端有薄层状孔洞的焊点的横截面。孔洞的形成和扩展将电流的入口转移到了孔洞的前面，所以只要电流能够进入焊点，那么由孔洞形成所引起的焊点的电阻值的改变就很小。最终，当且仅当孔洞扩展到了整个连接处或者接触面变为开路的时候，电阻值才发生突变。第二点，如表 9.1 所示，我们将铝（或铜）互连线处的电学行为与焊点的电学行为进行了比较，一个 100 μm×100 μm×100 μm（一个焊点的尺寸大小）的焊料立方片的电阻值大约是 1 mΩ。锡和铅的电阻率分别是 11 μΩ·cm 和 22 μΩ·cm。长 100 μm，横截面为 1 μm×0.2 μm 的铝或铜线的电阻约为 10 Ω。由此可见，焊点为低电阻值导体，但是，互连线处为高阻值导体，也是产生焦耳热的源头。

以上的简单计算显示，互连的电阻值对其尺寸的设计及微观结构的轻微变化或损害尤为敏感。然而，焊点的电阻值对以上因素都不敏感，甚至对在焊点基体中所出现的大型孔洞都不敏感。通常来说，焊料的母材基体中可能会含有少量非常大的球形孔洞，这是由焊膏当中的残余焊剂而引起的，特别是在使用无铅焊料时，这种现象尤为严重。但是这些孔洞对于焊点的电阻率并没有产生太大影响，除非它们到达接触界面处，或是随焊膏的残渣进一步分散。

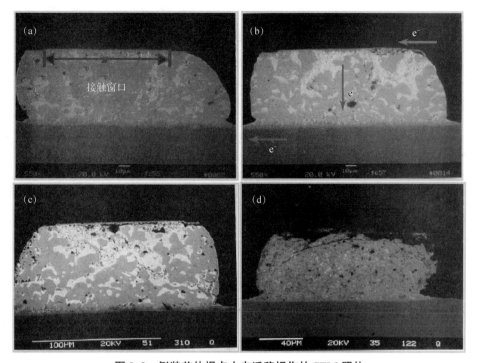

图 9.3 倒装芯片焊点中电迁移损伤的 SEM 照片

（a）通电 37 h；（b）通电 38 h；（c）通电 40 h；（d）通电 43 h

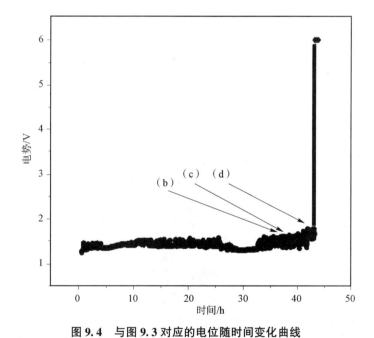

图 9.4 与图 9.3 对应的电位随时间变化曲线

图 9.6 所示为一组倒装芯片焊点的菊花链（Daisy Chain）电学测试结构的横截面的 SEM 照片，其中位于顶部的是硅晶片，位于底部的则是基板。图中箭头所指的方向即为电流的方向。图中小圆圈表示的是电子流进入焊点的硅晶片上的阴极接触面处。硅晶片一侧的 UBM

层由铜/镍（钒）/铝组成,分别是 0.8 μm 厚的铜, 0.32 μm 厚的镍（钒）及 1 μm 厚的铝。基板一侧上的焊盘是由金/镍（钒）/铜组成的，分别是 0.08~0.2 μm 厚的金，3.8~5 μm 厚的镍（钒），以及 38 μm 厚的铜。该焊点的组成为共晶成分的锡铅合金，或锡银铜合金（95.5Sn4Ag0.5Cu）。实验过程是在 50 ℃ 环境下进行的，锡铅合金焊点的外加电流为 1.7 A，锡银铜合金焊点的外加电流为 1.8 A，其电流密度为（3.5~3.7）×10^3 A/cm^2。

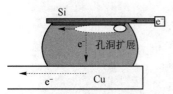

图 9.5　在焊点上端界面处薄层状孔洞的形成和扩展的横截面示意

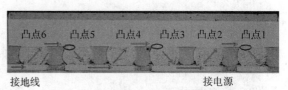

图 9.6　一组倒装芯片焊点的菊花链电学测试结构的横截面的 SEM 照片

芯片表面温度可以利用一个位于测试芯片表面的 450 Ω 蛇形铝金属电阻器的热敏系数来监测。这些电阻器被用来测定封装热阻特性，并实时监测 I^2R 或焦耳热。检测发现，在焊点中由电迁移所引起的孔洞在扩展的同时，焦耳热量也在增加。这一温度可以通过向 50 ℃ 的环境温度中累加 dT 变量求得。

$$T_{die} = 50 + dT = 50 + RI^2\theta_{ja} \tag{9.2}$$

式中，θ_{ja} 被定义为封装的"结至空气"（Junction-to-Air）的热阻值，这一数值可以通过测量 dT 和计算 I^2R 求得。θ_{ja} 测得的数据为 62~72 ℃/W。当检测到芯片的温度高达 175 ℃ 时，表示由于焦耳热效应温度上升了大约 125 ℃。作为芯片表面温度的函数，电阻值变化 15% 所需要的时间对温度有很敏感的依赖性。

图 9.7 所示为一个扁平型接触孔洞。由于孔洞的形成只能发生在硅晶片与阴极的接触一侧，也就是电子流入焊点的地方，所以说倒装芯片焊接中的电迁移失效模式是很独特的。因此，孔洞或失效都只发生在一对凸点中的其中一个，而不是发生在每一个焊点处。

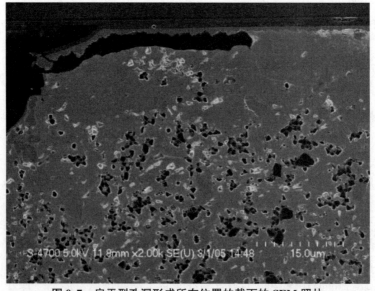

图 9.7　扁平型孔洞形成所在位置的截面的 SEM 照片

9.4 倒装芯片共晶焊点的电迁移

我们测试两种焊料凸点并比较它们的电迁移现象。测试对象是锡铅共晶焊料和 $SnAg_{3.8}Cu_{0.7}$，它们被置于硅晶片上化学镀 UBM 镍基薄膜和在印刷线路板上电镀铜焊盘之间，在标准大气压条件下，其测试温度为 120 ℃（置于加热板上），测试电流为 1.5A。焊点是用不锈钢模板，将焊膏丝网印刷后，在带炉中以 240 ℃ 的峰值温度下回流两次形成的。第一次回流在把焊料凸点印刷在芯片上后完成，第二次回流是为了组装芯片和印刷线路板。在组装完成之后，芯片和基板间的缝隙，将用环氧树脂底部填料填充。UBM 镍基薄膜上的金属间化合物经历了两次回流，而铜焊盘上的金属间化合物只经历了一次回流。

为了对焊料凸点电迁移进行实时观测，在电迁移测试之前，我们采用机械和化学方法将一对焊料凸点切为截面并抛光。焊点与芯片的有效接触部分的直径是 100 μm。当施加 1.5A 的电流时，可以通过焊点与芯片的有效接触部分，计算出平均电流密度为 $3.8×10^4$ A/cm²。这是以二氧化硅掩膜层露出的面积的一半为基础而计算得到的，而不是基于焊料凸点直径的一半得到的。

抛光处理过程会导致碳化硅和金刚石颗粒嵌入并残留在焊料的表面，这些颗粒的尺寸大约为 1 μm，它们被用作惰性扩散标记，来计算由电迁移驱动的原子扩散通量。用扫描电子显微镜（SEM）、能量色散光谱仪（EDS）、光学显微镜（OM）可以观察惰性标记物的运动和表面形貌的变化。为了可以进行观察，要时常暂停电迁移试验，所以观察是不连续的且在不同的时间下重复进行的。在这个测试的最后，在垂直于第一次横切的方向上，样品又被横切了一次，以便用于扫描电子显微镜观察。两个横截面的原理如图 9.8 所示。

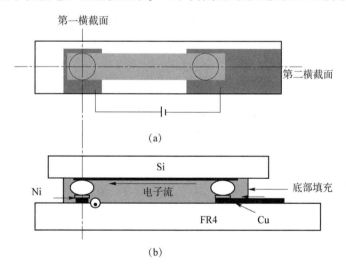

图 9.8 观察电迁移时所用倒装芯片焊点两个横截面的原理

9.4.1 在共晶锡铅倒装芯片焊点上的电迁移

在 20~40 h 的电迁移之后，第一横截面的共晶锡铅焊料表面上，能观察到阳极的铅的聚集和阴极的孔洞的形成。在焊料内的原子扩散通量，可以通过标记物的运动进行测量。图 9.9（a）中，显示了标记物的位置，在 SEM 照片下，铅是较亮的一相。图中所示标记物是碳化硅或金刚石颗粒。图 9.9（b）所示为它们的移位。除编号为 1、10、11 的标记物以外，其他的标记物的移动量大小在数量级上是相似的。图 9.9（c）所示为除了标记为 1、10、11 外的标记物移动距离随时间变化的函数。在 20～40 h 内位移与时间呈线性关系。

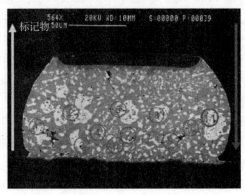

(a)

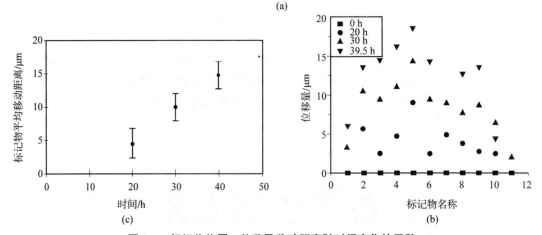

图 9.9　标记物位置、位移及移动距离随时间变化的函数

（a）横截面表面的标记物位置；（b）标记物位移量；
（c）除编号为 1、10、11 外的标记物平均移动距离随时间变化的函数

　　在分析焊点中的原子扩散通量时，在 120 ℃环境下，我们认为电子风力和机械力影响了铅原子的运动，

$$J_{em} = -c\frac{D}{kT} \cdot \frac{\mathrm{d}\sigma\Omega}{\mathrm{d}x} + c\frac{D}{kT}Z^*eE \tag{9.3}$$

式中，J_{em} 为原子扩散通量，单位为原子个数/（$cm^2 \cdot s$）；c 为单位体积的原子浓度；$D/(kT)$ 为原子迁移率；σ 为金属中的静水应力；$\mathrm{d}\sigma/\mathrm{d}x$ 表示在电流方向上的应力梯度；Ω 为原子体积；Z^* 为电迁移的有效电荷数；e 为电子电量；E 为电场，$E=\rho j$，ρ 是电阻率，j 是电流密度。电迁移的原子扩散通量的值 J_{em}，可根据标记物的运动来进行估算：

$$J_{em} = \frac{V_{EM}}{\Omega At} = \frac{u}{\Omega t} \tag{9.4}$$

式中，V_{EM} 是焊料因电迁移而移动的体积；可由标记物位移量乘以焊料横截面积进行计算，At 是标记物的位移；t 为电迁移时间。

忽略背应力，测量电迁移下的原子扩散通量 J_{em}、扩散率和有效电荷量的乘积 DZ^*，可由以下等式来进行计算：

$$J_{em} = \frac{V_{EM}}{\Omega \cdot (A \cdot t)} \approx C \cdot \frac{D}{kT} \cdot Z^* \cdot e \cdot E \tag{9.5}$$

由计算得到 DZ^* 值，假设忽略背应力，在已知 D 的情况下，我们可以估算 Z^* 的值。

为了检测估算出来的 DZ^* 值是否合理，通过利用 Brandenburg 与 Yeh 所测定的平均失效时间模式中，值为 0.8 eV 的激活能和值为 0.1 cm²/s 的指数前因子，我们尝试着把 D 和 Z^* 值进行分离。在 120 ℃ 环境下，我们计算出了有效电荷数的值为 102。考虑到焦耳热的影响，若焊料的实际温度应为 140 ℃ 而不是 120 ℃，那么有效电荷数则变为 34。在第 8 章的内容中，锡在纯锡里的有效电荷数是 17，而铅在纯铅里的有效电荷数是 47，所以该值与铅的有效电荷数更为接近。

图 9.10 所示为同时具有焊料凸点的第一横截面的第二横截面。可以在阴极看到孔洞和锯齿状的焊料表面，在阳极看到鼓包，这表明休积变化不是持续的。更多的体积从阴极转移到了阳极。抛光表面，即自由表面使锯齿和鼓包形成，并且铅和锡同时移动到阳极。如果没有区域材料成分扫描，我们就不能清楚地认识到铅和锡在转变过程中扩散通量的相对值。由标记物的移动能得出净通量，由于铅在扩散过程占主导地位，所以可能有一些锡反向扩散到了阴极。因此，上面的 Z^* 计算可能是不精确的，结果只是指出共晶锡铅焊点中电迁移的大致趋势。在 9.7 节和 12.3 节中，我们将对恒定体积的过程与相偏析分离所引发的问题进行探讨。

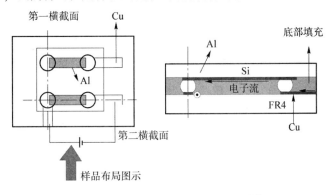

图 9.10　同时具有焊料凸点的第一横截面的第二横截面

（a）平视图；（b）侧视图

补充说明，在焊料凸点的基体中能找到镍铜锡（Ni-Cu-Sn）化合物。从化学镀镍 UBM 层到该化合物的最远距离大约是 20 μm，这表明铜原子扩散这样一段距离，才能形成三元化合物。

9.4.2　在共晶锡银铜倒装芯片焊点中的电迁移

图 9.11 所示为无铅焊料凸点第一横截面，图 9.11（a）~（d）分别是在电迁移试验前，与实验 20 h、110 h、200 h 之后的情况，温度为 120 ℃，实验电流大小为 1.5 A。电子流动

方向为从镍 UBM 层到铜凸点焊盘。实验 200 h 后，在阴极有孔洞生成 ［图 9.11（d）］。其孔洞形成过程比在 9.4.1 节中我们讨论过的共晶锡铅焊料要慢得多。但是，在阳极的金属间化合物被挤压成了小丘状。相比之下，共晶锡铅焊料在电迁移过程中，没有化合物被挤压出来。

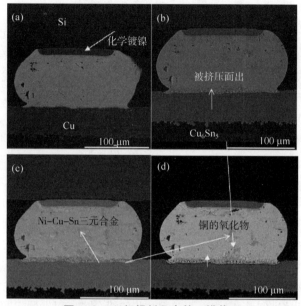

图 9.11　无铅焊料凸点第一横截面

（a）实验前；（b）实验 20 h 后；（c）实验 110 h 后；（d）实验 200 h 后

图 9.12 所示为标记物 a 和标记物 b 在横截面上的运动。其标记物移动量远少于共晶锡铅焊料中的标记物的移动量。在焊料底部区域的标记物移动量更多（4 号和 5 号标记物），它们比较接近被挤压出的金属间化合物。然而，接近化学镀镍 UBM 层的编号为 1 号~3 号的标记物移动量很小。和共晶锡铅焊料相比，标记物在 $SnAg_{3.8}Cu_{0.7}$ 中的移动量要小得多，这表明后者的电迁移过程进行得比前者慢。

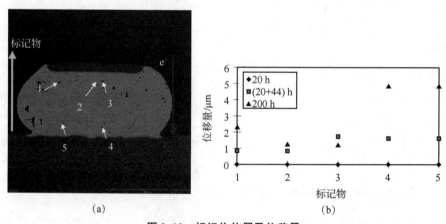

图 9.12　标记物位置及位移量

（a）标记物位置；（b）标记物在无铅焊料焊点的一个横截面表面的移动量

样品在垂直于第一横截面的方向进行了第二次横切，图 9.13 所示为其 SEM 照片。在阴极处可以观察到孔洞的形成和镍基 UBM 层的溶解。然而，第一横截面显得很平坦，没有出现明显的凹陷或鼓包。在焊料基体中发现了镍铜锡三元合金化合物（在显微图中颜色较深），这一点与共晶锡铅焊料类似。在电迁移的过程中，该合金生长并穿透了焊料凸点的整个横截面。距化学镀镍 UBM 层最远的合金，其距离为 90 μm，几乎到达了铜的阳极处。

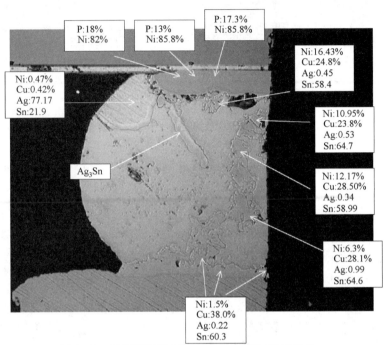

图 9.13　无铅焊料焊点的第二横截面的 SEM 照片

（图中分数均为原子百分数）

9.4.3　使用纳米压痕面阵列分析标记物运动

通过使用装有 Berkovich 金刚石压头的仪器系统，我们可以在焊点横截面上制作一个纳米压痕标记物的面阵列。图 9.14 所示为一组在共晶锡铅焊点横截面上制成的 5 μm×6 μm 的纳米压痕标记物阵列分别在电迁移试验前、试验 24 h 和 48 h 后的情况。其试验温度为 125 ℃，电流大小为 0.32 A，焊点的直径为 100 μm。在本次研究中，所使用的纳米标记物的尺寸为 5 μm，标记深度为 1 000 nm。电子从左下角进入样品，并从右上角离开样品。如图 9.14（b）、（c）所示，在右上角可以观察到小丘结构的形成。在表面处，阳极一侧可以观察到鼓包，阴极一侧可以观察到凹陷。除了靠近阳极的小部分标记物，大部分的标记物都向下移动，与原子物质流动方向相反。

图 9.15 所示为在电迁移试验前后，共晶锡银铜焊点横截面上所制成的纳米压痕标记物的阵列[15]。在 1×10⁴ A/cm² 的平均电流密度下，电迁移测试进行 15 天，其试验温度为 125 ℃。电子由顶部流向底部。焊料凸点的直径是 300 μm。在完成测试之后，我们用扫描电镜检测样品并进行比较。和图 9.14 所示的共晶锡铅焊料相比，共晶锡银铜焊料的表面形貌更加平坦。这很好地吻合了图 9.10 和图 9.13 所示结果。在电迁移驱动下，不同

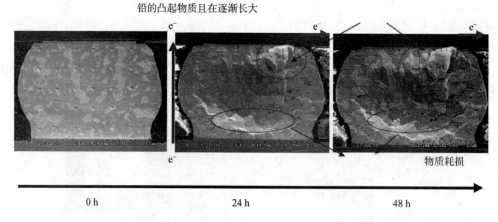

铅的凸起物质且在逐渐长大

物质耗损

0 h   24 h   48 h

图 9.14   纳米压痕标记物阵列分别在电迁移试验前、试验 24 h 和 48 h 后的情况

位置的标记物位移在扫描电镜照片中可以通过测量标记物中心到阳极界面处的参考线的距离进行测定。

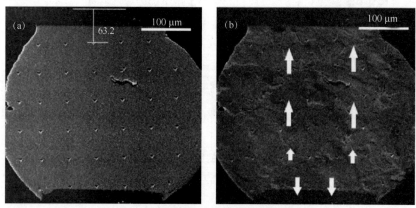

图 9.15   在共晶锡银铜焊点横截面上制成的一组 5 μm×6 μm 的纳米压痕标记物阵列

（a）电迁移试验前；（b）电迁移试验后

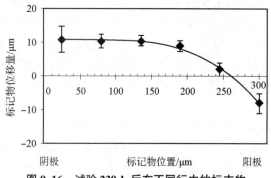

图 9.16   试验 239 h 后在不同行中的标志物位移量与标记物位置的关系

如图 9.15 中箭头所示，试验测试结果表明图中顶部的四行标志物向上移动，正如预料的一样，与由向下的电子流所驱动的原子扩散通量相反。然而，在图中从下向上数第六行的标记物却是向下移动的。特别是在第六行的一些标记物移动到了阳极，然后在扫描电镜照片中消失了。这表明在阳极附近的原子扩散通量是向上的，这与电迁移引起的原子扩散方向相反。在第五行，标记物的位移量比其他行要小得多。图 9.16 所示为在不同行中的标志物位移量与标志物位置的关系。似乎存在着一个"中性面",该面没有向阳极或阴极的净扩散通量。中性面位置可由 x 轴和位移曲线的交点确定。如图 9.16 所示,从中性面到阳极界面的距离为 55 μm。

对于阳极附近标记物的反向移动,一种可能的机制是,背应力或柯肯达尔漂移引起了锡从阳极到阴极的反向流动。根据 Blech-Herring 的电迁移的背应力模型,应力梯度将产生空位浓度梯度,相应地产生反向通量,抵消电迁移导致的原子扩散通量。如果应力梯度足够大,将不会有净电迁移量,或电迁移损伤,如小丘凸起或孔洞形成。这表明中性面应在阳极界面处。在柯肯达尔漂移中,根据 Darken 对标记物在互扩散下运动的分析,如果晶面从阳极界面开始移动,那么所有的标记物都应该移向阴极。因此,为了分析第六行标志物的运动,我们需要一个不同的机制。该机制应该考虑,当电流在焊点底部流出焊点时所存在的电流集聚效应的影响,也要考虑标记物在样品表面的事实,此外接近阳极的丘状物在长大过程中的塑性变形也可能有影响。

9.4.4 倒装芯片焊点的平均失效时间

电子工业使用平均失效时间(MTTF)分析来预测器件的寿命。1969 年,Black 提供了下列公式,用来分析铝互连中由电迁移引起的失效[16]:

$$MTTF = A \frac{1}{j^n} \exp\left(\frac{Q}{kT}\right) \tag{9.6}$$

式(9.6)的推导基于对导致贯穿铝互连线的孔洞的形成时质量输运速率的估计。式(9.6)最大的特点是,平均失效时间是依赖于电流密度的平方的函数,即 $n = 2$。

在对平均失效时间公式的后续研究中,对于指数 n 的值为 1,2,或更大的值,一直都存在着争议,特别是如果考虑到焦耳热的影响。然而,假定发生失效的必要条件是,存在质量扩散通量的场源,并且孔洞的形核和生长需要空位处于过饱和浓度。Shatzkes 和 Lloyd 提出了一个模型,来求解具有时间依赖性的扩散方程,并且得到了一个关于平均失效时间的解,这个解也是依赖于电流密度的平方的函数[17]。然而,Black 的公式是否可适用于计算倒装芯片焊点中的平均失效时间还有待考证。

为了得到激活能,我们在高温下进行了等效加速试验。我们必须要注意试验的温度范围,因为在某个温度范围内,晶格扩散主导作用可能会与晶界扩散主导作用产生交集,同样晶界扩散主导作用可能会与表面扩散主导作用产生交集。对于锡铅共晶焊料,其情况更为复杂,因为在 100 ℃ 左右时,主要扩散元素会在铅和锡之间进行变化。

孔洞的形成需要形核和生长两个过程。在倒装芯片焊点中,如图 9.5 所示,平均失效时间的主要部分不是取决于孔洞在接触界面上的生长,而是取决于孔洞形核的孕育期。后者大约占了失效时长的 90%,孔洞在整个接触面上扩展的时长大约只占 10%。此外,如本章前面所述,电流集聚效应的影响对失效是至关重要的,在平均失效时间分析中也不容忽视。Black 指出了电流梯度和温度梯度对互连失效的重要性,尽管在公式中他没有明确地将其影响考虑在内。如图 9.3~图 9.7 所示,在倒装芯片焊点的独特失效模型基础上,电流集聚效应的主要影响是大大增加了焊点入口处的电流密度和在焦耳热的作用下使局部温度升高。此外,焊点在阴极和阳极界面上有金属间化合物形成,电迁移影响金属间化合物的形成,反过来,金属间化合物的形成也影响了失效时间和失效模式。这些因素在 Black 最初的平均失时间模型中没有被考虑进去。因此，在没有经过修正的情况下，我们不能用 Black 的等式来预测倒装芯片焊点的寿命。

Brandenburg 和 Yeh 在利用 Black 公式时，设定 $n=1.8$，$Q=0.8$ eV/原子，而没有考虑到电流集聚效应的影响。将 $n=1.8$，$Q=0.8$ eV/原子的值代入该公式所得出的结果，被证实远远高估了倒装芯片焊点在高电流密度的平均失效时间。表 9.2 所示为倒装芯片焊点在三种不同的电流密度与温度下平均失效时间的计算值和测量值。在低电流密度 1.9×10^4 A/cm^2 下，平均失效时间的测量值比计算值稍微大一点。但是在电流密度为 2.25×10^4 A/cm^2 和 2.75×10^4 A/cm^2 时，所测得的平均失效时间比计算值小很多。对于共晶锡银铜倒装芯片焊点来说也是如此。这些发现表明倒装芯片焊点的平均失效时间对电流密度的微小增量都十分敏感。当电流密度为 3×10^4 A/cm^2 左右时，平均失效时间将迅速下降。并且，无铅焊料的平均失效时间比锡铅焊料长很多。例如，在电流密度为 2.25×10^4 A/cm^2，温度为 125 ℃时，无铅焊料的平均失效时间为 580 h，而锡铅焊料却只有 43 h。

表 9.2　锡铅共晶焊料倒装焊点的平均失效时间

温度/℃	1.5 A（1.9×10^4 A/cm^2）		1.8 A（2.25×10^4 A/cm^2）		2.2 A（2.75×10^4 A/cm^2）	
	计算值/h	测量值/h	计算值/h	测量值/h	计算值/h	测量值/h
100	…	…	380	97	265	63
125	108	573[①]	79.6	43	55.5	3
140	46	121	34	32	24	1

注：①没有失效。

可以对 Black 等式加以修正，使之包含电流集聚效应和焦耳热的影响：

$$\mathrm{MTTF} = A\,\frac{1}{(cj)^n}\exp\left[\frac{Q}{k(T+\Delta T)}\right] \tag{9.7}$$

式中，c 是考虑电流集聚效应所引入的参数，数量级大小为 10；ΔT 是考虑焦耳热所引入的参数，并且可能比 100 ℃要高。从 Black 等式中可以看出，c 和 ΔT 这两个参数都会使平均失效时间减小，即加速焊点的失效过程。由于 ΔT 的大小与 j 密切相关，修正过后的等式对电流密度的变化比 Black 等式更加敏感。我们知道由于产热和散热的影响，ΔT 的值将取决于倒装芯片焊点和互连的设计。

9.4.5　共晶锡铅和共晶锡银铜倒装芯片焊点之间的比较

在 9.4.1 节和 9.4.2 节中，利用标记物的移动实验显示了电迁移在 $\mathrm{SnAg_{3.8}Cu_{0.7}}$ 中比在共晶锡铅中慢得多。此外，后者的平均失效时间也比前者短很多。为什么无铅焊料的性能会更好呢？在式（9.3）中，由电迁移驱动的扩散通量的表达式中的一项为驱动力项 $Z^* eE$，另一项为迁移率项 $D/(kT)$。对于驱动力项，这两种焊料的 Z^* 和电阻率的值是不同的，尽管其差别很小。对于迁移率项，扩散率的差异会非常大；共晶锡铅焊料的扩散率可能会比共晶锡银铜大一个数量级。这是由于 $\mathrm{SnAg_{3.8}Cu_{0.7}}$ 的熔点（约 220 ℃）比共晶锡铅的熔点（183 ℃）要高。因此，在同一温度下，对应的无铅焊料的同源温度（Homologous Temperature）比共晶锡铅低。同时，较小的晶粒尺寸和锡铅焊料上形成的共晶片状界面可能导致扩散率增大。因此，在共晶锡铅焊料中的电迁移会更快。

此外，在式（9.3）中，我们还要注意背应力项。在无铅焊料中背应力抵抗电迁移的效果，比在锡铅焊料中要更为显著。共晶锡铅和 $SnAg_{3.8}Cu_{0.7}$ 在电迁移行为上的一个显著区别为，在 $SnAg_{3.8}Cu_{0.7}$ 的阳极一侧有金属间化合物挤出（图9.11）。似乎在共晶锡铅焊料中，阳极处的压应力可以通过形成焊锡表面的凸起而释放掉，如图9.10所示，这表明由于有更多的晶界和界面边界，晶格可以很容易被建立起来。但是在 $SnAg_{3.8}Cu_{0.7}$ 中，锡基底质地更硬且表面氧化层有保护作用，因此其横截面依然保持得很平整，如图9.13所示。更大的压应力或背应力可以通过挤出金属间化合物形成丘状物而进行释放。如果无铅焊料凸点因受到底部填充树脂的限制，其表面无法自由释放应力，那么在阳极处的压应力会积累得更高。

值得一提的是，锡铅倒装芯片焊点在高温下的电迁移存在一个很大的锡原子的反向扩散通量。该内容将在9.5节和9.7节进行讨论。如9.4.3节和9.4.4节中所讨论的，在无铅焊料中，尽管锡的浓度更高，但其反向扩散通量反而小得多，反向扩散通量对阴极触点处厚铜UBM层的稳定性有严重影响，反过来也影响了焊点的平均失效时间，该内容将在9.5节讨论。在薄膜型铜UBM层中，铜会在回流焊中被消耗，而在厚的铜UBM层中，铜也会被铜锡固态反应所消耗，锡的反向扩散通量会进一步增加铜的消耗量。平均失效时间不仅取决于电迁移的速率，也取决于铜锡反应中铜的消耗速率。

9.4.6 接触界面处扁平型孔洞生长的动力学分析

图9.17所示为扁平型孔洞在接触面上生长的原理示意。弯曲的实线箭头代表电流集聚效应。垂直的实心箭头代表从焊料凸点的顶部到底部由电流集聚效应所驱动的原子扩散通量。虚线箭头代表从焊点基体移动到界面处的空位的反向扩散通量。如果忽略 Cu_6Sn_5 中空位的通量，焊点中空位的通量可以写为

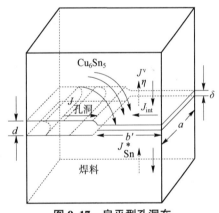

图9.17 扁平型孔洞在接触面上生长的原理示意

$$J_{Sn}^{v} = \frac{C_{Sn}^{bulk} D_{Sn}}{kT} Z_{Sn}^{*} e\rho_{Sn} j \qquad (9.8)$$

式中，D 是扩散率；e 是电子的电荷；ρ 是电阻率；j 是电流密度；Z^{*} 是电迁移的有效电荷数。

焊料/金属间化合物的界面为过剩空位提供了扩散通道，使它们能够沿着界面扩散。由于空位扩散场源所造成的沿界面的横向扩散通量可以写为

$$J_{int}^{v} = -D_{int} \frac{\Delta C}{\Delta x} \approx D_{int} \frac{\Delta C}{b'} \qquad (9.9)$$

式中，D_{int} 是界面上的扩散率；b' 是电流集聚区域宽度；ΔC 为在孔洞顶端或孔洞生长前沿处，空位处于平衡态与高电流密度下的浓度差。考虑到质量守恒定律，则有

$$J_{int}^{v} a\delta = J_{Sn}^{v} ab' \qquad (9.10)$$

式中，δ 是有效宽度界面；a 是单位长度。

假设孔洞的初始宽度是 d，J_{void} 是孔洞顶端的空位扩散通量。我们再次利用通量守恒条件：

$$J_{int}^v a\delta = J_{void} a d \tag{9.11}$$

将式（9.10）代入式（9.11）中，则供孔洞生长的空位通量可以写为

$$J_{void} = (J_{Sn}^v) \frac{b'}{d} \tag{9.12}$$

由 J_{void} 沿着界面所传输物质的体积为

$$\Delta V = J_{void} A \Delta t \Omega \tag{9.13}$$

式中，$A = a\delta$；$\Delta V = ad\Delta l$；Ω 是原子体积。

将式（9.12）代入式（9.13）中，孔洞的生长速率变成

$$v = \frac{\Delta l}{\Delta t} = (J_{Sn}^v) \frac{b'}{d} \Omega \tag{9.14}$$

假设 $C_v^{bulk}\Omega = 1$，我们得到

$$v = \frac{ej}{kT}(D_{Sn}\rho_{Sn}Z_{Sn}^*) \frac{b'}{d} \tag{9.15}$$

为了证实孔洞的生长机制，主要的两个参数是电流集聚区的宽度 b' 和孔洞的宽度 d。如图 9.17 所示，Gibbs-Thomas 效应可能对孔洞顶端的形成起到了重要的作用：

$$C_r = C_0 \exp\left(\frac{2\gamma}{r} \cdot \frac{\Omega}{kT}\right) \tag{9.16}$$

式中，γ 为单位面积的表面能。

利用线性关系近似，我们得到孔洞的宽度为

$$d = 2r = \frac{C_0}{\Delta C} \cdot \frac{4\gamma\Omega}{kT} \tag{9.17}$$

由于这个模型是二维的，我们假定孔洞宽度保持不变。另一方面，我们从式（9.9）和式（9.10）可以得到电流集聚区域宽度

$$b' = \left(\frac{\Delta C}{C_0} \cdot \frac{kTD_{gb}\delta}{ejD_{Sn}Z_{Sn}^*\rho_{Sn}}\right)^{1/2} \tag{9.18}$$

如图 9.18 所示，二维仿真模型中共晶锡银铜焊点的接触窗口长度取值为 224 μm，电流集聚区域宽度约为整个长度的 15%，因此，电流集聚区域宽度约为 33.6 μm。根据图 9.7，我们测得孔洞的宽度 d 为 2.44 μm。电迁移测试温度为 146 ℃，电流密度约为 3.67×10^3 A/cm²，孔洞长度为 33 μm，孔洞生长的时间是 6 h，因此孔洞的生长速率约为 5 μm/h。在另一种情形下，如 9.4.1 节中讨论的共晶锡铅焊料凸点，电流密度为 2.25×10^4 A/cm²，测试温度为 125 ℃，接触窗口的长度为 140 μm，电流集聚区域宽度约为 9 μm。孔洞在第 38 h 内形成，焊点在第 43 h 失效，孔洞的生长速率约为 28 μm/h。

锡的扩散率 $D_{Sn} = 1.3 \times 10^{-10}$ cm²/s。界面的扩散率取值为 4.2×10^{-5} cm²/s。锡的有效电荷数 $Z_{Sn}^* = 17$，电阻率 $\rho_{Sn} = 13.25$ μΩ·cm。表面能 $\gamma = 10^{15}$ eV/cm²，Ω 取值为 2.0×10^{-23} cm³。有效界面宽度约为 0.5 nm。唯一未知参数是 ΔC 和 C_0 的比值，为了得到合理的结果，$\Delta C/C_0$ 的取值范围为 1%~3%。

利用这些参数和试验条件数值，可由式（9.18）、式（9.17）和式（9.15）分别算出电

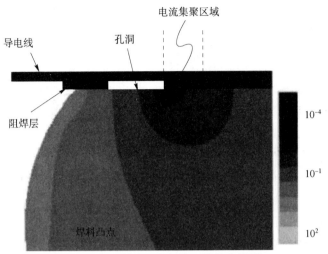

图9.18 扁平型孔洞生长的二维仿真模型

流集聚区域长度 b'、孔洞宽度 d 和孔洞的生长速率 v 的理论值。如表9.3所示，理论值和试验结果比较吻合。

表9.3 电迁移中扁平型孔洞生长速率的理论值与试验值之间的对比

数值	$b'/\mu m$	$d/\mu m$	$v/(\mu m \cdot h^{-1})$
理论值	25.49~44.15	0.81~2.42	1.24~6.44
试验值	37.50	2.44	4.40

9.4.7 倒装芯片焊点的时变熔化

熔化是倒装芯片焊点失效的一个相当常见的原因。对于某些共晶锡铅倒装芯片焊点，当外加的电流密度高于 1.6×10^4 A/cm^2，试验温度在100 ℃左右时，就会发生熔化。对于某些共晶锡银铜倒装芯片焊点，当外加的电流密度高于 5×10^4 A/cm^2，并且试验温度在100 ℃左右时，就会发生熔化。这些电流密度已成为倒装芯片焊点所能施加的电流密度上限。熔化时，温度应该达到焊料合金的熔点，如共晶锡铅和共晶锡银铜的熔化温度分别为183 ℃和220 ℃。这表明所产生的焦耳热一定使温度从100 ℃升高到了熔点。焦耳热是从哪里产生的？对其是源于焊料凸点本身，还是源于凸点上方的互连，我们尚不清楚。

在原则上，熔化是与时间无关的。通常来讲，熔化不需要过热，因此在回流焊时，当温度达到熔点，熔化就应该瞬间发生。然而，我们观测到在倒装芯片焊点中，由电迁移引起的熔化现象是在一定时间内才完成的。通常情况下，在某一外加电流密度下，焦耳热引起熔化需要一段时间，从几小时到几天不等。

在本章9.3节中，我们讨论过使用铝电阻测量芯片的温度，并且发现即使外加的电流密度只有 3.5×10^3 A/cm^2，也能产生大量的焦耳热。测量的芯片温度高达175 ℃，表明焦耳热的产生使温度升高了大约125 ℃。当给共晶锡银铜倒装芯片焊点施加 5×10^4 A/cm^2 的电流密度时，电流集聚效应会使电流密度升至 5×10^5 A/cm^2。对于具有薄膜型 UBM 层的倒装芯片来说，电流集聚效应发生在焊料凸点内，因此焊料凸点内所产生的焦耳热很高。

在大型计算机中，应保证器件工作温度低于 100 ℃，硅芯片会被冷却，使焊料凸点不会熔化。然而，大部分消费电子产品中没有冷却装置或者冷却设计不足，如只使用风扇冷却，因此焊料凸点会变得非常热并且最终导致熔化。

为何在倒装芯片焊料凸点内所产生的焦耳热如此之大，以及熔化为何需要时间都需要合理的解释。倒装芯片焊料凸点内独特的电流集聚效应会产生大量的焦耳热，这取决于 IR^2，而我们除了考虑产热外同时也必须考虑散热。由于焊料合金本身不是一个电的良导体，根据魏德曼－弗兰兹（Wiedemann-Franz）定律[18]，得知它也不是一个热的良导体。这个定律指出，对于金属导体，热导率与电导率之比与温度成正比。因此，将焊料凸点内的焦耳热传导出去是很重要的。通常情况下，凸点内的热量可以通过硅芯片经由 UBM 层传导出去。通过硅的热传导十分重要，是因为芯片上铝或铜的互连是焦耳热的来源。因此，在热管理中 UBM 层和互连的设计十分重要。尽管如此，因为设计是静态的，所以其与时间无关。在设计的基础上，只有当温度达到焊料熔点时，凸点才能熔化；否则就不熔化。这里没有任何与时间变量相关的因素。然而，倒装芯片焊点的熔化是一个动态过程，它确实与时间变量有关[19-20]。

电迁移或热迁移引起的焊点微观结构的改变是一个与时间有关的过程，并且影响焦耳热的产生。当扁平型孔洞形成，并且在硅芯片和焊料凸点的阴极接触处生长时，有两个至关重要的因素能影响产热和散热过程。首先，当扁平型孔洞长大时，孔洞上铝互连的传导电流的路径一定会增加。这会增加焦耳热的产生。如 9.2.4. 节中所讨论的，当电流密度很高时，电迁移会在铝中造成损伤。这会引起更多的焦耳热的产生。其次，孔洞是一个很好的热的绝缘体，可以阻止热量通过硅芯片散发出去。因此，随着孔洞的长大，焦耳热的产生和被隔绝的热量所引发的问题都变得更加严重，特别是当孔洞长大到覆盖绝大部分接触窗口时，其将导致凸点熔化。衬底上的铜引线也可以将凸点内的热传导出去，但是它也会在焊料凸点内产生一个温度梯度，并且引起凸点内的热迁移现象。热迁移现象将会在第 12 章中详细讨论。

9.5 倒装芯片复合材料焊点中的电迁移

9.5.1 复合材料焊点中的凸点下薄膜铜

在 1.3.3 和 4.2 节中，我们讨论了将倒装芯片焊接在高分子聚合物基板的低成本产品上的应用的趋势。由于高分子聚合物较低的玻璃化转变温度，高分子聚合物基板上的焊料也必须有低的熔点。一种复合材料焊料由此而生，它结合了芯片一端高熔点的 97Pb3Sn 焊料与高分子聚合物基板一端的低熔点共晶 37Pb63Sn 焊料。它的一个主要优势是可以与高分子聚合物基板兼容，因此芯片直接贴装技术可以在高分子聚合物基板上实现。但是，我们仍需要考虑电迁移所引发的问题。

图 9.19 所示为一对带有 UBM 层薄膜的复合材料焊点截面的 SEM 照片。这种复合焊点由芯片一侧的 97Pb3Sn 与基板一侧的 37Pb63Sn 共晶焊料组成。芯片一侧的接触处凸点直径为 90 μm，高度为 105 μm。芯片一侧的三层薄膜分别为铝（0.3 μm）/镍（钒）（0.3 μm）/铜（0.7 μm）。在基板一侧，焊盘的金属层是镍（5 μm）/金（0.05 μm）。电迁移试验在温度为

150 ℃，电流密度为 $1.57×10^4$ A/cm^2 的条件下分别进行 30 min、1 h、2 h。相对应的一对焊点截面的 SEM 照片如图 9.19（a）~（c）所示。在这对焊点中，电子从右侧焊点的底部流入，经凸点从左上角流出，再从左侧焊点的右上角流入，经凸点从底部流出。如图 9.19 所示，凸点中的较暗区是共晶相，较亮区是高铅相。

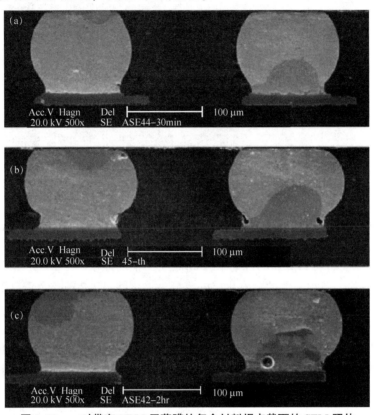

图 9.19　一对带有 UBM 层薄膜的复合材料焊点截面的 SEM 照片
（a）实验 30 min；（b）实验 1 h；（c）实验 2 h

如图 9.19（a）~（c）所示，我们可以很清晰地看到，电流集聚效应对材料各相重新分布的影响。根据前文所述，在 150 ℃ 的条件下，铅是锡铅焊料中主要的扩散组元。在 150 ℃ 条件下，经过 30 min 的电迁移试验后，右侧焊点的共晶相移动到了右下角，相应地，左侧焊点中的共晶相移动到了左上角。1 h 之后，其移动趋势情况基本相同。2 h 之后，如图 9.20 所示，在更高的放大倍率下，可看到左侧焊点中靠近硅晶片一侧的阴极位置处形成了扁平型孔洞。值得注意的是，如图 9.19（c）和图 9.20 所示，暗色的共晶相随着扁平型孔洞的生长而向左侧移动。我们对于共晶相的侧向位移可以做如下解释，当孔洞进行侧向生长时，电流集聚区随着孔洞的顶部而移动，在电迁移驱使下，铅原子远去而被锡原子所填充，因此共晶相随着孔洞的顶部而移动。

因此，在扁平型孔洞生长结束时，低熔点共晶相移动到了焊点的左上角。由电流集聚效应所增加的焦耳热、在铝互连中更长的导电通路和孔洞所产生的绝热效应，都可能导致凸点左上角的焊料在较低温度下的局部熔化。在实际中，在具有 UBM 层薄膜的复合材料焊点中，经常可以观察到这种局部熔融的现象。

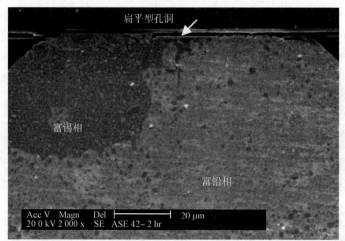

图 9.20　在更高放大倍率下图 9.19（c）中左侧焊点中所形成扁平型孔洞

9.5.2　复合材料焊点中的凸点下厚膜铜

在接下来对于复合材料焊点的讨论中，UBM 层的铜的厚度为 5 μm。图 4.4 中显示了其横截面的 SEM 照片。芯片一侧的金属化层的成分为钨化钛（0.2 μm）/铜（0.4 μm）/电镀铜（5 μm）。在基板一侧，焊盘的金属化层是化学镀镍（5 μm）/金（0.1 μm）。97Pb3Sn 焊料电镀在溅射钨化钛/铜/电镀铜所组成的 UBM 层之上，随后在 380 ℃下进行回流。

在高分子聚合物基板上，37Pb63Sn 共晶焊料用丝网印刷的工艺刷制在化学镀镍/铜层上，并完成焊盘的制作，随后在 220 ℃下进行回流。在完成组装前，利用结块工艺对回流后的焊点进行平整化，该部分在第 4 章中讨论过。平整化后的共晶焊料凸点的厚度约为 40 μm。为使上下焊点连接，我们在平整化的高分子聚合物基板上覆盖水溶性助焊剂，然后在温度峰值为 220 ℃的条件下进行回流，并在氮气气氛下保温 90 s。在完成组装并清洗残留的助焊剂后，用环氧树脂填充芯片与基板间的空隙。

电迁移试验的传导电流为 0.5 A，在直径为 50 μm 的接触窗口处的平均电流密度为 2.55×10^4 A/cm²。这样的电流密度不足以在 5 μm 厚的铜层中造成电迁移损伤，但是在从阳极的锡铅共晶焊料处产生的反向锡扩散通量运动至阴极处高铅区域后，锡和铜会反应形成 Cu_3Sn，并进一步形成 Cu_6Sn_5。最终，当铜被全部耗尽之后，如图 4.4 所示，会发生失效。

在室温下相同复合材料倒装芯片焊点的电迁移展现出了相似的失效模式，但与电流密度之间存在十分密切的关系[21]。在 4.07×10^4 A/cm² 的电流密度下，复合材料焊点经过 1 个月的电迁移试验也没有失效，但通以 4.58×10^4 A/cm² 的电流仅 10 h 后，就发生了失效。在通以再略高一些的电流密度 5.00×10^4 A/cm²，仅 0.6 h 后，其就因复合焊料的熔化而发生了失效。由于阴极 Cu_6Sn_5 的生长，铜层迅速耗尽，随后在接触区域形成了孔洞。孔洞导致接触区域面积减小，使导电通路发生改变，从而影响了电流集聚效应和焊料凸点内部焦耳热的产生。

在室温下，锡是锡铅共晶焊料中主要的扩散组元。我们发现锡在电迁移中会迁移至阳极。由于锡不会迁移至阴极，Cu_3Sn 在阴极接触处是稳定的，因此器件应当不易失效。在室温测试中，样品只会在很高的电流密度下才会发生失效。这表明焦耳热的产生，导致当焊点处的实际温度高于 100 ℃ 时，锡才会迁移到阴极。

9.6　铜质凸点下金属化层厚度对电流集聚和失效模式的影响

如果铜是 UBM 层的一部分，那么铜的厚度可以在很大程度上影响电流集聚效应。对于在复合材料焊点中，厚度为 5 μm 的铜质 UBM 层而言，如在 9.5 节中所讨论的内容，由于电流集聚效应，电流密度将在铜的内部达到最大。更重要的是，厚铜层将会使电流从侧向在整个铜质 UBM 层内重新分布，所以在焊料凸点的电流密度将会更接近于平均值，即只有非常轻微的电流集聚效应在接近铜/焊料的界面处发生。通过使用三维模拟仿真，在厚铜层和焊料处的电流重新分布的效应就会变得很清楚。接下来，我们会考虑四种不同厚度的铜片的情况，将 0.4 μm，5 μm，10 μm 和 50 μm 的不同厚度进行对比。最后一种情况是铜柱凸点。

以第一种铜的厚度为例，铜在铝/镍（钒）/铜薄膜 UBM 层中的厚度大约是 0.4 μm，电流集聚效应将会发生在焊料处，并会对焊料中的电迁移影响很大。在薄膜 UBM 层中，0.4 μm 厚的铜将会全部被消耗而形成金属间化合物。由于金属间化合物和镍（钒）的电阻率很高，只会有很少一部分电流通过，所以非常少的电流将会被重新分布至 UBM 层的周边区域，即电介质下的金属间化合物。通常，电迁移会引起接触界面处的孔洞形成和扩展，更重要的是，孔洞将会扩展至整个接触部分的周边区域，如图 9.7 所示。我们认为研究孔洞如何在电介质下扩展到接触周边的低电流密度区域是一个很有意义的课题。另外，孔洞的形核位置还尚不清楚，我们不知道该位置是在电流集聚的高电流密度区，还是在周边的低电流密度区。

在第二种 5 μm 厚的铜厚膜 UBM 层情况下，电流集聚效应将会在铜的内部最为显著。尽管部分电流集聚效应区域将会扩展至焊料，但是其集聚程度并不大，电流密度在焊点中大部分区域还是均匀分布的，并且接近焊料基体中计算所得的电流密度平均值。另外，周边区域的铜厚膜在回流过程中，不会被与焊料的反应所完全消耗，所以剩下的铜质 UBM 层将会传导电流，那么一小部分电流将会重新分布在电学接触的周边区域。如图 4.4 所示的复合材料焊点，在这种情况下孔洞会在电流进入凸点的地方形成，然后随着时间的推移逐渐长大，但是它不会扩展至周边区域的边缘。这种失效模式表明了铜厚膜 UBM 层传导电流的重要作用。然而，随着时间的推移，在电迁移与化学作用的共同作用下，铜会转变为 Cu_3Sn 再到 Cu_6Sn_5，并且电学接触的电阻率将会迅速增长从而导致失效的发生。

第三种情况是在整个锡铅共晶焊料凸点上，铜厚膜 UBM 层的厚度为 10 μm，电流集聚效应将会完全只出现在铜内。焊料中将完全没有电流集聚效应，甚至在铜与焊料的界面的附近区域也没有。失效现象相比厚为 5 μm 的铜厚膜 UBM 层更为平缓。首先，电迁移将铜溶解至焊料当中并减小铜膜的厚度。当铜的厚度减小至 5 μm 时，失效模式将重复上面所讨论过的内容。图 9.21 所示为一系列具有 10 μm 的铜厚膜 UBM 层的倒装芯片共晶锡铅焊点的横截面 SEM 图像。所使用的电流为 0.6 A，在半径为 50 μm 的接触窗口处平均电流密度为 $3.0×10^4$ A/cm²。

图 9.21（a）~（d）是在分别通入电流 50 h，75 h，100 h 和 120 h 后的倒装芯片共晶锡铅焊点的横截面 SEM 照片。如白色箭头所指，电子由左边上方进入凸点，沿着凸点向下流动，从焊点的右边下方的位置离开。在通电 50 h 后，如图 9.21（a）所示，Cu_6Sn_5 金属间化合物

的尺寸增长至充满铜厚膜 UBM 层下方的整个界面，并且我们还观察到铜厚膜 UBM 层的层片状溶解现象。在通电 75 h 后，如 9.21（b）所示，在整个铜厚膜 UBM 层与焊料的界面处，我们可以很清楚地观测到连续且均匀铜厚膜 UBM 层的厚度减少现象。如图 9.21（c）所示，在通电 100 h 后，伴随着铜厚膜 UBM 层厚度的减少，在左边角落的接触窗口处，有许多大块的 Cu_6Sn_5 金属间化合物开始形成。在通电 120 h 后，如图 9.21（d）所示，左边角落处的 Cu 或 Cu_6Sn_5 都不再存在。最终的失效发生在整个阴极界面的铜厚膜 UBM 层被消耗殆尽时。图 9.21（c）~（d）的失效顺序与图 4.4 所示的 5 μm 厚的铜厚膜 UBM 层的失效顺序相似。

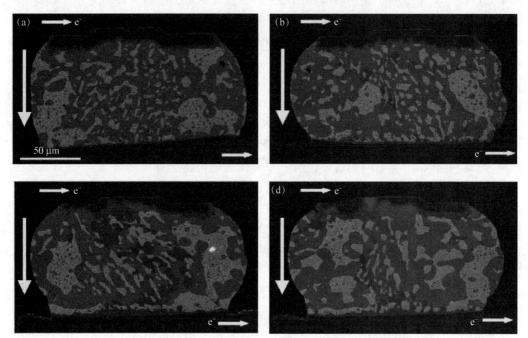

图 9.21　10 μm 厚的铜厚膜 UBM 层的倒装芯片共晶锡铅焊点横截面 SEM 照片

（a）通电 50 h；（b）通电 75 h；（c）通电 100 h；（d）通电 120 h

第四种情况为高度与直径均为 50 μm 的铜柱凸点，焊料凸点的主要部分都被铜柱所取代，而所存留的焊料大约只有 20 μm 厚。整个焊点中的焊料部分都不再有电流集聚效应。

9.6.1　铜柱凸点

图 9.22 所示为在温度为 100 ℃，电流密度分别为 $3.4×10^3$ A/cm²、$4.7×10^3$ A/cm²、$1.0×10^4$ A/cm² 条件下，持续通电一个月的倒装芯片的铜柱凸点和共晶锡铅焊料凸点的横截面 SEM 照片[22]。箭头所指为电子流动方向。倒装芯片焊点在这三种电流密度下通电一个月后没有失效。在初始状态加载电流密度为 $1.0×10^4$ A/cm² 的情况下，为了模拟焊点中重新分布的电流状态，电流集聚效应发生在铜圆柱凸点左上角处，并且扩展了大约 5 μm 宽，10 μm 进入铜柱凸点内部区域，而焊料区域的电流分布十分均匀。

电流密度对金属间化合物生长速率的影响，可以很清楚地从图 9.22（a）~（c）中看到。让我们感到很奇怪的是没有发现电迁移的极化效应，即在铜与焊料交界面处的金属间化合物生成量与在一对焊点中的生成量几乎相同，如图 9.22（a）~（c）中所示。在左侧的焊点处，

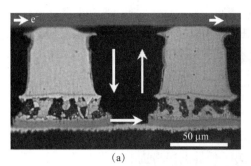
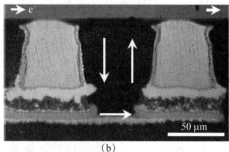
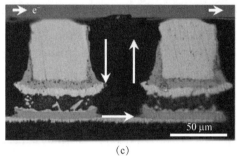

图 9.22　倒装芯片铜柱凸点与共晶锡铅焊料凸点在温度为 100 ℃且电流密度不同的条件下，持续通电一个月后的横截面 SEM 照片

（a）电流密度为 3.4×10³ A/cm²；（b）电流密度为 4.7×10³ A/cm²；

（c）电流密度为 1.0×10⁴ A/cm²

电子从铜进入金属间化合物中，而在右侧的焊点处，是从金属间化合物进入铜中，然而两侧焊点中所形成 Cu_3Sn 与 Cu_6Sn_5 的量几乎相同［图 9.22（c）］。铜与锡之间的金属间化合物厚层是由两种不同的金属间化合物组成的。X 射线色散能谱结果表明，靠近铜一侧的暗色薄层为 Cu_3Sn，靠近焊料一侧的亮色厚层为 Cu_6Sn_5。在 100 ℃下，电流密度为 1.0×10³ A/cm² 的条件下通电一个月，Cu_3Sn 的厚度显著增长至与 Cu_6Sn_5 层的厚度相当，如图 9.22（c）所示。除此之外，一个非常重要的发现是大量的孔洞出现在 Cu_3Sn 层中，而且大多数孔洞靠近 Cu_3Sn 与铜的界面处。随着电流密度的增长，Cu_3Sn 的厚度及孔洞的数量也随之大量增加。

在一个有限量的锡与无限量的铜所混合的系统中，Cu_3Sn 随着 Cu_6Sn_5 的消耗而变厚并伴随着大量的柯肯达尔孔洞的形成，如图 9.22（c）所示。这些孔洞将会导致焊点力学性质的失效。当一个 Cu_6Sn_5 分子转化为两个 Cu_3Sn 分子，它将释放出三个锡原子、吸引九个铜原子以形成 Cu_3Sn。铜所需的扩散空位便可能集聚起来而形成孔洞。因此，在一个非常厚的铜柱与相对薄的焊料所组成的凸点中，Cu_6Sn_5 将会转变成 Cu_3Sn，并且后者变得很厚，所以与铜原子扩散通量方向相反的空位扩散通量将会导致柯肯达尔孔洞的形成。

这些柯肯达尔孔洞对于 Cu_3Sn 电导性和热导性的影响，以及对焦耳热的产生和焊点热损耗的影响非常值得我们关注。它同样可能影响到焊点内的温度梯度分布。

在温度高于 100 ℃时，我们已经知道电迁移将驱使在锡铅焊点内的铅原子向阳极移动，将锡原子推回至阴极处。这将会加速左侧焊点处的金属间化合物的生长，但不会加速右侧焊点处的金属间化合物的生长。那么我们就需要解释为什么在右侧焊点的铜界面处有相近量的金属间化合物形成。有一种具有可能性的解释是这一现象是由热迁移所导致的，我们将会在

第 12 章中讨论。热迁移促使铅原子移向较冷的一侧，锡原子移向较热的一侧。在仅仅 20 μm 厚的焊点中，2 ℃ 的温度差异就将会产生 1 000 ℃/cm 的温度梯度。这样的条件足以产生热迁移。因此，电迁移现象伴随着热迁移和柯肯达尔孔洞的形成，成为在铜柱凸点使用中，比电流集聚效应更严重的一种可靠性问题。

9.6.2　近理想化的倒装焊点设计

假设我们在倒装焊时必须使用焊料，那么我们怎样才能设计一种焊点使其可以最大限度地抵抗电迁移和其他的可靠性问题的影响呢？为了让焊点提高抗电迁移的可靠性，我们必须降低电流集聚效应。这可以通过改良倒装焊点的结构设计和材料使用来实现。由于电流分布的基本原则是电流将选择从最小电阻路径通过，因此在设计倒装芯片时我们有以下手段来降低电流集聚效应。使用有限元分析，倒装芯片焊点中的电流分布可以看作由几何参数与焊点相关的所有导电单元的电阻值所确定的函数。所述导电单元包括铝或铜的互连，UBM 层和焊料凸点本身。影响电流分布的最重要的因素是 UBM 层的厚度及其电阻值。影响焦耳热产生的最重要的因素是焊点上面的铝或铜互连。我们将在本章最后一节中阐述铜柱焊点在电流分布设计中所具有的优势。然而，铜柱凸点导致厚 Cu_3Sn 的生长并伴随着柯肯达尔孔洞的形成。我们需要阻止 Cu_3Sn 的生长，这可以通过使用含锡量很少的高铅焊料来实现。因此，铜柱焊点与高铅钎料同时使用的组合效果对于理想化焊点的设计是很具有吸引力的。

在所有焊点中，高铅或 C-4 焊点具有最好的抗电迁移特性。虽然高铅焊料的会在铜与焊料的界面处形成 Cu_3Sn，但如果没有锡在焊料中，Cu_3Sn 不会生长或发生相变，因此也没有柯肯达尔孔洞的形成。如果焊点中高铅部分的厚度约为 10 μm，该长度为电迁移与背应力所平衡的临界长度，则在该长度之下不会有电迁移损伤。因此，如果我们要设计一个倒装芯片焊点，由铜柱/Cu_3Sn/高铅焊料/Cu_3Sn/铜柱组成。我们认为其中的高铅焊料层中的锡会全部在 Cu_3Sn 的形成中耗尽，而得到一层纯铅。如果中间这一层纯铅的厚度在电迁移临界长度以下，那么从抵抗电迁移的角度来看，它就很有可能是最好的焊点了。另外，虽然高铅可能会沿着铜柱的侧表面攀移上升，但是回流反应所形成的 Cu_3Sn 不会造成任何损伤或产生柯肯达尔孔洞。真正的挑战是，由于高铅材料有着高的回流温度，因此必须使用陶瓷基板。

由于高铅焊料的熔点高，我们不能在高分子聚合物基板上使用它。所以我们需要使用一种复合材料焊料，由铜柱一侧的高铅焊料和高分子聚合物基板一侧的锡铅共晶焊料（或无铅共晶焊料）组成。然而如 9.5 节所讲的一样，电迁移会驱使锡由共晶焊料移向阴极并且转化为 Cu_3Sn 和 Cu_6Sn_5，即使在 10 μm 厚的铜质 UBM 层的情况下，最终失效也会发生。然而，对于铜柱而言，需要消耗所有的铜的时间可能会很长，或铜不会被完全消耗。实际上，采用铜柱/复合焊料真正的问题在于 Cu_3Sn 的生长和柯肯达尔孔洞的形成，尤其是在铜柱侧壁处尤为严重。因此，我们必须阻止复合焊料中的锡的逆向扩散通量，或是由 Cu_6Sn_5 向 Cu_3Sn 的固态相变。这可以通过在高铅和共晶焊料之间增设一层扩散阻挡层来实现，该扩散阻挡层可以是一层铜或镍，或者是 5~10 μm 厚的铜/镍双层结构，铜在靠近高铅一侧，镍在靠近共晶焊料一侧。高铅焊料和共晶无铅焊料都与铜和镍进行反应，所以利用它们形成扩散阻挡层时的连接便没有问题。为了阻止由 Cu_6Sn_5 向 Cu_3Sn 的固态相变，可以通过将镍加入 Cu_6Sn_5 形成很稳定的三元相 $(Cu,Ni)_6Sn_5$ 来阻止或者减缓 Cu_3Sn 的生长。

在设计中，我们可以使高铅和共晶焊料的厚度都在它们的电迁移临界长度之下。然而存在这样一个问题，由于无铅共晶焊料薄层会与铜反应，并且会导致整个无铅共晶焊料转变成铜与锡的金属间化合物。虽然电迁移在金属间化合物中会比较缓慢，但我们仍应该进一步研究金属间化合物焊点的力学性能。使用镍或镍（磷）的优势在于它的金属间化合物的形成速率要远低于铜。

考虑到侧壁，即使共晶焊料在高铅侧壁上攀移，以至于在侧壁上形成一层涂层，但在固态时效试验中，由于侧壁上电流密度很低也不会有物质混合现象发生。

最后，我们可以通过合金化来降低凸点中的原子扩散率，这样无铅焊料就可以与高铅焊料一样，而拥有良好的抗电迁移特性。

9.7　共晶两相合金焊料中电迁移诱导的相分离现象

根据共晶相图，共晶合金在共晶温度以下的微观结构中包含两个主要相。通常，两个相形成层片状微观组织结构。由于这两个相之间相互处于平衡稳态，因此它们之间没有化学势差，并可能两个相受外因诱导而再分布后，也没有任何反向作用去阻挡该变化。例如，除了两相层片间界面总面积最小化原则外，在层片状组织中每个相并没有明确的厚度。因此，在极端情况下的外部作用力的驱动下，两相可能可以被完全分离成两部分，其中一相在一边，而另一相在另一边。的确，这种极端情况已经被 Brandenburg 和 Yeh 所证明真实存在于150 ℃ 下的共晶锡铅焊点所发生的电迁移现象中。图 4.6（a）和图 4.6（b）所示为在发生电迁移前后 SEM 下的共晶锡铅焊点。在电迁移后，我们看到两相几乎完全分离。同时，在如 9.5 节中所讨论的复合材料焊点的电迁移，电迁移诱导锡与铅元素的再分布，分别偏析到阴极处和阳极处。在本节，我们介绍在电迁移驱动下，共晶两相混合物的相分离的动力学分析。

在共晶两相混合物中，由于两相彼此在平衡态下共存，在恒定温度下的浓度的变化并不意味着化学势的变化。混合物发生偏析意味着两相体积分数的变化，换句话说，它会导致产生一个体积分数（Volume Fraction）梯度，而不是一个化学势梯度，所以我们不会有根据菲克第一定律所主导的扩散通量。体积分数梯度不是原子扩散的驱动力，体积分数的再分布不会因其上坡扩散而在化学力的作用下被抵消。因此，共晶两相混合物里的偏析现象是非常显著的。该现象独特的地方在于由于缺少反作用力，偏析的物质浓度并不能通过扩散过程而变得平滑。在扩散方程中，浓度随时间的变化速率 dC/dt，等于浓度的空间坐标的二阶导数 d^2C/dx^2，乘以扩散率。因此，随着时间的推移二阶导数使物质浓度变化趋于稳定。如果没有它，而且因为我们没有菲克第一定律来描述扩散通量，则物质的扩散过程趋于随机化。我们将在下面内容阐述该现象发生在共晶混合物的电迁移中。在该过程中我们不能使浓度平滑变化，而是会发现其呈随机状态或随机相分布在两相结构中。

在本章 9.5 节中，我们曾讨论在复合材料焊点的电迁移，当铅原子被驱至阳极时，锡则会反向扩散到达阴极。而正是反向扩散至阴极的锡导致了最终的失效。因为我们本期望锡原子也会在电迁移的驱动下从阴极移动至阳极，所以说这种逆向扩散过程是很令人感到困惑的。在下面内容中，我们将在假定恒定体积的限制条件下，分析两相结构中物质迁移扩散通量的动力学过程。而这种恒定体积限制条件会最终导致上述逆向扩散过程。

在一个共晶系统的两相结构中，合金成分并不受共晶点的限制。在共晶温度下，它是一个两相混合物，并可以拥有两个主要相中所包含的任何物质成分。在下面的分析过程中，主要假设如下：①在临界区域内，样品的体积和形状守恒（体积通量均衡），意味着没有孔洞或小丘的形成。有两种方式均衡体积通量，分别是通过背应力和柯肯达尔晶格转变。②扩散通量中不包含如菲克第一定律中的浓度梯度项，而是利用漂移速度来描述扩散通量的，即用迁移率与驱动力的乘积来表示。我们将会分析浓度梯度的轮廓线的稳定性问题，并且阐述在电迁移的作用下共晶结构中浓度梯度的轮廓线将会展现随机性的趋势。

考虑一个几乎为纯组元的两相混合的情况，所以之后的分析过程中的数字 1 和 2 既代表相也代表物质种类。因为我们将分析过程限制在临界区域内，所以样品形状保持不变，且在样品中的所有区域都有恒定体积的限制条件。这意味着在实验室的参考系下，两类物质的体积通量总和应当处处为零：

$$\Omega_1 J_1 + \Omega_2 J_2 = 0 \tag{9.19}$$

式中，J_1，J_2 为单位面积上的原子通量；Ω_1，Ω_2 为原子体积。为了方便起见，我们引入参数 p_1，p_2 作为两相在局部区域的体积分数：

$$\Omega_i n_i = \Omega_i \frac{\Delta V_i / \Omega_i}{\Delta V} = \frac{\Delta V_i}{\Delta V} = p_i \tag{9.20}$$

$$p_1 + p_2 = 1$$

式中，n_i 为物质种类 1 或 2 在单位体积上原子个数。在粗化的空间尺度下，单位体积 ΔV 至少包括几个晶粒。

各组元的电迁移扩散通量可以通过标准表达式写为

$$\Omega_1 J_1^{EM} = \Omega_1 \frac{n_1 D_1}{kT} Z_1 eE = \Omega_1 \frac{n_1 D_1}{kT} Z_1 e\rho j$$

$$\tag{9.21}$$

$$\Omega_2 J_2^{EM} = \Omega_2 \frac{n_2 D_2}{kT} Z_2 eE = \Omega_2 \frac{n_2 D_2}{kT} Z_2 e\rho j$$

这里我们再次注意，式（9.19）中有恒定体积的约束条件意味着这些通量表达式应当包含额外的对流扩散项。为了满足式（9.19）恒定体积的约束条件，我们假设有两种可选的方法——背应力和晶格转变，或者是这两种方法的组合。

9.7.1 在两相结构中电迁移导致的背应力

我们将在铝互连的电迁移中所讨论的背应力原理应用在两相共存的混合物的电迁移中。阳极的原子积累和阴极的空位聚集导致了应力梯度的产生，它改变了通量，由于总通量的体积变化变为零，即有

$$\Omega_1 J_1 = \frac{p_1 D_1}{kT} \left(Z_1 eE + \Omega_1 \frac{\partial \sigma}{\partial x} \right)$$

$$\tag{9.22}$$

$$\Omega_2 J_2 = \frac{p_2 D_2}{kT} \left(Z_2 eE + \Omega_2 \frac{\partial \sigma}{\partial x} \right)$$

将式（9.22）代入式（9.19）中，我们得到产生应力梯度的表达式：

$$\frac{\partial \sigma}{\partial x} = -eE \frac{p_1 D_1 Z_1 + p_2 D_2 Z_2}{p_1 D_1 \Omega_1 + p_2 D_2 \Omega_2} \tag{9.23}$$

由于背应力的影响，原本大的扩散通量变小，原来小的扩散通量反转方向，所以现在它们可以相互抵消对方。将式（9.23）代入式（9.22）中，我们可以得到

$$\Omega_1 J_1 = \frac{eE}{kT} \Omega_1 \Omega_2 \frac{p_1 p_2 D_1 D_2}{p_1 D_1 \Omega_1 + p_2 D_2 \Omega_2} \cdot \left(\frac{Z_1}{\Omega_1} - \frac{Z_2}{\Omega_2} \right) = -\Omega_2 J_2 \qquad (9.24)$$

我们注意到上述的推导过程是独立于样本的有限长度的。

另外，对于一个给定长度 Δx 的样品，我们从式（9.23）中得到临界应力，当样品处于临界应力时就不会有电迁移损伤，因为两个相反的扩散通量是彼此相等的。在低于或高于临界应力时，扩散通量则不再相等且逆转反向。我们也可以这样理解上述等式：在给定电流密度大小的条件下，存在一个临界长度使两个通量大小相等且方向相反。在比临界长度更长或更短的长度下，扩散通量则不再相等并且其扩散方向发生改变。我们注意到，当两个扩散通量相等时，总是存在着电迁移现象，但是在相完全分离之前，没有电迁移导致的损伤。

式（9.24）描述了在背应力下电迁移所驱动的偏析现象。我们能够看到，在背应力作用所致通量均衡的情况下，偏析速率由扩散较慢的物质所决定。如果种类 2 的物质的扩散率远远小于种类 1 的物质，并且 p_1 的比例不是太小，则我们有关系式：

$$\frac{D_1 D_2}{p_1 D_1 \Omega_1 + p_2 D_2 \Omega_2} \approx \frac{D_1 D_2}{p_1 D_1 \Omega_1 + 0} = \frac{D_2}{p_1 \Omega_1}$$

此外，偏析的符号方向不是由扩散率的差值决定的，而是由 $(Z_1/\Omega_1 - Z_2/\Omega_2)$ 的比例的差值所确定的。例如，阴极铅的消耗和相应的锡的富集，并不一定意味着铅的扩散率比锡更大，而其物理意义为 $(Z_{Pb}/\Omega_{Pb} > Z_{Sn}/\Omega_{Sn})$。

体积分数的再分配是由连续性方程所决定的：

$$\frac{\partial p_1}{\partial t} = \Omega_1 \frac{\partial n_1}{\partial t} = -\frac{\partial (\Omega_1 J_1)}{\partial x}$$

所以我们可以推导出：

$$\frac{\partial p_1}{\partial t} = \frac{eE}{kT} \Omega_1 \Omega_2 \left(\frac{Z_1}{\Omega_1} - \frac{Z_2}{\Omega_2} \right) \frac{\partial}{\partial x} \left[\frac{D_1 D_2}{p_1 D_1 \Omega_1 + (1 - p_1) D_2 \Omega_2} \cdot p_1 (1 - p_1) \right] \qquad (9.25)$$

我们稍后将讨论式（9.25）的随机性与在试验中所观察到的随机状态现象。

9.7.2 在两相结构中电迁移诱导的柯肯达尔转变

在另一种情况下，完全没有背应力，这意味着可能产生的应力将全部通过晶格转变被立即释放掉。在通常的多晶块体材料中，其内部有较大的晶粒。所谓的晶格转变就是通过位错攀移作用而使在原子堆积区域中生成额外的晶面，与空位积累区域中解构原本的晶面的过程。每一处空位均处于平衡状态。然而，共晶两相混合物中的情况没有那么简单，因为两相晶粒存在生长和收缩作用。我们假设通过某种机制保证柯肯达尔晶格转变以速率 U 不断进行，并且在没有背应力作用下能够均衡扩散通量。那么在实验室参考系下：

$$\Omega_1 J_1 = \frac{p_1 D_1}{kT} Z_1 eE + p_1 U$$

$$\Omega_2 J_2 = \frac{p_2 D_2}{kT} Z_2 eE + p_2 U \qquad (9.26)$$

将式（9.26）代入式（9.19）的约束条件中，得到柯肯达尔晶格转变速率：

$$U = -\frac{eE}{kT}(p_1 D_1 Z_1 + p_2 D_2 Z_2)$$

将上面的等式代入等式（9.26）的约束条件中，在实验室参考系下，我们最终得到两种物质种类的扩散通量方程：

$$\Omega_1 J_1 = \frac{eE}{kT}(Z_1 D_1 - Z_2 D_2)p_1 p_2 = -\Omega_2 J_2$$

我们可以看到在这个情况中，偏析速率将主要决定于扩散速率快的物质。考虑到有效电荷数的差异并不大，所以偏析的符号方向将由扩散率以 $(Z_1 D_1 - Z_2 D_2)$ 的形式所决定。

$$\frac{\partial p_1}{\partial t} = -\frac{eE}{kT} \cdot \frac{\partial}{\partial x}\left[(Z_1 D_1 - Z_2 D_2)p_1(1 - p_1)\right] \tag{9.27}$$

柯肯达尔晶格转变隐含的假设是，空位浓度在扩散区域处处处于平衡状态，所以在阴极不会有孔洞形成，而在阳极也不会有小丘形成。上述公式为焊料中孔洞形成前的电迁移过程提供了一个准确的描述。

在这里我们将背应力与柯肯达尔转变的物理模型进行比较。我们用 V 形槽共晶锡铅焊料样品在温度高于 100 ℃时进行电迁移试验。铅主要被驱动而扩散至阳极。但是接近室温时，锡却也被驱动而扩散至阳极。在温度高于 100 ℃时，焊料具有很高的同源温度，因此热激发过程将会以足够快的速度将应力释放掉，所以不能建立起背应力。则此时柯肯达尔转变模型适用。偏析选择将由 $Z_1 D_1 - Z_2 D_2$ 所控制，而铅具有较快的扩散率并移动至阳极。然而，在一个高电流密度下进行很长一段时间的电迁移后，焊料块体便在阳极形成，则此时存在背应力。在室温下，焊料的扩散依然相当快，而此时很有可能的是，柯肯达尔转变和背应力机制将共同产生作用，锡被推至阳极处。

9.7.3　两相结构中电迁移的随机趋势

在上述两种情况下，即背应力和柯肯达尔转变，物质体积分数的再分布可以此类型的方程所描述：

$$\frac{\partial p_1}{\partial t} = -\frac{\partial}{\partial x}\left[V(p_1)p_1(1 - p_1)\right] \tag{9.28}$$

但动力学参数 V（具有速度的单位）却有着不同的显性方程表达式。这是一个一阶非线性方程，它非常不同于菲克第二定律或引入漂移项的菲克第二定律。其差别的主要原因是它不包含二阶空间微分变量。原二阶微分变量的作用在于使扩散过程中组元的成分轮廓线的局部波动趋于光滑。如果 V 是一个常数，式（9.25）就变成了著名的 Burger 方程，且其黏性系数为零。该方程将会有脉冲函数类的特解。这意味着，组元的成分轮廓线中的一个微小扰动都会演变为最终物质浓度轮廓线的尖锐的变化。

贵金属和近贵金属，如铜和镍，在倒装芯片焊接中用于 UBM 层和互连焊盘，它们在焊料中的溶解与金属间化合物的形成都会被电迁移作用所加强。更重要的是，金属间化合物 Cu_6Sn_5 与锡形成了共晶两相混合物。因此，电迁移在锡或无铅焊料中，可以诱导大量的金属间化合物产生偏析现象。图 1.16 所示为 Cu_6Sn_5 在倒装芯片焊点中，由于电迁移所产生的随机分布的生长。电迁移增强了厚铜膜 UBM 层中铜溶解至焊料的过程，并最终导致大量金属间化合物的生成。

参考文献

［1］ S. Brandenburg and S. Yeh, Proceedings of Surface Mount International Conference and Exhibition, SMI98, San Jose, CA, Aug. 1998, p. 337-344.

［2］ C. Y. Liu, C. Chen, C. N. Liao, and K. N. Tu, "Microstructure - electromigration correlation in a thin stripe of eutectic SnPb solder stressed between Cu electrodes," Appl. Phys. Lett., 75, 58-60 (1999).

［3］ C. Y. Liu, C. Chen, and K. N. Tu, "Electromigration of thin strips of SnPb solder as a function of composition," J. Appl. Phys., 88, 5703-5709 (2000).

［4］ T. Y. Lee, K. N. Tu, S. M. Kuo, and D. R. Frear, "Electromigration of eutectic SnPb solder interconnects for flip chip technology," J. Appl. Phys., 89, 3189-3194 (2001).

［5］ T. Y. Lee, K. N. Tu, and D. R. Frear, "Electromigration of eutectic SnPb and SnAgCu flip chip solder bumps and under-bump-metallization," J. Appl. Phys., 90, 4502-4508 (2001).

［6］ K. N. Tu, "Recent advances on electromigration in very - large - scale integration of interconnects," J. Appl. Phys., 94, 5451-5473 (2003).

［7］ W. D. Callister, Jr., "Materials Science and Engineering: An Introduction," 5th ed., Wiley, New York (2000). Chapter 6 (Table 6. 1) and Appendix B (Table B. 2).

［8］ E. C. C. Yeh, W. J. Choi, K. N. Tu, P. Elenius, and H. Balkan, "Current crowding induced electromigration failure in flip chip solder joints," Appl. Phys. Lett., 80, 580-582 (2002).

［9］ W. J. Choi, E. C. C. Yeh, and K. N. Tu, "Mean-time-to-failure study of flip chip solder joints on Cu/Ni (V) /Al thin film under-bump metallization," J. Appl. Phys., 94, 5665-5671 (2003).

［10］ H. Gan, W. J. Choi, G. Xu, and K. N. Tu, "Electromigration in flip chip solder joints and solder lines," JOM, 6, 34-37 (2002).

［11］ L. Zhang, S. Ou, J. Huang, K. N. Tu, S. Gee, and L. Nguyen, "Effect of current crowding on void propagation at the interface between intermetallic compound and solder in flip chip solder joints," Appl. Phys. Lett., 88, 012106 (2006).

［12］ J. W. Nah, K. W. Paik, J. O. Suh, and K. N. Tu, "Mechanism of electromigration induced failure in the 97Pb-3Sn and 37Pb-63Sn composite solder joints," J. Appl. Phys., 94, 7560-7566 (2003).

［13］ Y. C. Hu, Y. L. Lin, C. R. Kao, and K. N. Tu, "Electromigration failure in flip chip solder joints due to rapid dissolution of Cu," J. Mater. Res., 18, 2544-2548 (2003).

［14］ Y. H. Lin, C. M. Tsai, Y. C. Hu, Y. L. Lin, and C. R. Kao, "Electromigration induced failure in flip chip solder joints," J. Electron. Mater., 34, 27 - 33 (2005). (Dissolution of thick Cu UBM)

［15］ L. Xu, J. Pang, and K. N. Tu, Appl. Phys. Lett., to be published.

［16］ J. R. Black, Proc. IEEE, 57, 1587 (1969).

［17］ M. Shatzkes and J. R. Lloyd, J. Appl. Phys., 59, 3890 (1986).

[18] N. F. Mott and H. Jones, "The Theory of the Properties of Metals and Alloys," Dover, New York, p. 242 (1958). (Wiedemann–Franz law)

[19] A. T. Huang, Ph. D. dissertation, UCLA (2006).

[20] F. Y. Ouyang, Personal communication.

[21] W. Nah, J. O. Suh, and K. N. Tu, "Effect of current crowding and Joule heating on electromigration induced failure in flip chip composite solder joints tested at room temperature," J. Appl. Phys., 98, 013715 (2005).

[22] J. W. Nah, J. O. Suh, K. N. Tu, S. W. Yoon, V. S. Rao, K. Vaidyanathan, and F. Hua, "Electromigration in flip chip solder joints having a thick Cu column bump and a shallow solder interconnect," J. Appl. Phys., 100, 123513 (2006).

10 电迁移在焊料反应中的极化作用

10.1 引言

倒装芯片焊料接头中，电迁移导致失效的最主要原因是阴极接触区的电流拥挤效应。电流拥挤区域的高电流密度会增强阴极区 UBM 层的溶解，同时将铜转变为 Cu_3Sn 和 Cu_6Sn_5，并最终导致孔洞形成和失效；电学作用力和化学作用力之间的相互作用则是失效的关键因素。为了理解两者之间的相互作用并避免电流拥挤效应所带来的复杂性，我们将介绍用铜线作电极的直 V 形槽试样。该 V 形槽试样有以下几个优点：第一，它们的横截面与倒装芯片互连接头的横截面尺寸相似，所以它们可以承载芯片工作时的电流密度；第二，它们具有可再生性；第三，可直接观察到电迁移引起的质量传输及器件损伤的影响，即不用和倒装芯片试样一样制作样品的横截面切片；第四，也可能是最重要的一点，没有电流集聚效应的产生，因此我们可以在均匀的电流分布下研究电学作用力和化学作用力之间的相互作用。由此，我们可以分析电迁移对阴极和阳极处化学反应的极化作用，以及电迁移对两相共晶结构中相分离的影响。

10.2 V 形槽样品的制备

首先，我们通过使用光刻技术和各向异性蚀刻工艺沿［１１０］晶向在（００１）的硅晶圆上蚀刻出 V 形槽，V 形槽的宽度为 $100~\mu m$，长度为 1 cm。其次，在 1 000 ℃ 条件下，通过湿法氧化法在样品表面形成一层 100 nm 厚的二氧化硅薄膜，随后在样品上沉积厚度分别为 50 nm、$1~\mu m$、50 nm 的钛/铜/金三层结构的薄膜。再次，将硅晶圆切成 0.25 cm 宽、1 cm 长的矩形晶片，每个晶片中都含有一个 V 形槽结构。将两根铜导线放置在 V 形槽的两端，然后将组件保持在温和活性树脂的焊剂环境中，并放置在 230 ℃ 的加热板上，随后将焊料小珠放在 V 形槽上。焊料小珠熔化后进入 V 形槽中与铜线电极相连接。最后，从加热板上取下样品后即可得到一个 $200 \sim 800~\mu m$ 长、$100~\mu m$ 宽、$69~\mu m$ 深的 V 形焊料线。图 10.1（a）所示为具有两个铜线电极的 V 形槽试样，而图 10.1（b）和图 10.1（c）所示为 V 形槽试样的俯视图和横截面示意。我们可通过下述方法来控制焊料线的长度：调整两个铜线电极之间的间距或在回流前使用几个已知直径的焊料小珠作为铜线之间的间隔物。为保证焊料线是两个铜线电极间唯一的导电通路，我们需对充满焊料的 V 形槽试样的表面进行抛光，直到完全去除硅晶圆（００１）面上的金属薄膜。图 10.2（a）和图 10.2（b）所示为用于通电测试的样品在抛光前后的 SEM 照片。如图 10.2（c）所示，我们可观察到在铜/焊料界面处形成了界面间金属间化合物[1-4]。

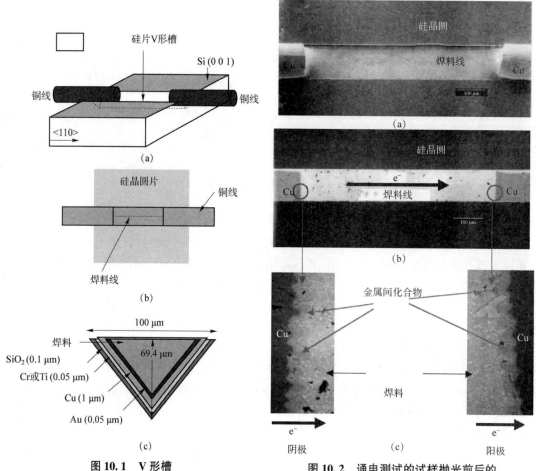

图 10.1　V 形槽

（a）具有两个铜线电极的 V 形槽试样示意；
（b）V 形槽试样的俯视图；（c）V 形槽试样的横截面示意

图 10.2　通电测试的试样抛光前后的
SEM 照片及界面处金属间化合物

（a）抛光前的 SEM 照片；（b）抛光后的 SEM 照片；
（c）界面处金属间化合物

锡铅共晶合金中的电迁移受温度的影响。在 150 ℃下，锡铅共晶焊料 V 形槽试样在 2.8×10^4 A/cm² 电流密度下通电加载 8 天后，在阳极处小丘生长，而阴极处生成了孔洞，如图 10.3（a）所示。将试样顶层抛光去除后，孔洞现象变得更为清晰，如图 10.3（b）所示。

为了分析由电迁移引起的沿焊料线的成分变化，我们需要在沿焊料线方向上测量获得样品表面的一系列 X 射线色散能谱的数据点，从中可观察到大规模的成分再分布及相偏析现象，如图 10.4 所示，电迁移导致了铅原子在阳极上积累。

室温环境下，共晶锡铅焊料 V 形槽试样在 5.7×10^4 A/cm² 的电流密度下通电加载 12 天，如图 10.3（c）所示，其是阳极处小丘与阴极处孔洞的 SEM 照片。EDX 的成分分析也显示出阳极侧锡的含量普遍高于阴极侧锡的含量，同时沿焊料线从头到尾锡的含量一直在增长，此外，表面处锡的平均浓度也要高于块体中锡的平均浓度。

锡在阳极的积累现象表明：室温下沿电子流方向扩散的主要物质是锡，而不是铅。用放射性标定的锡与铅在共晶锡铅合金中进行扩散的追踪结果也和上述的温度依赖性结论一致。

在温度高于 100 ℃时，铅的扩散速率大于锡，但在室温附近时，锡则比铅扩散得更快。

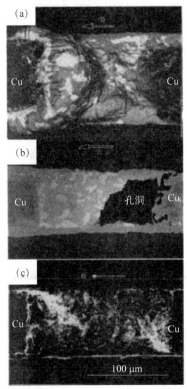

图 10.3 在不同条件下，小丘及孔洞的 SEM 照片

（a）150 ℃下，2.8×10⁴ A/cm² 电流密度下通电加载 8 天后的电迁移现象；（b）将试样顶层抛光后的孔洞；（c）室温下，5.7×10⁴ A/cm² 电流密度下通电加载 12 天后的电迁移现象

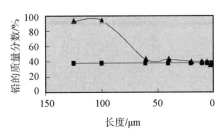

图 10.4 在温度为 150 ℃与电流密度为 2.8×10⁴ A/cm² 的条件下共晶锡铅焊料的电迁移现象

尽管我们已观察到铅与锡分别为 150 ℃和室温电迁移驱动下的锡铅共晶焊料中的主要扩散物质，但我们仍不知道在器件工作的温度（即 100 ℃）下哪种元素的扩散速率更大。通过使用锡铅共晶焊料的 V 形槽试样，我们发现铅在阳极处积累，则铅为 100 ℃下的主要扩散元素。因此由于 100 ℃与 150 ℃下的主扩散元素相同，所以我们可以对锡铅共晶焊料在高于 100 ℃的温度环境下进行加速试验以节省试验时间[5]。

10.3 阳极处金属间化合物生长的极化效应

我们利用宽为 100 μm、横截面积为 3.5×10⁻⁵ cm² 的焊料 V 形槽试样来研究电迁移对金属化合物形成的极化效应。V 形槽两端的两条铜线构成电极。SnAg3.8Cu0.7 无铅焊料（质量分数）在助焊剂作用下回流进入铜线之间的 V 形槽内，回流温度为 260 ℃，持续时间为 1 min。虽然回流过程中在铜线和焊料连接界面处生成了界面金属间化合物，但我们更应该关注的是：界面金属间化合物在一定电流密度影响下的生长过程。

之后我们将 V 形槽样品分别置于温度为 120 ℃、150 ℃和 180 ℃的加热炉中，并通电加

载电流密度为 $10^3 \sim 10^4$ A/cm^2 的电流。通电一段时间后，对试样进行抛光以通过扫描电子显微镜和 X 射线能量色散光谱仪来观察其中金属间化合物的变化。用金属间化合物的面积除以界面长度，便可得到金属间化合物的厚度。金属间化合物面积与界面长度可由数字化 SEM 照片经过图像处理软件处理后测得，其中面积通过测量金属间化合物照片中的像素个数得到，而厚度和长度则以像素为单位进行计算，然后转化为以微米计的实际长度。转化长度时，我们利用 30 μm 的参考长度对测量数据进行校准。

10.3.1　无电流情况下金属间化合物的形成

根据第 2 章及图 10.2（c）可得，在回流后可形成笋钉状的 Cu_6Sn_5 化合物，但老化后会慢慢生长为层状结构。在最初阶段，笋钉状 Cu_6Sn_5 和铜电极之间可生成一层很薄的 Cu_3Sn，但是由于太薄，所以难以在 SEM 照片中观察到。而在 180 ℃固态退火过程中，层状 Cu_6Sn_5 及 Cu_3Sn 会持续生长。在 120 h 后，Cu_3Sn 层的厚度大约为 Cu_6Sn_5 层厚度的一半。此时，在 Cu_3Sn/铜界面处生成了柯肯达尔孔洞（如图中暗色斑点）。

10.3.2　阳极和阴极金属间化合物在电流作用下的生长

图 10.5 所示为在温度 180 ℃、电流密度 3.2×10^4 A/cm^2 条件下分别通电 0 h、10 h、21 h 和 87 h 后得到的阳极与阴极区域的 SEM 照片，其结果显示了阳极和阴极处金属间化合物厚度的变化。为便于比较，我们将所得的图像并排摆放，阳极在左，阴极在右，并用箭头在 SEM 照片中标识出金属间化合物的厚度。

图 10.5 显示出阴极与阳极之间的主要差异是极化效应，即从阴极流出并流向阳极的电子流流向。照片外的长箭头表示电子流动方向。无论有无施加电流，阴极处和阳极处均生成了 Cu_3Sn 和 Cu_6Sn_5。如图 10.5（a）与图 10.5（b）所示，在电迁移最初阶段，阴极处与阳极处焊料/铜的界面处均形成了相同的笋钉状 Cu_6Sn_5 金属间化合物，而在施加电流 10 h 后，它们均转变成了层状结构，如图 10.5（c）与图 10.5（d）所示。

通过观察图 10.5 左侧的阳极照片可知，在电流作用下，Cu_3Sn 层和 Cu_6Sn_5 层均随通电加载时间持续生长，且总厚度在 87 h 后达到 10 μm，堪比在不施加电流且相同温度条件下热老化 200 h 所达到的厚度。Cu_6Sn_5 和铜之间的 Cu_3Sn 相颜色更深，如图 10.5（g）所示。如照片中的短箭头所示，阳极处金属间化合物的总厚度总是远大于阴极处金属间化合物的总厚度。与未加载电流下热老化的情况相比，施加电流时阳极的 Cu_3Sn/铜界面处产生的柯肯达尔孔洞较少。

通过观察图 10.5 右侧的阴极照片，很难直接描述阴极处金属间化合物厚度的变化。在阴极处，金属间化合物的生长速度比阳极处要慢得多。如图 10.5（f）与图 10.5（h）中箭头所示，在施加电流 21 h 后，孔洞开始出现在邻近焊料/金属间化合物界面处的焊料中，而在通电 87 h 后，孔洞则会越长越大。在孔洞长大后，由于 Cu_6Sn_5 转变成 Cu_3Sn（颜色较深相），金属间化合物看起来变得更厚，如图 10.5（h）所示。因此在阴极处金属间化合物的厚度变化分析过程中，孔洞的形成使分析过程变得更加复杂。

10.3.3　电流与温度对金属间化合物的厚度变化的影响作用

图 10.6（a）~（c）所示分别为在 180 ℃、150 ℃和 120 ℃温度下施加不同电流密度后所

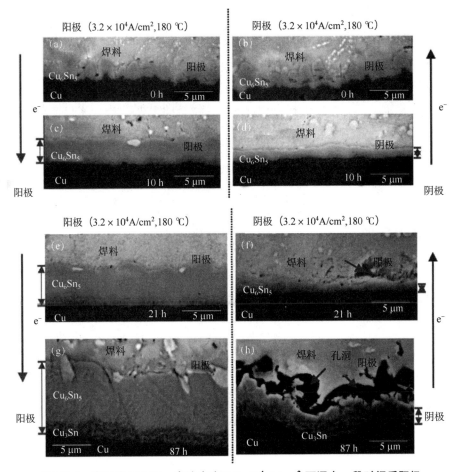

图 10.5 在温度 180 ℃、电流密度 3.2×10⁴ A/cm² 下通电一段时间后阳极和阴极处金属间化合物的厚度变化

(a) 0 h 阳极；(b) 0 h 阴极；(c) 10 h 阳极；(d) 10 h 阴极；
(e) 21 h 阳极；(f) 21 h 阴极；(g) 87 h 阳极；(h) 87 h 阴极

得的金属间化合物厚度的变化趋势。图示的厚度为 Cu_3Sn 和 Cu_6Sn_5 的总厚度。所得试验数据包括在 $4×10^3$ A/cm²、$2×10^4$ A/cm²、$3×10^4$ A/cm² 和 $4×10^4$ A/cm² 电流密度下通电后在阳极和阴极处生长的金属间化合物的厚度。图 10.6 以无电流时的数据作为参考点，描述了厚度的平方 $(\Delta x)^2$ 与时间的函数关系。图 10.6 中，实心的符号代表阳极数据，空心的符号代表阴极数据，实心星形符号则代表无电流情况下的数据或热老化时的数据。

如图 10.6 所示，三个试验温度下金属间化合物的生长有几个相同的特点。第一，阳极处金属间化合物的生长与时间呈抛物线函数关系，即厚度的平方 $(\Delta x)^2$ 与时间呈线性关系。第二，阳极处根据厚度数据所绘函数曲线均在无电流施加的函数曲线之上，而阴极根据金属间化合物厚度数据所绘函数曲线则均在无电流情况的函数曲线之下。因此阳极处金属间化合物的生长比无电流时快，而阴极处金属间化合物的生长比无电流时慢。换句话说，由于极化效应，电流加快了阳极处金属间化合物的生长，却阻碍了阴极处金属间化合物的生长。第三，阳极处金属间化合物在高电流密度下的生长速率要远大于无电流时的情况，且随着电流

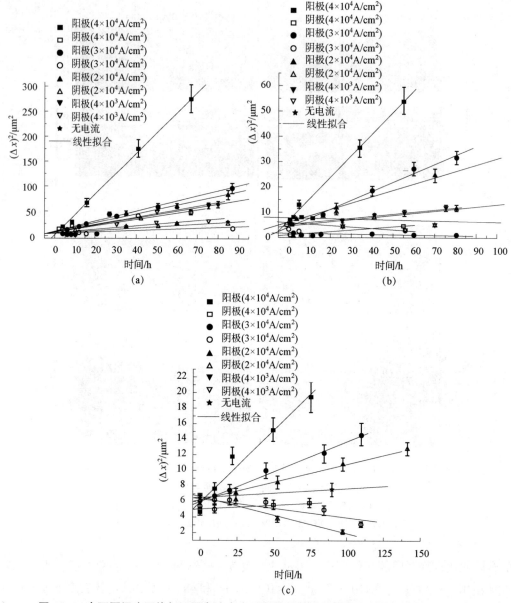

图 10.6　在不同温度下施加不同电流密度后测量所得的金属间化合物厚度的变化趋势

（a）180 ℃；（b）150 ℃；（c）120 ℃

密度的增大，阳极处金属间化合物的生长更快。在相同通电时间下，施加最大电流密度（4×10⁴ A/cm²）的试验试样生成的金属间化合物最厚，而施加最小电流密度（4×10³ A/cm²）的试验试样生成的金属间化合物最薄，仅仅比无电流情况下的金属间化合物厚一点。第四，阴极处金属间化合物的厚度并未改变太多，金属间化合物厚度保持着初始厚度（大约 2.5 μm）或更薄。在本章下一节中，我们会讨论动态平衡下的这种行为。在阴极处所发生的情况，也会因为长时间施加电流所产生的孔洞变得更为复杂。

我们也研究了在 $4×10^4$ A/cm²、$3×10^4$ A/cm²、$2×10^4$ A/cm² 和 $0.4×10^4$ A/cm² 恒定电流

密度加载时，不同温度下金属间化合物在阳极处的生长情况。由试验结果可知，180 ℃时金属间化合物的生长速度要大于 150 ℃时的速度，而在 120 ℃时的生长速度总是最小的，这表明金属间化合物的生长速度随温度升高而增大。由函数曲线关系图中的 $\ln(D)$ 对 $1/(kT)$ 的斜率可知，总体金属间化合物的生长激活能为 1.03 eV，这与之前参考文献［6］中所报道的数据 0.94 eV 很接近。

10.3.4　对 V 形槽样品中铜、镍和钯电极的比较

我们在第 7 章曾阐述铜和焊料的界面反应比镍和焊料的界面反应更迅速，而在这三种元素中钯与焊料的反应是最快的。当分别用铜、镍和钯电极在 V 形槽试样中电迁移时，当电流密度不是很大时，我们将看到在钯电极情况下，化学作用力强于电学作用力而成为主导。另一方面，在镍电极情况下，电学作用力强于化学作用力而成为主导。的确，在钯的阳极和阴极处金属间化合物的生长是很快的，并呈抛物线式生长，且电迁移对其生长的影响作用不大。但对于镍来说，阳极处金属间化合物呈线性生长，这表明电迁移后其生长的影响因素中占主导地位。

10.4　阴极金属间化合物生长时的极化效应

电迁移极化效应会减缓阴极处金属间化合物的生长。由于铜是金属间化合物生长过程中的主要扩散元素，电流可以增强铜在金属间化合物中的扩散。铜的扩散与电子流动方向一致，因此可以增强 Cu_3Sn 和 Cu_6Sn_5 的生长，然而，电流也可以增强 Cu_6Sn_5 在焊料中的溶解。为了监测阴极侧金属间化合物的溶解，我们将样品在 150 ℃下老化 200 h，以在通电加载前形成 Cu_6Sn_5 相厚层，如图 10.7 所示。在老化过程中，铜和 Cu_6Sn_5 之间也形成了 Cu_3Sn 化合物的薄层。由于 Cu_3Sn 层在电迁移后的变化不如 Cu_6Sn_5 层明显，尤其是在低电流密度下，因此为简化分析过程，我们仅关注 Cu_6Sn_5 层的变化。

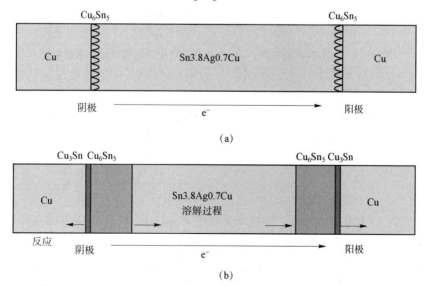

图 10.7　固态老化前后的 V 形槽试样示意

（a）固态老化前：回流+电迁移；（b）固态老化后：回流+时效+电迁移

在 150 ℃下，我们对老化后的 V 形槽样品施加了 2×10^4 A/cm^2、1×10^4 A/cm^2 和 5×10^3 A/cm^2 的电流密度，以研究电流密度对 Cu$_6$Sn$_5$ 化合物的溶解速率的影响。所有 V 形槽试样具有相同的焊料长度（550 μm）。如图 10.8 中三角形符号所示，当电流密度为 2×10^4 A/cm^2 时，Cu$_6$Sn$_5$ 化合物的厚层在 10 h 后变得很薄。这种快速溶解过程腐蚀了阴极一侧，且孔洞开始形成。

当电流密度降低到 1×10^4 A/cm^2 时，我们可观察到阴极处 Cu$_6$Sn$_5$ 化合物在均匀溶解。在该电流密度下电迁移 158 h 后，在阴极处仍存在约 1 μm 厚的 Cu$_6$Sn$_5$ 化合物层。在该阶段，我们没有发现孔洞的形成。

进一步将电流密度降低至 5×10^3 A/cm^2，金属间化合物的溶解行为与较高电流密度下的溶解行为不同。在开始的 50 h 内，Cu$_6$Sn$_5$ 快速溶解，但在此后，Cu$_6$Sn$_5$ 在一些地方又开始生长。金属间化合物的这种生长行为只出现在局部区域中，且比它的溶解速率要小得多。由于这种局部生长，因为一些未知原因，阴极处金属间化合物的厚度在电迁移 240 h 后趋于稳定。图 10.8 所示为在不同电流密度下 Cu$_6$Sn$_5$ 厚度变化随时间变化的函数关系。

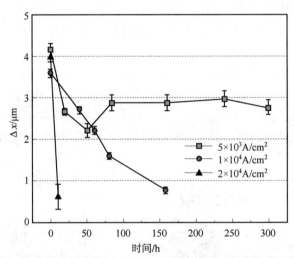

图 10.8　在不同电流密度下 Cu$_6$Sn$_5$ 厚度变化随时间变化的函数关系

图 10.8 中最有意义的曲线是电流密度为 5×10^3 A/cm^2 时所对应的曲线，该曲线使用正方形符号表示。在电迁移 85 h 后，我们观察到金属间化合物厚度趋于稳态。正如我们前面所讨论的内容，存在两个能影响金属间化合物厚度变化的驱动力，其分别是化学作用力和电学作用力。故质量传输的通量方程可表示为

$$J = J_{\text{chem}} + J_{\text{em}} = C \frac{D}{kT} \left(-\frac{\partial \mu}{\partial x} \right) + C \frac{D}{kT} Z^* ej\rho \qquad (10.1)$$

式中，C 是浓度；D 是扩散率；kT 为物理学常用含义；$\partial \mu / \partial x$ 是化学势梯度；Z^* 是有效电荷数；e 是电子元电荷；ρ 是电阻率；j 是电流密度。

阴极侧，化学作用力使金属间化合物生长，而电学作用力则使金属间化合物溶解，这两种作用力在整个电迁移过程中相互竞争。固态老化研究已表明单独由化学势梯度作用力驱动的金属间化合物平面型生长是由扩散过程控制的，其生长速率满足关系式 $dx/dt \propto A/x$，这意味着当化合物层厚度接近零（$x \to 0$）时，生长速率 dx/dt 趋于无穷大，因此金属间化合物

层不会在扩散控制模式下消失。换句话说，当化合物厚度接近零时，化学势梯度趋于无穷大。当电学作用力较弱时，化学作用力可能超过电学作用力，这样在阴极处金属间化合物便能生长。当电流密度仅为 $4×10^3$ A/cm² 时，在阴极处就可以观察到金属间化合物的生长。而当电学作用力与化学作用力大小相当时，金属间化合物的生长厚度曲线出现平台区域，这表明生长和溶解达到了动态平衡。我们将这种状态定义为化学作用力和电学作用力间的动态平衡状态[7]。那么，为什么要关注动态平衡状态呢？

首先，在这种平衡状态下可得到临界积值，类似于在铝短条带的电迁移研究中电场力和背应力达到稳态平衡。因此，式（10.1）中有净通量 $J=0$，故有

$$\frac{\Delta\mu}{\Delta x} = Z^*_{Cu_6Sn_5}ej\rho_{Cu_6Sn_5} \tag{10.2}$$

通过重新整理方程，可得到一个临界积值：

$$(j\Delta x)_{critical} = \frac{\Delta\mu}{Z^*_{Cu_6Sn_5}e\rho_{Cu_6Sn_5}} \tag{10.3}$$

知道了临界积值，我们就可以在给定电流密度条件下计算出达到动态平衡时金属间化合物的厚度。在给定的电流密度下，只要金属间化合物的厚度大于或等于临界厚度，阴极处就不会有孔洞形成。在实际试验中，当电流密度为 $5×10^3$ A/cm² 时，平衡态下金属间化合物的厚度约为 2.9 μm。

随后，我们可得出铜电极的溶解速率，由此可计算给定厚度的铜质 UBM 层的寿命。在动态平衡下，金属间化合物的厚度不随时间改变，铜/金属间化合物界面的移动速度和金属间化合物/锡界面的移动速度相等，该移动速度可通过等式 $J=cv$ 与通量相关联，然后根据试验数据，在 150 ℃温度、$5×10^3$ A/cm² 电流密度条件下测得铜溶解速率约为 0.076 μm/h。

在上述两节中，我们讨论了电迁移对阳极和阴极处金属间化合物形成的极化效应。那么电迁移对两个电极之间的块体焊料又有什么影响呢？我们回顾 9.7 节所述内容，在共晶焊料块体中，电迁移作用使共晶两相微观结构本质上变得不再稳定。

10.5 电迁移对金属间化合物竞争性生长的影响

Greer 和他的同事发表了一篇关于电迁移对两种金属间化合物间竞争性生长的影响的论文[8]，它类似于 3.2.4 节中所提到的两层金属间化合物间的竞争性增长。然而，在电迁移中应当考虑在阴极、阳极处的金属间化合物间跨越焊料接头的相互作用。10.3 节和 10.4 节中阐述到：其相互作用加速了阳极处金属间化合物的形成，而延缓了阴极处金属间化合物的形成。发生相互作用是由于在焊料接头电迁移时，必会存在阴极和阳极。铜和镍在焊料内的固态扩散极快，一般来说，焊料中的电迁移发生在高的同源温度下。为充分理解伴随有阴、阳极间金属间化合物的相互作用时电迁移对金属间化合物竞争性生长的影响，就不能忽略阴极处金属间化合物向焊料的溶解，且必须考虑阳极处金属间化合物的析出。即使使用无限大的焊料块作为阳极，在没有沉淀的情况下，金属间化合物溶解也将是无限量的。

然而，基于器件的小型化趋势，焊料接头尺寸（即直径或厚度）将接近 10 μm，这样，整个焊料接头都会变为金属间化合物，因此，我们可能得到三层金属间化合物被夹在两个铜电极的结构，即 Cu/Cu₃Sn/Cu₆Sn₅/Cu₃Sn/Cu。图 10.9 所示为在 V 形槽试样中制成的这种

结构。在 V 形槽中，用 10 μm 厚的共晶锡银铜焊料将两个铜线连接起来，然后在 150 ℃ 温度、2×10^4 A/cm^2 电流密度条件下电迁移 144 h。这样，焊料和两个铜电极间的界面反应已经将整个焊料变成三层金属间化合物结构。图 10.9（a）和图 10.9（b）分别所示为电迁移前后的 SEM 照片，图 10.9（c）所示为通过电子探针测定的反应后的成分分布。图 10.9（b）中的白线表示电子探针所扫描的组分位置。我们有可能可利用这样的试样探究清楚电迁移对三层金属间化合物间竞争性生长的影响。初步结果显示阴极处的 Cu$_3$Sn 比阳极处的 Cu$_3$Sn 生长得更快，如图 10.9（c）所示。

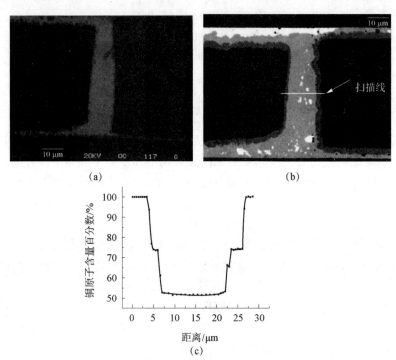

图 10.9　在 V 形槽试样中制成的三层金属间化合物被夹在两个铜电极的结构

（a）电迁移前 V 形槽接头的 SEM 照片；（b）电迁移 144 h 后的 SEM 照片；

（c）通过电子探针测定的反应后的成分分布

参考文献

［1］S. W. Chen, C. M. Chen, and W. C. Liu, "Electric current effects upon the Sn/Cu and Sn/Ni interfacial reactions," J. Electron. Mater., 27, 1193–1197 (1998).

［2］Q. T. Huynh, C. Y. Liu, C. Chen, and K. N. Tu, "Electromigration in eutectic PbSn solder lines," J. Appl. Phys., 89, 4332–4335 (2001).

［3］H. Gan, W. J. Choi, G. Xu, and K. N. Tu, "Electromigration in flip chip solder joints and solder lines," JOM, 6, 34–37 (2002).

［4］H. Gan and K. N. Tu, "Polarity effect of electromigration on kinetics of intermetallic compound formation in Pb-free solder V-groove samples," J. Appl. Phys., 97, 063514-1 to-10 (2005).

[5] R. Aquawal, S. Ou, and K. N. Tu, "Electromigration and critical product in eutectic SnPb solder lines at 100 ℃," J. Appl. Phys., 100, 024909 (2006).

[6] T. Y. Lee, W. J. Choi, K. N. Tu, J. W. Jang, S. M. Kuo, J. K. Lin, D. R. Frear, K. Zeng, and J. K. Kivilahti, "Morphology, kinetics, and thermodynamics of solid state aging of eutectic SnPb and Pb-free solders (SnAg, SnAgCu, and SnCu) on Cu," J. Mater. Res., 17, 291-301 (2002).

[7] S. Ou, Ph. D. dissertation, UCLA, (2004).

[8] H. T. Orchard and A. L. Greer, "Electromigration effects on compound growth at interfaces," Appl. Phys. Lett., 86, 231906 (2005).

11 铜锡反应与电迁移引起的焊点韧脆转变

11.1 引言

焊点的力学性能中有两个特点值得反复关注。第一个特点是焊料合金在器件使用温度或室温下同质温度就很高。以共晶 SnAgCu 的熔点 217 ℃ 为例，室温就已经达到熔点的 0.6（以绝对温标为尺度）。因此，当考虑焊料接头的力学性能时，必须将热活化的原子活动考虑在内，特别是在低应变速率下。第二个特点是焊料接头具有两个界面，其力学性能可能与那些没有界面的骨棒型块体焊料试样（用于拉伸试验）的力学性能有很大区别。因为界面由于 Cu-Sn 反应与电迁移造成的金属间化合物形成和空位累积而变得越来越脆，其断裂倾向于在界面附近发生。在高应变速率冲击下，脆性断裂在界面处发生。

在本章，我们将聚集于 Cu-Sn 反应和电迁移对倒装芯片焊料接头的力学性能的影响。我们在第 6 章讲到：化学反应可以影响锡须自发生长中的应力产生和应力弛豫，此外第 9 章也讲到：电迁移可以诱导背应力，且背应力也可以影响电迁移。这些都是内应力。在这里，我们讨论当外力施加到接头上时，Cu-Sn 反应和电迁移对焊料接头力学性能的影响，特别是自由下落时的跌落冲击力。对于便携式和手持式设备而言，最常见的故障是由意外跌落到地面所引起的。

焊料合金的力学性能已经在许多书中提及。本章涵盖的内容是 Cu-Sn 反应和电迁移对倒装芯片焊料接头力学性能的影响，特别是对焊料接头界面的影响。由于电迁移在界面上的极性效应，韧性焊料接头可能变成脆性焊料接头。韧脆性转变对作用于接头上的高速剪切应力非常敏感。

因为焊料合金本质上是易延展的，因此开展电迁移和 Cu-Sn 反应如何影响焊料接头界面的力学性能并改变其延展性的研究非常有必要，我们将在下一节研究其机理。由于电迁移的极性效应，空位会在接头阴极界面处积累，并形成孔洞。除电迁移外，由于 Cu-Sn 反应，在接头界面处将形成更多的金属间化合物，特别是当柯肯达尔孔洞伴随金属间化合物形成时，焊料接头中的韧脆转变还可由热老化引起。当脆性界面在下落中遭遇高速冲击时，容易发生断裂失效。实际上，从设备的机械可靠性观点来看，因为越来越多的便携式消费电子产品可能会由于跌落而失效，所以冲击应力正成为除热应力以外的另一个重要问题。

11.2 电迁移对拉伸试验结果的影响

为检验电迁移对焊料接头力学性能的影响,我们设计并制备了结构为铜线-焊球(95.5Sn3.8Ag0.7Cu)-铜线的试样进行拉伸试验,如图 11.1 所示。首先,在硅芯片上蚀刻宽度为 300 μm 的 V 形槽,蚀刻后,不沉积如第 10 章中讨论的三层金属膜,而是以氧化硅在 V 形槽壁上形成氧化物层,因此熔融焊料不会润湿表面氧化的 V 形槽。随后将镀有聚合物涂层的直径为 300 μm 的两根铜线放置在 V 形槽中,并将直径为 300 μm 的两个相同焊球排列在 V 形槽中的铜线之间。然后将组件加热至 250 ℃并保持几分钟,焊球熔化并通过形成界面金属间化合物与两个铜电极相连。铜线上的聚合物涂层将限制熔融焊料仅润湿铜线横截面区域。冷却后,通过超声波振动从 V 形槽中取出一维线材试样。图 11.2 (a) 所示为试样的光学显微镜照片,图 11.2 (b) 所示为抛光后的轴向横截面照片[1]。

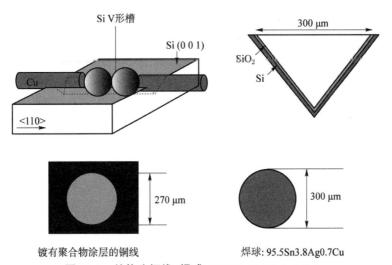

镀有聚合物涂层的铜线　　　　焊球: 95.5Sn3.8Ag0.7Cu

图 11.1　结构为铜线-焊球 (95.5Sn3.8Ag0.7Cu)-
铜线试样的制备

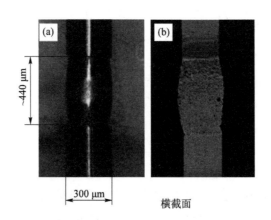

横截面

图 11.2　一维线材试样

(a) 试样的光学显微镜照片;(b) 抛光后的轴向横截面照片

这种一维试样的优点是可向其施加拉伸应力来研究焊料接头的力学性能。此外，使用铜线作为电极，可依次或同时对其施加电流和拉伸应力。与骨棒状试样不同，随着金属间化合物的形成，这些试样具有两个界面，这使它们更接近器件中的真实焊料接头。

将一维铜–焊料–铜试样分成两组：第一组在不施加电流的情况下进行拉伸试验，应变速率为 $10^{-2}/s$；第二组在拉伸试验前进行电迁移试验，分别在 1.68×10^{3} A/cm^{2} 和 5×10^{3} A/cm^{2} 电流密度、145 ℃温度下电迁移 24 h 和 48 h，随后在应变速率为 $10^{-2}/s$ 的条件下进行拉伸试验。

图 11.3（a）和图 11.3（b）所示为拉伸试验的应力–应变曲线。图 11.3（a）所示为电迁移电流密度对抗拉强度的影响，顶部曲线来自不加电流的试样，中间曲线来自 145 ℃温度、1.68×10^{3} A/cm^{2} 电流密度下电迁移 48 h 后的试样，底部曲线来自 145 ℃温度、5×10^{3} A/cm^{2} 电流密度下电迁移 48 h 后的试样。它说明了抗拉强度随电迁移的变化。如图 11.3（b）所示，顶部曲线是不加电流的试样的拉伸试验结果，中间和底部曲线来自 145 ℃温度、5×10^{3} A/cm^{2} 电流密度下分别通电 24 h 和 48 h 的试样。

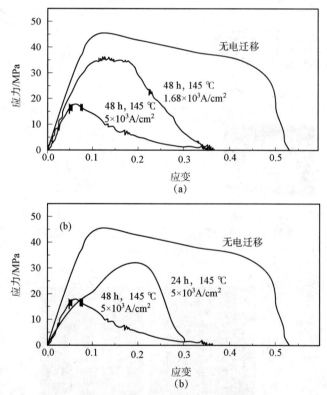

图 11.3　拉伸试验的应力–应变曲线

（a）电迁移电流密度对抗拉强度的影响；（b）通电时间对抗拉强度的影响

更长的时间或更高的电迁移电流密度会导致越来越多的空位从阳极移动到阴极，从而通过空位聚集弱化阴极处的界面机械强度。为了分析阴极界面弱化是否是由电迁移导致的抗拉伸强度减弱的原因，我们分析了有、无电流加载时试样在拉伸试验后的断裂照片，如图 11.4 所示。无电流加载时，因为无铅焊料比铜线柔软得多，因此试样在焊料中断裂，如图 11.4（a）所示。在 145 ℃温度，5×10^3 A/cm² 电流密度下电迁移 96 h 后，即使在焊料接头中可观察到一些塑性变形，试样也仍在阴极界面附近断裂，如图 11.4（b）所示。在相同电流密度的电流加载 144 h 后，试样在阴极界面处突然断裂，同时焊料接头主体保持原始形状，这表明发生的是脆性断裂，如图 11.4（c）所示。

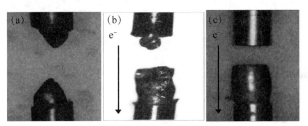

图 11.4　有、无电流加载时试样在拉伸试验后的断裂照片

（a）没有电迁移；（b）电迁移 96 h；（c）电迁移 144 h

11.3　电迁移对剪切试验的影响

对电迁移对焊料接头剪切行为的影响进行研究，图 11.5 所示为倒装芯片键合到有机基板上的组件的光学照片，其中大的白色箭头为施加在芯片上推动芯片的力，并对芯片和电路板间的焊料接头产生剪切力。在倒装芯片试样中，在硅片和基板间形成了菊花链型的复合焊料接头。复合材料由芯片侧的高铅焊料和基板侧的锡铅共晶焊料组成。在剪切试验中，将倒装芯片试样分成两组：第一组剪切前没有进行电迁移，应变速率为 0.2 μm/s。第二组在温度为 155 ℃、电流密度为 2.55×10^3 A/cm² 条件下电迁移 10 h，之后用相同的应变速率进行剪切试验[2]。

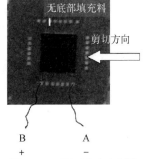

图 11.5　剪切试验中倒装芯片试样的光学照片

图 11.6 所示为第二组施加电迁移的试样断口俯视图的 SEM 照片。图 11.6（a）所示为芯片侧，图 11.6（c）所示为基板侧。这两个图中的字母 A 和 B 分别表示了通电菊花链中的两对焊料接头。图 11.6（b）和图 11.6（d）所示分别为这两对焊料接头的放大照片，它们呈现出交替断裂现象。其余未通电的焊料接头在高铅侧断裂，如图 11.7（a）和图 11.7（c）所示。图 11.7 所示为第二组试样在电迁移后剪切断裂的侧视图。图 11.7（a）所示为芯片侧照片，图 11.7（c）所示为基板侧照片。图 11.7（b）和图 11.7（d）分别是图 11.7（a）和图 11.7（c）的放大照片，箭头表示电子流动方向，电子在菊花链型焊料接头中向下、向上交替流动。

为了解释断裂模式，我们考虑到一个复合焊料接头包含了高铅区和共晶锡铅区。没有电迁移时，因为铅比共晶锡铅软，所以焊料接头在高铅区域失效。然而在电迁移后，不论阴极是高铅区域还是共晶锡铅区域，断裂总是发生在菊花链中的阴极界面处。剪切试验中菊花链交替失效的现象表明电迁移通过阴极界面处的孔洞形成弱化了阴极界面，这与拉伸试验的结果类似。

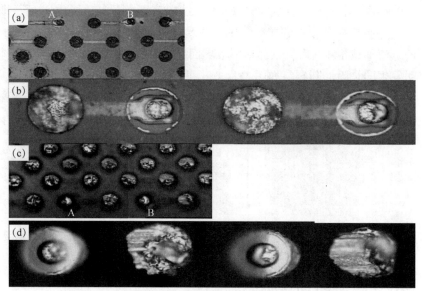

图 11.6　第二组施加电迁移的试样断口俯视图的 SEM 照片
（a）芯片侧；（b）芯片侧放大照片；（c）基板侧；（d）基板侧放大照片

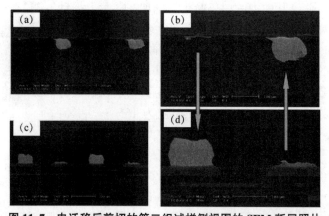

图 11.7　电迁移后剪切的第二组试样侧视图的 SEM 断层照片
（a）芯片侧照片；（b）芯片侧放大照片；（c）基底侧照片；（d）基底侧放大照片

11.4　冲击试验

11.4.1　夏比（Charpy）冲击试验

　　无线、手持和移动消费电子产品是无所不在的，这些设备常见的失效原因是意外跌落到地面。该冲击往往会导致硅芯片及其封装模块之间的那些引线键合或焊料接头的界面断裂，特别是那些没有底部填充的 BGA 焊料接头。虽然键合线上的模塑料和倒装芯片焊料接头中的环氧树脂底部填充物可以有效防止芯片与其封装体的物理分离，但是由冲击引起的界面裂纹足以引起电路开路，因此不能忽略阴极界面处由电迁移引起的损伤和冲击引起的高速剪切应力共同作用下的焊料接头的可靠性。BGA 焊料接头在跌落中发生断裂是一个主要问题，这是因为 BGA 焊球比倒装芯片焊球重得多，且没有底部填充的保护，跌落过程中，当扭矩作用于界面时，BGA 焊料接头界面断裂失效的可能性要高很多。

目前，微电子工业关于自由落体实验有联合电子设备工程委员会（Joint Electronic Device Engineering Council，JEDEC）测试标准。在测试中，一个面积为 13 cm×8 cm 的板上组装有 3×5 面阵列的芯片尺寸封装基板，这个板与下落台一起自由下落。板的四个角固定在支座上，因此板可有弯曲振动。在跌落试验中，板水平放置。自由落下的冲击会引起板的弯曲和振动，这将导致基板的焊料接头界面处发生断裂。然而测试板的尺寸太大，因此对手持装置而言没有很大的参考意义，特别是当测试冲击对小尺寸封装基板的影响时。现在还没有标准的跌落测试设备和测试标准可用于测试小尺寸封装试样，例如芯片尺寸封装，其中 1 cm² 的倒装芯片被封装在相同尺寸的板上。11.5 节中将进一步讨论跌落测试。接下来我们讨论经典的夏比冲击试验。

经典的夏比冲击试验是对块状钢样品的断裂韧性的标准试验，典型的测试试样是尺寸约为 1 cm×1 cm×5 cm 的矩形棒。该试验通过测量在试样断裂前后摆锤的势能损失来测量试样的冲击韧性。机器的摆锤碰到试样背面时，在试样前侧会有一个缺口。冲击韧性是通过在试样中产生两个断裂面所消耗的能量来测量的。在大多数的体心立方金属（包括钢）中，存在韧性-脆性转变温度（Ductile-to-brittle Transition Temperature，DBTT）。金属在该温度之上是韧性的，但在该温度之下是脆性的。"泰坦尼克号"船可能在撞击冰山后沉没在冷水中，从而导致船体脆性断裂。夏比冲击试验可用来表征金属中的韧脆转变温度，从而获得其可应用温度的下限[3]。

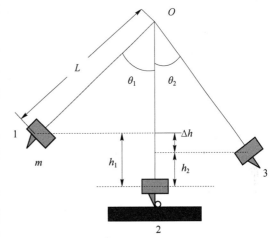

图 11.8 夏比冲击试验的几何示意

冲击期间消耗的能量通过摆锤在撞击前后的重力势能变化来测量。潜在的能量变化通过初始摆锤高度 h_1 和在摆动期间获得的最大高度 h_2 之间的差值或者在冲击前后的高度差测量得到，如图 11.8 所示。

$$PE = mgh_1 - mgh_2 = mg\Delta h \tag{11.1}$$

式中，m 是摆锤质量（g）；g 是重力常数或重力加速度（9.80 m/s²）；$\Delta h = h_1 - h_2 = L(\cos\theta_1 - \cos\theta_2)$，其中 L 是摆锤的长度，θ_1 和 θ_2 分别是冲击前后摆锤的角度。势能的单位是 N·cm。在夏比冲击试验中，可通过可读角度指示器（针）的标尺来测量冲击前后的高度或角度。角度的测量精度为 0.5°~1°。对于块状样品及非常坚韧的材料，如钢筋，这样的精度已足够好。

我们从夏比冲击试验中得知有三个关键因素会导致脆性断裂：低温、高速剪切和几何凹口。当韧性材料的结构同时具有这三个因素时，其倾向于展示出脆性断裂行为。如果这些因素不存在，材料则保持延展性，除了如玻璃等本身就很脆的材料。大多数材料在低温下变脆，如纯锡在 13 ℃时可从 β-Sn（金属，具有体心立方晶格）缓慢转变成 α-Sn（半导电，具有金刚石晶格）。由于该过程中摩尔体积变化极大，因此纯锡的低温相变（称为锡瘟）会导致结构断裂。尽管如此，对于共晶焊料接头在室温附近的绝大多数应用来说，由于这些合金高比温度的内在属性，因此第一个因素——低温是不用考虑的。但是当应用在非常寒冷的天气下时，它将是一个问题。关于第二个因素——高速剪切，由于跌落引起的失效涉及高速剪切，因此这是很严重的问题。因此，通过标准剪切试验，因为其剪切速度较低，所以其不能表征焊料接头在跌落过程中的脆性行为。为此，我们需要获得与跌落时一样快的冲击剪切来进行测试。第三个因素——几何凹口，表明在焊料接头中，如果在焊料凸点和其基板之间存在尖锐的角，则它的作用与凹口相同，且可能会引发韧性-脆性转变。然而，对于焊料接头而言，我们必须在接头界面处添加第四个因素，即金属间化合物和柯肯达尔孔洞形成。空穴形成可由相互扩散和电迁移引起。

11.4.2　测试焊料接头的微型夏比冲击试验设备

为了将夏比冲击试验应用于小型试样，例如，电子封装中的单个 BGA 或单个倒装芯片焊球接头，其焊球直径为 760~1 000 μm，我们搭建了微型夏比冲击试验机用于测试这些焊球与其基板的键合性质[4-7]，如图 11.9 所示。

基本上来说，它是一个便携式迷你夏比试验机。该试验机使用电磁铁来释放 1 ft① 臂长的摆锤。摆锤从 1 ft 的高度释放，在最低位置时速度大约为 2.44 m/s，该速度比在典型剪切试验中的剪切速度（1 mm/s）快约 3 个数量级。将焊球试样放置在最低位置处的 *XYZ* 定位台上，锤的初始位置和其冲击后的最终位置由角度记录器中的指针记录在半球形表盘上，如图 11.9 左上角所示。在表盘上，角度的读取精度为 0.5°。由于在典型冲击试验中测量的角度差约为 10°，因此分辨率为测量能量变化的 5%~10%。

图 11.9　微型夏比冲击试验机照片

---

①　1 ft=0.304 8 m。

　　微型夏比冲击试验机已被用于研究焊接到 BGA 基板上焊球的冲击韧性。焊球在 BGA 基板上的布局使在摆锤的摆动路径上只有一个焊球。图 11.10 所示为沿焊料凸点与金属间化合物相间界面脆性断裂的 SEM 照片。图 11.10（a）所示为焊料凸点基体内部的断裂，该断裂面具有剪切作用下塑性变形的形貌。图 11.10（b）所示为沿焊料凸点和金属间化合物相间界面的脆性断裂，断裂表面看起来相当光滑。图 11.10 所示的焊料凸点中从韧性断裂到脆性断裂的变化是我们不希望看到的。定性地来说，韧性-脆性转变的原因是焊料接头经受热处理继而形成的大量金属间化合物，以及在焊料和 BGA 板上金属化层间界面处的孔洞。量化地来说，为了表征这样的韧性-脆性转变，我们需要使用迷你夏比设备来对大量焊点进行系统研究，研究其与温度、时间、焊料成分、UBM 层和凸点在 BGA 基板上的位置之间的关系。

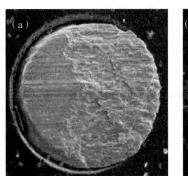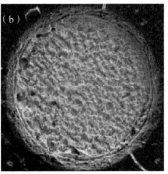

图 11.10　焊料接头断裂面的 SEM 照片

（a）焊料凸点基体内部的断裂；（b）沿焊料凸点和金属间化合物相间界面的脆性断裂

　　我们注意到焊料接头中的韧性-脆性转变不是因为与体心立方金属中的温度变化类似，而是因为老化中生长的金属间化合物或电迁移中形成的界面孔洞。当较厚的金属间化合物及大量的柯肯达尔孔洞形成时，焊点很可能展现出脆性。当电迁移导致接头阴极界面处积累大量孔洞时，在阴极处也会产生脆性界面。

　　在冲击试验的高速剪切过程中，冲击能量应该分布在两个断裂表面的形成以及焊球基体的塑性变形中。焊球越软，变形越大；接头界面越脆，变形越小。我们可以从基板上敲下变形的球后，通过 SEM 来检查它们的塑性变形量。为了进行比较，可在一台 Instron 机器中测量出一组自由焊料球中获得同样数量的塑性变形所需的能量。我们发现塑性变形吸收的能量仅约为总冲击能量的 10%，因此得知大部分冲击能量用于产生断裂表面。

11.5　跌落试验

11.5.1　跌落试验标准——JESD22-B111

　　我们在这里简要讨论工业界广泛采用的 JEDEC 制定的标准 JESD22-B111（板级手持电子产品部件的跌落测试方法），其发布于 2003 年 7 月。试验机和试样的示意如图 11.11 所示。测试样品是面积约为 13 cm×8 cm 的印制电路板，将其倒放在跌落台上的四个支座上，如图 11.11 所示。在板上，通常有 5×3 面阵列的 15 个组件或封装模块。板的四个角通过螺

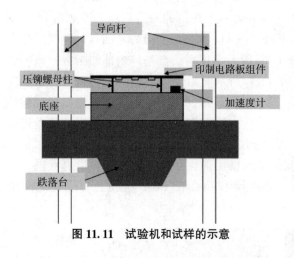

图 11.11　试验机和试样的示意

钉固定在支座上。跌落台的自由下落沿两个导向杆从 0.82 m 的高度坠下直至撞击减振垫，该减振垫通常是石头或水泥块，但是其表面被改性以用于减振。

当桌子撞击减振垫时，印制电路板会弯曲和振动。桌子上和板上分别安装了加速度计来记录跌落台撞击到减震垫时的"输入加速度"和"输出加速度"。输出加速度的典型振荡曲线如图 11.12 所示，图中显示在第一个减速（加速度）衰减周期内，即在 0.5 ms 的半正弦脉冲的一半处已达到 1 500g 的加速度。这是跌落测试中的关键规格——必须在 0.5 ms 的半正弦脉冲的一半的周期内实现 1 500g 的加速度。由于力是在很短的时间内通过动量变化测得的，0.5 ms 是冲击中发生动量变化的周期，因此它是跌落试验中用于定义作用在焊点上的力的关键参数[8-10]。

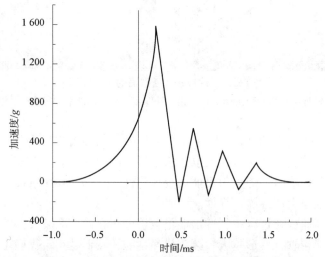

图 11.12　跌落试验中输出加速度的典型振荡曲线

在从高度 h 的地方自由下落的过程中，若假定到达地面或减振垫的速度是 v，则可根据能量守恒得到

$$mgh = \frac{1}{2}mv^2$$
$$v = (2gh)^{\frac{1}{2}}$$

(11.2)

式中，重力常数 g 是 9.8 m/s^2。在自由下落过程中，速度 v 与质量 m 无关。当自由下落高度为 0.816 m 时，速度为 4 m/s。

在撞击地面时，跌落台和印制电路板的速度将从 v 变为零。假设冲击是弹性的，特别是板的冲击，则它将具有速度的反向改变，即从零到 $-v$。令 Δt 为从 v 到 $-v$ 速度变化的过渡时间，$-a$ 为冲击中的减速度。若假设 Δt 是 0.5 ms，如图 11.11 所示，则有

$$- a = \frac{\Delta v}{\Delta t} = \frac{8 \text{ m/s}}{0.5 \times 10^{-3} \text{ s}} = 16\,000 \text{ m/s}^2 \approx 1\,600g \tag{11.3}$$

式中，$g = 9.8 \text{ m/s}^2$。因此，我们注意到 a 与重力加速度无关，但与冲击中速度的变化速率有关。如果考虑到变化中的反向速度，则它可以在跌落试验中达到 $1\,600g$ 的值。试验中，可通过测量图 11.12 所示的第一峰下的面积得到 Δv。前提是不存在较高次谐波振动的干扰。

0.5 ms 来自哪里？它来自安装在跌落台上板的固有振动频率[11-13]。冲击的动量变化是 $\Delta(mv)$，其中 m 是工作台的质量。由于工作台和板之间的耦合，动量变化将引起承载封装体的板的振动或弯曲。假设矩形板的基本振动模式频率为 $f = 1 \text{ kHz}$ 或 $1\,000 \text{ s}^{-1}$，一个周期则为 1 ms，半正弦脉冲为 0.5 ms，这正如图 11.12 所示。正如我们所提到的，力是通过测量很短时间内动量的变化得到的，因此振动的时间或频率是焊料接头跌落测试中的关键参数。在诸如板的四点弯曲试验等低频测试中，就不会产生跌落过程中遇到的力。

我们可通过将板中的声速除以板的长度来计算频率，如式（11.4）所示。板中的声速与 $(Y/\rho)^{1/2}$ 成比例，其中 Y 和 ρ 分别是板的杨氏模量和密度，l 是长度。

$$f = \frac{1}{2l}\sqrt{\frac{Y}{\rho}} \tag{11.4}$$

举例来说，若取聚乙烯的杨氏模量和密度分别为 $0.011 \times 10^{11} \text{ dyn/cm}^2$ 和 1 g/cm^3，且取梁的长度为 0.41 μm，则可发现频率约为 1 kHz[14]。为计算简便，我们认为声音在空气中的速度为 $5 \times 10^4 \text{ cm/s}$，则声音在空气中行进 0.5 m 的时间为 $1 \times 10^{-3} \text{ s}$，因此频率即时间的倒数则为 1 kHz。由于声音在固体中的传播速度比在空气中更快，因此表明上述讨论和计算是正确的。

除振动频率外，板的振动或弯曲的幅度对于使焊料接头变形而言是十分关键的。振幅由跌落台和板之间的机械耦合决定。假设使用梁模型或板模型，则可模拟弯曲量。

在跌落试验中，减振垫通常是 100 kg 的石头，其表面可通过用覆盖布作为软地面来吸收冲击。冲击时板的振荡可通过型号为 8704B5000 的 Kistler 加速度计测量。如果加速度传感器放置在跌落台上，则可以测量输入加速度。输入加速度主要依赖于减振垫的表面硬度。如果我们在它上面放一块布，输入加速度将大大降低。当跌落高度为 1.3 m（大约 4 ft）时（这大约是衬衫上的胸口口袋的高度），在板上测量的输出加速度可以达到 $2\,000g$，且击中地面时的速度大约为 5 m/s。当跌落高度为 0.82 m（接近 3 ft）（即桌子高度）时，测量的输出加速度降至 $1\,500g$。振动是否引起焊料接头失效可通过测量焊料接头互连的电阻值是否超过某一阈值来确定，如是否超过 $1\,000$ Ω。

在标准跌落试验中使用的印制电路板比在手持尺寸电子设备中使用的大多数模块或基板大得多，但是振动需要大板。虽然水平布置测试板使我们能够测量由冲击引起的振动效应，但是无法衡量当板垂直冲击地面时扭矩对焊料接头的影响。我们需要搭建一个新的跌落试验机，与此同时，新机器必须具有与上述标准跌落试验机相同的特性，如 0.5 ms 和 $1\,500g$。这样，我们就能通过跌落测试来测量 BGA 焊料接头上的扭矩。

11.5.2　封装板的竖直跌落和焊球上的扭矩

图 11.13 所示为连接到基板上的焊球及其基板的自由下落示意。若假设板垂直下降，其边缘处以速度 v 撞击地面，在撞击地面时，板和焊球的速度都将从 v 变为零，然后变为 $-v$。焊球的动量变化将为 $\Delta(mv)$，其中 m 是焊球质量。该变化将导致剪切力 F 和扭矩 Q 作用在

球上，且它们趋于破坏焊球和板之间的界面。力可根据下述关系式进行计算：

$$F\Delta t = \Delta(mv)$$

$$F = -m\frac{\Delta v}{\Delta t} = -ma \tag{11.5}$$

式中，Δt 是速度从 v 到零再到 $-v$ 的变化时间或动量变化的过渡时间。短时间将产生大的剪切力和扭矩。由于我们可以很容易得到（或测量）自由下落速度 v 和质量 m，而过渡时间和减速度会直接影响力和扭矩的大小，因此如何精确测量过渡时间 Δt 或减速度 $-a$ 非常关键。因此在设计跌落测试时，Δt 的定义与测量是最关键的环节。

当力确定时，我们可获得扭矩 $Q = F \times r$，其中，r 是焊球重心到界面的最短距离。力 F 倾向于剪切球和板之间的界面，而扭矩 Q 将在界面上施加法向力。但是由扭矩引起的法向力分布为上端受拉、底端受压，其应力分布如图 11.14 所示。

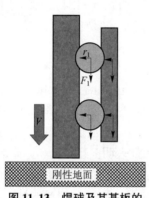

图 11.13　焊球及其基板的
自由下落示意

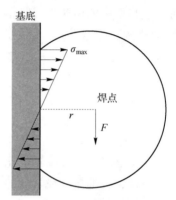

图 11.14　应力分布

为了分析应力分布，我们在图 11.14 中考虑连接到垂直板上的焊球的横截面示意。我们假设焊球和基板之间的接触面积是矩形的，宽度为 w，长度为 $2R$。假设从上半部中的张力到下半部中的压应力的分布呈线性变化。如果两端的最大应力取 $\pm\sigma_{max}$，则从几何关系可得下述关系：

$$\sigma = \frac{z}{R}\sigma_{max} \tag{11.6}$$

式中，σ 是距离中间原点的距离为 z 位置处的法向应力，其中原点处法向应力为零。应力分布产生的总力矩应等于扭矩。通过一个非常简单的分析可以计算出扭矩，其为

$$w\int_{-R}^{R}z\sigma\mathrm{d}z = w\int_{-R}^{R}z\frac{z}{R}\sigma_{max}\mathrm{d}z = w\frac{\sigma_{max}}{R}\int_{-R}^{R}z^2\mathrm{d}z = \frac{2}{3}w\sigma_{max}R^2 \tag{11.7}$$

在最后一个方程中，$\sigma(w\mathrm{d}z)$ 是在距离原点 z 处作用于 $(w\mathrm{d}z)$ 的细条带上的力，因此 $z\sigma(w\mathrm{d}z)$ 是力矩。总力矩应等于扭矩，即 $F \times r$，所以可得

$$\sigma_{max} = \frac{3}{2} \cdot \frac{Fr}{wR^2} \tag{11.8}$$

当测量出冲击所造成的扭矩时，通过式（11.8），我们能计算得到 σ_{max}。如上所述，σ_{max} 取决于扭矩，而扭矩取决于力，力取决于 Δt。我们可根据 σ_{max} 的大小确定跌落能否导

致裂纹在界面处形成。除由于扭矩产生的法向力外，界面还经受剪切力。因此在讨论裂纹产生和传播时，在焊料接头的上角和下角处必须同时考虑法向力和剪切力。

11.6　使用微型夏比冲击设备进行跌落试验

我们需使用微型夏比冲击设备进行跌落试验，并测量水平跌落和垂直跌落时的 Δt。为此，主要的改变是将标准跌落试验中的大型印制电路板的弯曲振动（频率和振幅）转移到夏比冲击设备上梁或臂的弯曲振动。铰接梁的振动将产生水平跌落和垂直跌落所需的加速度，因此应使用与聚合物基印制电路板相似的材料制成臂，使杨氏模量和密度与标准试验几乎相同，进而使基本振动模式与标准试验相同。单个倒装芯片及其封装模块可安装在摇臂端部的摆锤上。臂的一端铰接，另一端的摆锤和上面的试样可自由摆动。当摆锤撞击最低位置处的固定壁并且臂产生振动时，它对附着的试样产生与标准试验相同的效应。为测量扭矩，我们需要区分水平跌落和垂直跌落，芯片尺寸封装将以其表面与摆锤摆动方向平行的方式附着在摆锤上，如 11.6.2 节中所述。

为了实现从高度 0.82 m（接近 3 ft，这是家用餐桌的典型高度）的地方自由下落，我们可搭建一个具有 0.41 m 长的臂的台式机器，并且将臂从垂直位置高度为 0.82 m 的地方施放，如图 11.15 所示。在臂的末端，我们可添加一个摆锤和一个加速度传感器，并在最低位置处建立刚性墙。当摆锤撞击墙壁时，臂产生振动。此外，我们可通过改变摆锤的质量来改变臂的振幅。

进行测试的一种方式是使用具有相同构造的另一个臂来替换刚性墙，即具有摆锤和加速度传感器的臂。换句话说，测试中有两个臂：一个是摆臂，另一个是自由悬挂的臂，且它们都是铰接的。我们让前者击中后者，使其在冲击中保持动量守恒，如图 11.16 所示。此外自由悬挂臂可作为摆臂铰接，但它也可以被固定。具有一端固定臂的优点是：我们可以在试样中搭建监测电路用于原位测量由冲击引起的失效。

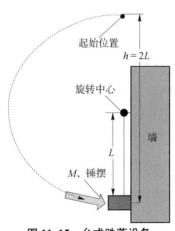

图 11.15　台式跌落设备

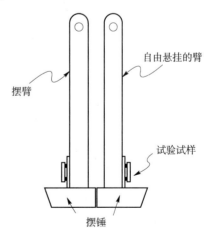

图 11.16　将刚性墙更换为
另一个臂的跌落设备

因此，冲击试验是自由下落的相反过程。在摆臂中，基板和焊球的速度从 v 变化到零，且在冲击后的自由悬挂的臂中，其基板和焊球的速度从零变化到 v。在自由落体中，速度变化在垂直方向；然而在冲击试验中，速度变化在水平方向。动量守恒确保冲击试验中的速度变化 Δv 与自由落体中的相同。为测量 Δt，我们可将加速度传感器放置在摆锤上。

11.6.1　在微型夏比冲击设备中水平放置的芯片尺寸封装的跌落

图 11.15 和图 11.16 所示为倒装芯片及臂的末端处铰接的基板分布。芯片表面及其基板的法线平行于臂的摆动方向。在臂的末端安装有重物或摆锤。当臂和重物一起向下摆动并撞到固定墙时，臂发生弯曲并产生振动。毫无疑问，摆锤的重量会影响臂振动的频率和幅度。振动将对焊料接头施加法向力和剪切力。因为冲击方向平行于芯片和基板的法向，该试样布置方式与 11.5.1 节中讨论的水平板的跌落试验的 JESD22-B111 标准类似。此处我们可以测试芯片尺寸封装上具有 BGA 焊料接头的较小试样，还可以测试单个硅芯片和其模块之间的倒装芯片焊料接头。若我们直接使用焊料凸点将芯片连接到臂上，测试将更有效。此外我们可将芯片放置在臂的中部，而不是靠近臂的末端。臂中部的振动幅度也相当大。

或者我们可移除刚性墙，并安装另一个臂：一个摆动，另一个自由悬挂。两者都将承受相同的载荷：样品、锤子和加速度传感器。摇臂将击中自由悬挂的臂，由此可得到循环冲击。实际上，我们可以研究冲击中两个臂上试样的失效。

上述的简单测试使我们能够分析焊料接头在跌落时的材料力学行为，并将结果与加工条件相关联。我们可定量和系统地研究铜-锡反应和电迁移的极性效应对焊料接头断裂行为的影响。另外，在消费类电子产品中，封装设计、结构和材料（如系统级封装）也可能影响其在跌落时的冲击行为。

11.6.2　在微型夏比冲击设备中垂直放置的芯片尺寸封装的跌落

如果我们从图 11.16 所示的布置中，将倒装芯片旋转 90°，并将其粘到梁上，使芯片表面平行于摆锤的摆动方向，我们可研究当摆锤撞击刚性墙时扭矩对焊球的影响。为此，我们还可以将试样连接到摆锤的侧面或底部。与上一节中讨论的相似，我们可移除刚性墙，并采用一对相同的臂使它们互相碰撞。同样，自由悬挂的臂可具有铰接或固定端。我们也可通过改变摆锤的质量来调节冲击中的动量变化。

为了测试高级封装，其中堆叠的芯片用引线键合到基板上，并埋置在模塑料内，且基板通过 BGA 焊球连接到封装板上，在对封装体进行垂直和/或水平放置的跌落试验时，芯片、导线、基板和模塑料的质量会增加焊球和封装板之间界面处的力或扭矩。这是一个更加复杂的工程问题。但是上面提出的原理和测量方法可用于逐步分析跌落时的冲击。

11.7　蠕变和电迁移

蠕变是一个长时间的与时间相关的变形，基本过程是由应力梯度驱动的原子扩散。蠕变的一个例子是在欧洲一些非常老的房子墙壁上，铅管由于自身重量而下垂。在室温下，铅的比温度为 0.5，其在 327 ℃时熔化，因此即使由于重力产生的应力梯度相当低，原子扩散对于发生蠕变而言也足够快。由于共晶锡铅或共晶无铅焊料的熔点比铅低得多，因此在室温或器件工作温度 100 ℃下，预计会发生蠕变。

电迁移也是电子风力驱动下的长时间的扩散过程。我们推测这两个依赖时间的过程会相互作用。毫无疑问，电场力和机械力对原子扩散的基本相互作用与我们在8.5节中讨论的电迁移和背应力之间的相互作用相似。这里的压力是外部施加的。由于焊料接头具有两个界面，电迁移的极性效应对蠕变的影响在阴极和阳极界面处有所不同。当电迁移驱动空穴到达阴极界面时，蠕变速率将提高。另外，因为空穴将被驱除远离阳极，因此蠕变速率将降低。换句话说，由电迁移引起的背应力会在阴极侧引入拉伸应力并加快蠕变，但它会在阳极侧引入压缩应力以抑制蠕变。

参考文献

［1］ F. Ren, J. W. Nah, K. N. Tu, B. S. Xiong, L. H. Xu, and J. Pang, "Electromigration induced ductile-to-brittle transition in Pb-free solder joints," Appl. Phys. Lett., 89 141914 (2006).

［2］ J. -W. Nah, F. Ren, K. -W. Paik, and K. N. Tu, "Effect of electromigration on mechanical shear behavior of flip chip solder joints," J. Mater. Res., 21, 698-702 (2006).

［3］ J. M. Holt (Ed.), "Charpy Impact Test: Factors and Variables," ASTMSTP 1072, Philadelphia, PA (1990).

［4］ T. Shoji, K. Yamamoto, R. Kajiwara, T. Morita, K. Sato, and M. Date, Proceedings of the 16th JIEP Annual Meeting, 2002, p. 97.

［5］ M. Date, T. Shoji, M. Fujiyoshi, K. Sato, and K. N. Tu, "Ductile-to-brittle transition in Sn-Zn solder joints measured by impact test," Scr. Mater., 51, 641 (2004).

［6］ M. Date, T. Shoji, M. Fujiyoshi, K. Sato, and K. N. Tu, "Impact reliability of solder joints," Proceedings of the 54th ECTC, Las Vegas, NV, June 2004, pp. 668-674.

［7］ S. Ou, Y. Xu, K. N. Tu, M. O. Alam, and Y. C. Chan, "A study of impact reliability of lead-free BGA balls on Au/electrolytic Ni/Cu bond pad," MRS 2005 Spring Meeting Proceedings, Symposium B, 10. 5.

［8］ M. Alajok, L. Nguyen, and J. Kivilakti, "Drop test reliability of wafer level chip scale packages," IEEE 2005, Electronic Components and Technology Conference, pp. 637-643.

［9］ E. H. Wong, Y. -W. Mai, and S. K. W. Seah, "Board level drop impact-fundamental and parametric analysis," Trans. ASME, 127, 496-502 (2005).

［10］ E. H. Wong and Y. -W. Mai, "New insight into board level drop impact," Microelectron. Reliab., 46, 930-938 (2006).

［11］ M. Roseau, "Vibrations in Mechanical System," pp. 111-136, Springer-Verlag, Berlin 1987.

［12］ L. Meirovitch, "Fundamentals of Vibrations," pp. 14-39, McGraw-Hill Higher Education, New York (2001).

［13］ W. Goldsmith, "Impact: The Theory and Physical Behavior of Colliding Solids," Edward Arnold Publishers, London (1960).

［14］ J. J. Tuma, "Handbook of Physical Calculations," 2nd Enlarged & Revised Ed., pp. 311-312, McGraw-Hill, New York (1983).

12 热迁移

12.1 引言

不均匀的二元固溶体或合金在恒温恒压的条件下退火时会变得均匀。相反，当一个均匀的二元合金在大气压、一定的温度梯度（即物体一端温度高于另一端）条件下退火时，合金会变得不均匀。这种去合金化现象被称为索雷特效应[1-2]。这是由热迁移引起的，即温度梯度引起的质量迁移。由于非均匀合金比均匀合金的自由能更高，因此热迁移是把一个相从低能态转变为高能态的能量驱使过程。这与传统的降低吉布斯自由能的相变不同。

在热力学中，在恒温恒压的均匀外部条件下（如恒温 $T = 100$ ℃，恒压 p 为一个大气压），一个热力学系统会把它的吉布斯自由能降到最小，并最终达到温度 T 和压力 p 下的平衡状态。焓和熵都是状态函数，所以在给定温度和压力这一条件下，平衡状态是确定的。另一方面，如果外界条件是不均匀的，例如发生热迁移的试样的两端有不同的温度，则吉布斯自由能无法达到最小的平衡状态。相反，当均匀性偏差很小的时候，熵增最小，系统会向稳定状态移动，而不是向平衡状态移动。这就是普里戈金的不可逆热力学原理，这意味着在不均匀的外界系统中熵的产生是由不均匀的外界环境中的热量流动造成的。考虑具有不同温度的用导热隔离物分开的两个腔室 1 和腔室 2（$T_1 > T_2$），如果一些热量从腔室 1 进入腔室 2，则熵的净变化为

$$dS_{net} = dS_1 + dS_2 = \delta Q \left(-\frac{1}{T_1} + \frac{1}{T_2} \right) = \delta Q \left(\frac{T_1 - T_2}{T_1 T_2} \right) \tag{12.1}$$

这就是热量流动过程中发生的熵变。

热迁移过程中，可应用 Fe-C 系统中的索雷特效应得到线性浓度梯度，这部分将在 12.2.3 节中进行讨论。除了非均匀分布的温度，还有在蠕变过程中非均匀分布的压力。蠕变发生在一个压力梯度下，因此它也是一个不可逆的过程。

热迁移可以发生在纯金属中，如铝中的电迁移现象。想象一个铝制的炊具，如一个炒锅，在使用了几年后尺寸应该会扩大，这是因为炒菜的时候锅的外部温度高于内部，所有的铝原子都会从外部向内部扩散，从而导致内部发生膨胀。然而这种情况并没有发生。一个原因是铝原子的晶格扩散是由空穴机制驱动的。锅较热的外部会比内部具有更高的空穴浓度，由空穴浓度梯度引起的相反的原子流动可能补偿了所有由温度梯度引起的铝原子的流动，从而使净变化很小甚至不被发现。另一个原因是背应力，锅的内部温度是 100 ℃，这个温度不足以支持蠕变发生。热迁移使越来越多的铝原子移向冷端，并且形成压应力，压力梯度会产生一个与热迁移过程相反的原子流动。平衡空穴浓度受压力影响。

焊料通常是一个二元系统，因此可在其中发现索雷特效应。事实上，已在 PbIn 合金中发现了索雷特效应，PbIn 合金能在一个很大的浓度范围内形成固溶体[3-4]。另外，共晶焊料为两相微观结构，热迁移对于共晶两相微观结构的影响与对固溶体的影响是不同的，这一点在接下来的小节中进行讨论。

焊料接头中的热迁移已经成为比电迁移更难理解的议题，原因有两个。首先，在一个小的倒装芯片焊料接头上施加温度梯度很困难。对于一个直径为 100 μm 的焊料接头，如果施加一个 10 ℃ 的温度差，就会得到 1 000 ℃/cm 的温度梯度，这足以引起焊料中的热迁移，这部分会在 12.3 节中进行讨论[5-7]。因此，焊料接头中一个 10 ℃ 或几摄氏度的温差都是我们关心的问题。其次，由于一个接头有两个界面，因此散热是很难控制的。因此，由于 UBM 层和键合焊盘结构中的复杂边界条件，模拟焊料接头中的温度分布或温度梯度是很困难的。我们需要简化热迁移的测试结构。另外，焊料的熔点较低，因此我们可把焊料的熔化作为内部校准。熔化试验中热量的产生和耗散的条件可用来检验仿真效果。

由于电阻热，电迁移可能会导致倒装芯片焊料接头中存在不均匀的温度分布，因此任何电迁移试验中都会受到热迁移的影响。换句话说，在施加人电流密度时或电流分布不均匀时，发生在倒装芯片焊料接头中的电迁移往往伴随着热迁移。随之而来的优点之一是：我们可将电迁移和热迁移结合在一起进行研究。尽管如此，我们还是需要设计试验以研究有无电迁移时的热迁移现象。

在 12.2 节中，我们会讨论倒装芯片焊料接头测试结构的设计，这使我们能在研究热迁移时引入或排除电迁移的影响。我们发现在一个复合焊料接头（由高铅与共晶锡铅焊料组成）中，尽管复合材料中原始成分的分布不均匀，但在光学显微镜下很容易观察到由热迁移导致的锡或铅的重新分布。文中也会论述共晶锡铅倒装芯片焊料接头上的热迁移现象。

在 12.3 节中将讲讨论热迁移的原理、热迁移的驱动力及其中的热量传递。在 12.4 节和 12.5 节中，将会分别讨论直流电流与交流电流导致的电迁移中的热迁移现象。在 12.6 节中，我们将会利用 V 形槽中的线状焊料来研究热迁移及其与界面化学反应的相互作用。在 12.7 节中，将讨论热迁移和应力迁移的相互作用。

12.2 SnPb 合金倒装芯片焊料接头中的热迁移

12.2.1 不通电的复合焊点中的热迁移

图 12.1（a）所示为基板上倒装芯片的示意，图 12.1（b）所示为复合倒装芯片焊料接头的横截面，图 12.1（c）所示为焊料接头的横截面 SEM 照片。图 12.1（a）中基板上的小方形是电极。复合焊料由芯片侧的 97Pb3Sn 焊料和基板侧的共晶 37Pb63Sn 焊料组成。芯片侧接触开口区域直径为 90 μm，凸点高度为 105 μm。芯片侧三层薄膜 UBM 层为 Al（约 0.3 μm）/Ni(V)（约 0.3 μm）/Cu（约 0.7 μm），基板侧焊盘的金属化层则为 Ni（5 μm）/Au（0.05 μm）。

作为对照试验，将倒装芯片试样在 150 ℃ 恒温、恒定大气压下的炉中均匀加热一个月。为进行横截面检查，依次用 SiC 砂纸和 Al$_2$O$_3$ 粉末进行抛光处理。然后在光学显微镜和扫描电子显微镜下分别观测横截面的显微结构。运用 X 射线能谱分析和电子探针分析来分析化学成分。我们发现高铅焊料和共晶焊料并没有混合，图像和图 12.1（c）相同。

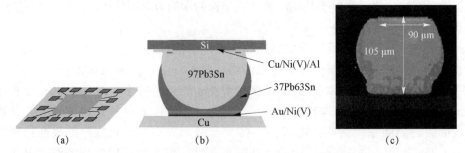

(a)　　　　　　　(b)　　　　　　　(c)

图 12.1　倒装芯片焊料接头及焊料接头横截面

（a）基板上倒装芯片的示意；（b）倒装芯片复合焊料接头的横截面；

（c）焊料接头横截面 SEM 照片

为了利用电阻加热引起的温度梯度来研究热迁移，我们制备了两组倒装芯片试样。第一组样品如图 12.1（a）所示，成品直接用于试验。硅芯片外围有 24 个凸点，图 12.2（a）从右向左标记了芯片外围的全部 24 个焊料凸点，每一个凸点在电迁移前都与图 12.1（c）所示的显微结构相同。值得再次提起的是，每个凸点底部的深色区域是共晶锡铅，顶端较亮的区域是 97Pb3Sn。仅对芯片外围的 4 对凸点进行电迁移试验，即图 12.2（b）中标注的 6/7、10/11、14/15 和 18/19。图中的箭头标明了电子路径。电子从一个凸点底部的焊盘沿凸点上升至硅上的铝薄膜，然后到达下一个凸点的顶部，沿凸点下降，到达基板上另一个焊盘。值得注意的是，我们只对一组或几组凸点通电来进行电迁移试验。硅上的铝薄膜可以测试发热源。由于硅具有良好的热传导性能，因此附近没有通电的焊点中也会存在与通直流电流或交流电流的凸点相似的温度梯度。由于试样中会用到直流和交流电流，因此箭头指示了两个方向。

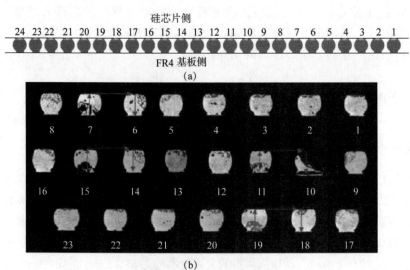

(b)

图 12.2　热迁移试验

（a）硅芯片外围 24 个凸点的示意；（b）整行未通电的焊料接头

在 1.6×10⁴ A/cm² 电流密度、150 ℃温度下通电 5 h 后，凸点 10 和 11 失效，于是检测了它们的横截面显微结构。为了研究热迁移，我们也检测了附近没有通电的凸点。在整行没有通电的焊料接头中热迁移的影响是显而易见的，如图 12.2（b）所示，因为在这些凸点中，锡向硅侧（也就是热端）迁移，铅向基板侧（也就是冷端）迁移。因为没有施加电流，锡和铅的重新分布是由焊料接头中的温度梯度造成的。对于通电焊点附近没通电的焊点而言，锡重新分布时向通电接头一侧倾斜，例如通电焊点 10 在不通电焊点 9 的左边，焊点 9 中富含锡的部分向左侧倾斜，同时也有孔洞；而通电焊点 15 在不通电焊点 16 的右边，焊点 16 中富含锡的部分向右倾斜。而在离通电焊点更远的焊点中，锡在硅一侧的分布比较均匀，如焊点 1~焊点 4、焊点 21~焊点 23。

在第一组试样通电的 4 组焊料接头中，部分基板上的电路由厚铜膜组成，通电过程中也会产生电阻热。然而，硅上的铝线是主要的热源。

12.2.2　热迁移的原位观察

对于第二组试样，正如图 12.3（a）所示，芯片被切割至仅留下一窄带的硅带，这个带上有一行连接在基板上的焊料凸点。这些凸点从中间被切开并抛光，以便于在电迁移试验中原位观察凸点的横截面。图 12.3（a）所示为硅带和四个凸点的横截面示意。由于硅具有良好的热学性能及窄带的尺寸相对较小，当一对凸点通以直流电流或交流电流时，另一对焊料接头中会存在和通电的那对凸点几乎相同的温度梯度。这组试样可用来在电迁移试验中原位观察凸点的横截面的变化。第一组试样和第二组试样的主要区别是后者在测试时有一个自由表面。因此如果大量材料由于热迁移趋向冷端，表面就会发生膨胀，且很容易被观察到。

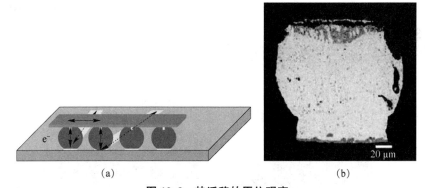

(a) 　　　　　　　　　　　　　　　　(b)

图 12.3　热迁移的原位观察

（a）硅带和 4 个凸点的横截面示意；（b）第一组显示出热迁移现象的焊料接头横截面电镜照片

如图 12.3（a）所示，左边的一对凸点在 150 ℃温度、2×10⁴ A/cm² 电流密度下电迁移 20 h，而右边的一对凸点则没有通电流。然而这两对凸点中都出现了组分的再分配和缺陷。右边未通电的一对凸点在顶端（即热端、硅端）界面附近呈现出均匀的孔洞分布。而在凸点中部可观察到一些相的再分配现象。锡、铅、铜元素的再分配可使用电子探针面扫描来对右边未通电的这对凸点的横截面进行测量。锡和铜会迁移到热端，而铅则会迁移到冷端。

若假设图 12.3（a）右边这对凸点没有温度梯度，换句话说，这些凸点中的温度是均匀的，那么它的热力学过程会和等温退火相似，由于等温退火对相的混溶或不混溶是没有影响的，因此在这个过程中不应出现元素的偏聚或孔洞的产生，如图 12.1（c）所示。然而我们需要考虑是否存在其他驱动力导致了我们所观察到的相变现象。除电和热驱动力外，还有机械力。然而如果机械力有影响，就应在等温退火时呈现出来。退火过程确实导致了芯片侧焊料和 UBM 层间及基板侧焊料和基板上金属层间的化学反应。由于摩尔体积变化，因此金属间化合物的生长可能会产生应力。这个效应应该发生在经过恒温 150 ℃ 热处理 4 周的试样中，然而试验中并没有观测到明显的变化。此外凸点在 150 ℃ 时已经有了一个很高的比温度，因此，内应力在这 4 周时间中一定会被释放掉。

因此，我们可得出结论：未通电的凸点中组分的再分配和缺陷（孔洞）的产生是由热迁移引起的。那么在热迁移过程中主要扩散元素是哪一种呢，或者说一定温度梯度下哪一种元素的扩散是最值得关注的呢？据观察，在 150 ℃ 条件下的电迁移试验中，铅是主要的扩散元素。在复合焊料接头的热迁移试验中，温度梯度使铅原子从热端迁移至冷端，而锡原子从冷端迁移至热端。热端的孔洞表明铅是主要的扩散元素，且铅的扩散通量大于锡。回流结束后，高铅焊料内会产生 Cu_3Sn，但随着锡向热端扩散，Cu_3Sn 转变为 Cu_6Sn_5。在硅侧的整个接触区域内，孔洞和 Cu_6Sn_5 的分布是均匀的。为什么锡会逆温度梯度扩散，这个问题非常有趣。为了解答这个问题，我们应当讨论在体积恒定这一限制条件下，两相显微结构中的驱动力和扩散通量变化。

12.2.3 共晶两相结构中相分离的随机状态

图 12.4 所示为未通电复合焊料接头在热迁移 30 min、2 h、12 h 后的横截面照片。热迁移前，横截面的结构类似于图 12.1（a）。从图 12.4（a）中可观察到相分离的随机状态，图 12.4（b）显示了共晶相偏聚在热端，而图 12.4（c）中实现了近乎完全的相分离。我们得到了试样在交、直流电流作用下的很多类似于图 12.4（a）的照片，其中的 4 张照片如图 12.5 所示，阐述了实现完全相分离前的相分离随机分布的显微结构，由此可见在固态相分离过程中出现了类似流体的运动形态。

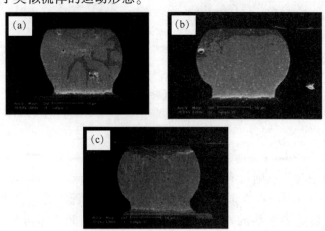

图 12.4　一组未通电复合焊料接头经过热迁移一段时间后的横截面照片
(a) 30 min；(b) 2 h；(c) 12 h

我们利用电子探针测量了热迁移后倒装芯片试样抛光后的横截面中的元素分布，如图 12.6 所示，可观察到元素的分布很不规则，即元素分布很随机；没有观察到一个渐变的浓度分布。如果电迁移试验再进行几天，就能观察到未通电接头中锡和铅元素的清晰且近乎完全的相分离。

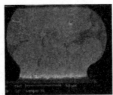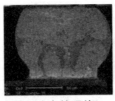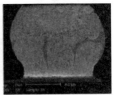

图 12.5　四张相分离随机分布的照片

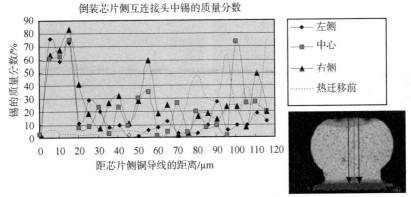

图 12.6　热迁移后倒装芯片试样抛光后横截面中的元素分布

12.2.4　未通电共晶锡铅焊料接头中的热迁移

用于热迁移测试的共晶 37Pb63Sn 倒装芯片焊料接头的测试结构与图 12.2（a）很相似，其有 11 个凸点。通过溅射制备的芯片侧 UBM 层结构为：Al（约 0.3 μm）/Ni（V）（约 0.3 μm）/Cu（约 0.7 μm），而基板侧键合焊盘上的金属化层则通过电镀制备，其结构为：Ni（5 μm）/Au（0.05 μm）。凸点高度为 90 μm，芯片上的接触窗口直径为 90 μm。

在整个芯片上，只有一对凸点在 100 ℃温度、0.95 A 直流电下电迁移了 27 h，接触窗口的平均电流密度为 1.5×10^4 A/cm^2。而通电凸点附近的未通电的凸点将用来研究热迁移。

图 12.7 所示为四个未通电的凸点在电迁移测试后的横截面 SEM 照片。图中较亮的部分是富铅相，相对暗淡的部分是富锡相。与试验前的试样相比，发现在未通电的凸点中富铅相移动到基板一侧（冷端），且如图 12.7（c）所示，在这些位置处出现了一些液相结晶过程中常见的树枝状晶，这也就意味着在测试中凸点发生了部分融化。值得提到的是：熔融共晶相结晶后应具有共晶组织，因此这些树枝状晶表明在熔化前凸点就已经发生了相分离。

图 12.8（a）所示为未通电凸点的横截面高倍照片，图中 Sn 和 Pb 的重新分配表现在：铅大量积累在了冷端（基板端），热端处（芯片端）没有锡积累。从图中还可以看出凸点中部的微观结构是均匀的（除富铅相区域），同时也发现原本共晶的层片结构间距变得更小

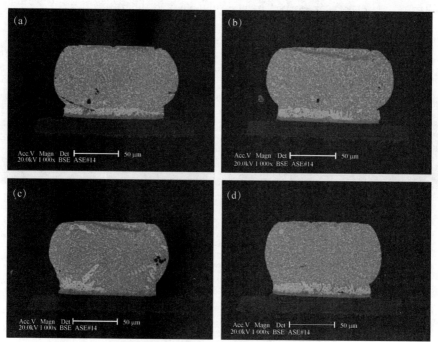

图 12.7　四个未通电的凸点在电迁移测试后的横截面 SEM 照片

了，这就意味着相分离发生后，界面的数量大大提高，导致整个组织处于高能态。回想前面所提到的当共晶组织（两相层片结构）在恒温下退火时，晶粒会长大粗化以减小表面能，如图 2.23 所示。由于界面处的原子排列是无序的，因此细间距层片结构的形成提升了系统的混乱度，即造成了更多的熵增。然而因为界面扩散比晶格扩散更快，故动力学上可认为更细间距的层片结构可使熵增速率更快。

　　图 12.8（b）、（c）所示分别为电子探针扫描得到的成分分布曲线。线扫描路径为图 12.8（a）中的 1、2、3，每条线都是三次扫描的平均值，扫描步长为 5 μm。结果显示基板侧的铅浓度大约为 73%，而芯片侧的锡浓度比例为 70%~80%，且这些浓度的分布并不呈现线性浓度梯度分布。冷端处发生了铅的偏聚和锡的流失，而在远离冷端的凸点中间，除由于两相微观结构而导致的微小成分起伏外，锡和铅的分布是很均匀的。很明显，因为铅在冷端末端大量积累，故铅沿着温度梯度迁移，且是热迁移中的主要扩散元素，但浓度梯度却不是它迁移的驱动力。如果锡是主要扩散元素，那么凸点中铅的浓度应呈现线性上升分布，而不仅仅是堆积在冷端处。由于基板侧末端形成了 Cu_6Sn_5 金属间化合物，因此锡在冷端的浓度大于铅。

12.3　热迁移原理

12.3.1　热迁移驱动力

　　在热电效应中，温度梯度可驱动电子移动，与此类似的是它也能驱动原子运动。从本质上来说，高温区的电子在扫描和与扩散原子的相互作用中能量更高，因此原子可沿着温度梯度从高到低迁移。关于原子扩散的驱动力，由化学势梯度引起的原子通量可表示为

凸点1从芯片侧向基板侧的铅含量（质量分数）变化曲线

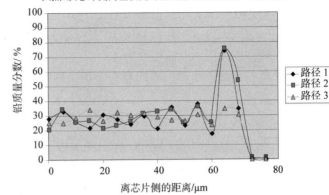

(a)　　　　　　　　　　　　　　(b)

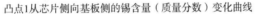

凸点1从芯片侧向基板侧的锡含量（质量分数）变化曲线

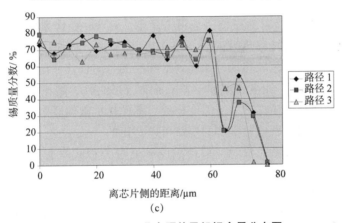

(c)

图 12.8　凸点照片及铅锡含量分布图

（a）第 11 个凸点在扫描电镜下的高倍照片；（b）利用电子探针沿图 12.8（a）中的 1、2、3 路径扫描
得到的铅含量分布图；（c）利用电子探针沿图 12.8（a）中 1、2、3 路径得到的锡含量分布图

$$J = C\langle v\rangle = CMF = C\frac{D}{kT}\left(-\frac{\partial \mu}{\partial x}\right) \tag{12.2}$$

式中，$<v>$ 是漂移速度；$M = D/kT$ 是迁移率；μ 是化学势。如果将温度梯度视为驱动力，
则有

$$J = C\frac{D}{kT}\cdot\frac{Q^*}{T}\left(-\frac{\partial T}{\partial x}\right) \tag{12.3}$$

式中，Q^* 表示转移的热。对比式（12.2）与式（12.3），可看出 Q^* 与 μ 有相同的量纲，所
以 Q^* 表示单位原子的热能。换句话说，如果定义熵 $S = Q/T$，那么 SdT 就能表示其热能。

我们将 Q^* 定义为运动原子携带的热量和初态时原子的热量差［式（12.1）］。对于从
热端迁移到冷端的元素，其由于损失了热量，所以 Q^* 为负值；而对于从冷端迁移到热端的
元素，Q^* 则为正值。

热迁移的驱动力如下所示：

$$F = -\frac{Q^*}{T}\left(-\frac{\partial T}{\partial x}\right) \tag{12.4}$$

为做简单估算，我们取 $\Delta T/\Delta x = 1\,000$ K/cm，考虑到原子跃迁过程中的温度差，取跃迁距离为 $a = 3\times10^{-8}$ cm，跃迁前后温差为 3×10^{-5} K，因此热能的改变是

$$3k\Delta T = 3 \times 1.\,38 \times 10^{-23}(\text{J/K}) \times 3 \times 10^{-6}\text{K} \approx 1.\,3 \times 10^{-27}\text{J}$$

我们可将该数值与电流密度为 1×10^{4} A/cm² 或者 1×10^{8} A/m² 的电迁移过程中原子扩散驱动力 F 进行比较，可得出在焊料合金中诱导电迁移的力 F：

$$F = Z^* eE = Z^* e\rho j$$

取 $\rho = 10\times10^{-8}$ Ω·m，Z^* 约为 10，$e = 1.\,602\times10^{-19}$ C，故可得 $F = 10\times1.\,602\times10^{-19}\times10\times10^{-8}\times10^{8}$ A/m² $\approx 1.\,6\times10^{-17}$ C·V/m = $1.\,6\times10^{-17}$ N。

当原子的跃迁距离为 3×10^{-10} m 时，驱动力所做的功为 $\Delta w = 4.\,8\times10^{-27}$ N·m = $4.\,8\times10^{-27}$ J，这个结果与我们理论计算出的热迁移时的热能改变量非常接近。因此如果电流密度 10^{4} A/cm² 可在焊料接头中引起电迁移现象，那么在 $1\,000$ ℃/cm 温度梯度下，焊料接头中也能发生热迁移。

至于转移热，我们说过 Q^* 可为正值，也可为负值。在 Fe-C 体系中，我们发现碳以间隙扩散机制迁移到热端，此时转移热为正值。在 SnPb 合金中，热迁移可使铅从热端迁移到冷端，即沿着温度梯度向低温区域移动，而锡则沿相反的方向迁移，即逆着温度梯度向高温区移动。对于铅，Q^* 是负值，或者说热量下降；而对于 Sn，Q^* 是正值，即热量增加。造成这个结果的原因是这两种物质都有一个温度梯度，不像在扩散偶联中，两种相互扩散物质的浓度梯度是在相反的方向，所以化学势的变化可以是正的。

为了测出 Q^*，当知道原子通量时，可使用原子通量方程式（12.3），并在扩散系数、温度梯度和平均温度已知的情况下计算出 Q^*。在 12.2.4 节中，铅原子在热迁移中的转移热已通过使用式（12.3）被估测出来了。

从图 12.8（a）中可测出在基板末端铅的积累宽度（12.5 μm），然后通过焊料接头横截面宽度和面积的乘积得到总原子迁移量。取 27Sn73Pb 密度为 10.25 g/cm³，取其分子量为 183.3 g/mol，于是可得到通量 $J_{TM} = 4.\,26\times10^{14}$ 原子/cm²。假定温度梯度为 $1\,000$ K/cm，温度为 180 ℃（接近 SnPb 共晶点），扩散系数 $D_{Pb} = 4.\,41\times10^{-13}$ cm²/s，故单位摩尔的转移热 Q_{Pb} 为 -25 kJ/mol。

如果铅的浓度分布不均匀，那么 Q^* 的计算精确度将会受到影响。假定的温度梯度也可能不正确。但是在这里最重要的假设是铅和锡均在温度梯度作用下发生迁移。如果铅是主要扩散元素，且通过扩散从热端运动到冷端，那么在等容扩散过程中锡会沿反方向移动。两相微观结构中锡的反向通量对迁移热计算的影响也应当被考虑在内。

12.3.2　熵增量

Onsager 定义了不可逆过程中共轭的通量和力，它们的积等于温度与每单位体积的熵增量的乘积。在热迁移过程中，主要的熵增来源于温度梯度下的热传导，因此有

$$\frac{T}{V} \cdot \frac{\mathrm{d}S}{\mathrm{d}t} = \left(-\kappa \cdot \frac{\mathrm{d}T}{\mathrm{d}x}\right)\left(-\frac{1}{T} \cdot \frac{\mathrm{d}T}{\mathrm{d}x}\right) \tag{12.5}$$

式中，V 是体积；S 是熵。取热导率 $\kappa = 50$ J/(m·s·K)，$\mathrm{d}T/\mathrm{d}x = 1\,000$ K/cm，$T = 400$ K，可得[8]

$$\frac{T}{V} \cdot \frac{\mathrm{d}S}{\mathrm{d}t} = 1.2 \times 10^9 \frac{\mathrm{J}}{\mathrm{m}^3 \mathrm{s}}$$

热迁移过程中其他来源的熵增要比它小得多，原子迁移产生的熵增可由式（12.6）计算出来：

$$\frac{T}{V} \cdot \frac{\mathrm{d}S}{\mathrm{d}t} = \left(C \frac{D}{kT} F \right) F = C \frac{D}{kT} \left(3\kappa \frac{\mathrm{d}T}{\mathrm{d}x} \right)^2 \tag{12.6}$$

此处，假设驱动力 $F = 3k(\mathrm{d}T/\mathrm{d}x)$，$k$ 为玻尔兹曼常数，取 $\mathrm{d}T/\mathrm{d}x = 1\,000$ K/cm，则有

$$\frac{T}{V} \cdot \frac{\mathrm{d}S}{\mathrm{d}t} = 3 \times 10^2 \frac{\mathrm{J}}{\mathrm{m}^3 \mathrm{s}}$$

这比热传导产生的熵增小得多。

作为比较，在电迁移中主要的熵增来源于焦耳热：

$$\frac{T}{V} \cdot \frac{\mathrm{d}S}{\mathrm{d}t} = j_{\mathrm{em}} \left(-\frac{\mathrm{d}\varphi}{\mathrm{d}x} \right) = \rho j_{\mathrm{em}}^2 \tag{12.7}$$

式中，j_{em} 为电流密度；φ 为电势。取 $j_{\mathrm{em}} = 10^4$ A/cm^2，$\rho = 10^{-5}$ Ω · cm，可得

$$\frac{T}{V} \cdot \frac{\mathrm{d}S}{\mathrm{d}t} = 10^9 \frac{\mathrm{J}}{\mathrm{m}^3 \mathrm{s}}$$

其数量级与 400 K 温度附近 1 000 K/cm 温度梯度下的热迁移产生的熵增数量级相同。类似地，电迁移中其他来源的熵增都很小。电流驱动下原子迁移所致的熵增为

$$\frac{T}{V} \cdot \frac{\mathrm{d}S}{\mathrm{d}t} = \left(C \frac{D}{kT} F \right) = C \frac{D}{kT} (Z^* e\rho j)^2 \tag{12.8}$$

取 $C = 10^{29}$/m^3，$T = 400$ K，$D = 10^{-12}$ m^2/s，$Z^*e = 10^{-18}$ C，$\rho = 10^{-7}$ Ω · m，$j = 10^8$ A/m^2，可得

$$\frac{T}{V} \cdot \frac{\mathrm{d}S}{\mathrm{d}t} = 10 \frac{\mathrm{J}}{\mathrm{m}^3 \mathrm{s}}$$

该值比焦耳热产生的熵增小得多。

因为由焦耳热或热传导产生的熵增比原子迁移产生的熵增大几个数量级，可想而知电迁移或热迁移中产生的熵增会大大影响微观结构。

12.3.3 浓度梯度对热迁移的影响

热迁移会导致均匀的单相固溶体变得不均匀。从动力学的观点来看，固溶体从均匀转变为不均匀的过程需要一个逆浓度梯度的上坡扩散，因此热迁移是逆浓度梯度的。值得注意的是，热迁移过程中，向热端扩散的元素既与温度梯度相反又与浓度梯度相反。因此在热迁移通量公式中需要加上反向通量，如下所示：

$$J = -C \frac{D}{kT} \cdot \frac{Q^*}{T} \cdot \frac{\partial T}{\partial x} + D \frac{\partial C}{\partial x} \tag{12.9}$$

因为这是一个上坡扩散，故式（12.9）中的最后一项是正的。与之对应，当建立起足够大的浓度梯度时，热迁移效应为零，即 $J = 0$，那么浓度梯度将会是一个常数。在这个稳态中，有

$$\frac{1}{C} \cdot \frac{\Delta C}{\Delta x} = \frac{\mathrm{d}(\ln C)}{\mathrm{d}x} = \frac{1}{kT} \left(\frac{Q^*}{T} \cdot \frac{\Delta T}{\Delta x} \right) \tag{12.10}$$

这在 Shewmon 所做的 Fe–C 系统热迁移试验中已经实现了，且碳是向热端扩散的。铁中的碳浓度梯度呈线性分布[1]。

平衡了热迁移的浓度梯度是可以测量的，Q^* 在已知温度和温度梯度的情况下是可以被计算出来的。尽管在选择温度上有不确定性，但是由于 $\Delta T/T$ 的值非常小，因此这种不确定性是可以忽略的。

然而尚不清楚式（12.10）是否任意成立。如果 C、T、Q^* 都是常数，那么 ΔC、Δx、ΔT 就都可以变化。这三个变量中必须确定其中两个，才能求出第三个。例如，如果给定试样两端的长度和温度差，由式（12.6）就可计算出 ΔC。但是由于已经给定了初始的均匀浓度，因此 ΔC 的最大值必须在 0 到 $2C$ 之间，因此尚不清楚式（12.10）是否任意成立。

稳态下的浓度梯度与样品的长度和初始均匀浓度有关。当长度很短时，会产生一个较大的浓度梯度，在冷端可能就会产生背应力，因此我们需要假设一个平衡态空位分布以抵消这个背应力。如果温差相同，样品越短，温度梯度越大。当长度很长时，由于浓度梯度取决于均相固溶体的初始浓度，浓度梯度可能不会大到能够平衡热迁移的程度。在相同温差下，样品长度越长，温度梯度越小。

12.3.4　纯金属中不出现热迁移的临界长度

在一条纯铝带的电迁移过程中，由于背应力，会存在一个使电迁移净效果为零的临界长度。背应力引发了一个可以平衡电迁移通量的反向通量。纯铝或锡的热迁移中，背应力也应该有相同的效应。故有

$$\frac{Q^*}{T} \cdot \frac{\partial T}{\partial x} = \frac{\Delta \sigma \Omega}{\Delta x}$$

或

$$\Delta x \left(\frac{\partial T}{\partial x} \right) = \frac{\Delta \sigma \Omega}{Q^*} T \tag{12.11}$$

式中，$\Delta x(\partial T/\partial x)$ 为样品的一个临界积值，在低于此值时，热迁移的净效应为零。或者在一定温度梯度下，小于临界长度 Δx 时，热迁移的净效应为零。然而由于温度梯度的存在，热迁移中临界长度的问题比电迁移要复杂得多，因为平衡空位的浓度是温度的函数。

12.3.5　共晶两相合金中的热迁移

共晶合金中的热迁移与固溶体中的有所不同。共晶点温度以下的共晶合金是两相的。在两相混合物中，成分的改变并不意味着化学势的变化，而只意味着两相局部体积分数的变化而已。每一相的组分由热平衡决定，并可从平衡相图中获得。因此当热迁移使共晶焊料产生偏析时，这意味着产生了一个体积分数梯度，而不是化学势梯度，因此由于反作用很小，偏析可能会大量出现。

严格来说，平衡相图是在恒温恒压下得到的，因此由于上一段中讨论的热迁移过程中的温度不是恒定不变的，故两相共晶合金中恒定化学势的概念是不适用的。我们可将其看作一种近似。

两相共晶结构中的热迁移结束后，并不能获得稳定存在的线性浓度差，而是会产生近乎完全的两相偏析。此外，由于体积分数梯度不是一个驱动力，因此 $\Delta c/\Delta x$ 形式的抵抗力的

缺乏也不会产生平滑的偏析。因此如在 12.2.3 节图 12.5 所示，共晶结构中倾向于会产生随机的浓度分布，而不会像固溶体中的索雷特效应一样出现稳定的浓度梯度。共晶结构中的热迁移与 9.7 节中描述的两相结构电迁移类似。

由温度梯度推导的通量为

$$\Omega_1 J_1^{TM} = \Omega_1 \frac{n_1 D_1}{kT} \cdot \left(-Q_1 \frac{\partial \ln T}{\partial x} \right) = -\frac{p_1 D_1}{kT} \cdot Q_1 \frac{\partial \ln T}{\partial x} = p_1 D_1 Q_1 \frac{\partial [1/(kT)]}{\partial x}$$

$$\Omega_2 J_2^{TM} = \Omega_2 \frac{n_2 D_2}{kT} \cdot \left(-Q_2 \frac{\partial \ln T}{\partial x} \right) = -\frac{p_2 D_2}{kT} \cdot Q_2 \frac{\partial \ln T}{\partial x} = p_2 D_2 Q_2 \frac{\partial [1/(kT)]}{\partial x} \quad (12.12)$$

如果 Q_1 和 Q_2 的方向相同，就无法满足式（9.19）和式（9.20）中恒定体积的约束条件。

12.4 倒装芯片焊料接头中的热迁移及直流电迁移

直流电迁移中存在着极化效应。当一列菊花链型凸点进行直流电迁移时，在相间的凸点上的硅侧阴极的界面处会产生孔洞，因此很容易辨别直流电迁移。然而我们需要考虑的是电迁移过程中热迁移的贡献。当电迁移产生的焦耳热在焊料接头上引起了 1 000 ℃/cm 的温度梯度时就会出现热迁移。

若假设硅芯片侧（即图 12.3 中所示的上端）的温度较高，热迁移就会驱使主要扩散元素向下运动，其方向与下移电子引起的电迁移相同，因此电迁移和热迁移效应会累加。考虑图 12.3（a）中所示的左侧的一对凸点，假设左边凸点中的电子向下流动，电迁移和热迁移都会使空位向硅侧接触区移动并在其附近产生孔洞。然而在右侧的凸点中，电迁移会使原子向与热迁移相反的方向运动，即这两种迁移效果互相抵消。既然我们可从一对凸点中得到两种不同的结果，就可以将电迁移和热迁移的效果分离开来。若使用纯锡倒装芯片样品，单一组分的扩散问题则十分简单，可用标记的方法来测定净通量。如果所用凸点是锡铅共晶或者铅铟固溶体之类的二元组分，问题就会变得复杂。除了要考虑标记的运动外，还需要测量锡和铅（或铅和铟）通量引起的浓度变化。由于组分偏析的随机效应，共晶锡铅焊料的分析甚至要比铅铟固溶体更加复杂。

12.5 倒装芯片焊料接头中的热迁移及交流电迁移

不论在倒装芯片焊料凸点中通的是直流电流还是交流电流，其产生的焦耳热是没有区别的。这是因为在图 12.3 中所示的一对通电凸点的电流分布与实时的电流方向或极性没有关系，除非是在相当高频的情况下才存在区别。然而与直流电流不同的是，我们一般假设交流电流是不会造成质量迁移的。如果这个假设是正确的，即通交流电流的凸点中不存在电迁移引起的质量变化，我们就只需考虑热迁移（前提是交流电流已在这对凸点中产生了温度梯度）。这就是使用交流电流研究倒装芯片焊料接头中热迁移的优势；交流电流只是作为一个在凸点上产生温度梯度的热源，而对电迁移没有任何影响。

通过仔细测试一对通交流电流的凸点和附近的未通电凸点的情况，可证实上述假设的正确性。如图 12.3（a）所示，左侧一对凸点通以交流电流，右侧一对凸点作为空白对照不通任何电流，左侧通交流电流的凸点产生的焦耳热会使两对凸点中产生相同的热迁移。对两对凸点都要进行标记位移试验来测定质量迁移情况是否相同。此外还要与通直流电流的情况进行比较。

12.6　焊料接头中的热迁移与化学反应

当热迁移促使倒装芯片焊料接头中的锡向热端运动时，该处会形成更多的铜锡金属间化合物。(0 0 1) 取向硅晶圆上 V 形槽中的焊料线可用来研究热迁移和化学反应间的相互作用。我们可使一端保持 100 ℃，另一端保持 180 ℃ 的铜丝作为热源，如果这根铜丝很短，那么在焊料线两端就会形成极大的温度梯度。对焊料合金的热迁移而言，热端的温度应低于焊料熔点，同样因为温度过低会影响原子扩散，故将冷端温度降到很低也不合适。

与倒装芯片样品相比，V 形槽内试样的优势在于很容易测量温度梯度，也更容易原位观察热迁移过程中损伤的发展过程。

12.7　焊料接头中的热迁移与蠕变

就像研究电迁移和机械应力之间的相互作用一样，11.2 节中的铜线/焊球/铜线试样可用来研究焊料接头中热迁移与机械应力之间的相互作用。铜线的直径为 1 000～300 μm，焊道的直径也应该和铜线直径类似。较大的试样有利于制备热迁移试验的样品和测量结果。

热迁移结束后，我们比较进行了热迁移的样品与没有进行热迁移的样品的拉伸测试结果。如果孔洞移动到了热端，那么该处的表面强度就会降低。在剪切试验中，可以用两片平行的铜板代替铜线夹住焊料接头。两平行铜板间的焊料接头的这种试样常用来研究焊料合金恒温下的剪切性能。此处，剪切过程中两片铜板的温度应不同，热迁移会在焊料接头中引发背应力，尤其是在冷端。背应力与外加压力之间的相互作用是值得研究的。

更加有趣的是，在冷端加载荷可用来同时研究热迁移和蠕变。样品同时经受温度梯度和应力梯度，不过两者的方向不同。要分析两者结合产生的效果，需要先单独考虑固溶体和两相共晶结构中的蠕变对相变的影响。

参考文献

[1] P. Shewmon, "Diffusion in Solids," 2nd ed., Chapter 7 "Thermo- and electro-transport in solids," TMS, Warrendale, PA (1989).

[2] D. V. Ragone, "Thermodynamics of Materials," Volume II, Chapter 8 "Nonequilibrium thermodynamics," Wiley, New York (1995).

[3] W. Roush and J. Jaspal, "Thermomigration in Pb-In solder," IEEE Proc., CH1781, pp. 342-345 (1982).

[4] D. R. Campbell, K. N. Tu and R. E. Robinson, "Interdiffusion in a bulk couple of Pb-PbIn alloy," Acta Metall., 24, 609 (1976).

[5] H. Ye, C. Basaran, and D. C. Hopkins, "Thermomigration in Pb-Sn solder joints under joule heating during electric current stressing," Appl. Phys. Lett., 82, 1045-1047 (2003).

[6] A. T. Huang, A. M. Gusak, and K. N. Tu, "Thermomigration in SnPb composite flip chip solder joints," Appl. Phys. Lett., 88, 141911 (2006).

[7] Y. C. Chuang and C. Y. Liu, "Thermomigration in eutectic SnPb alloy," Appl. Phys. Lett., 88, 174105 (2006).

[8] Fan-yi Ouyang, K. N. Tu, Yi-Shao Lai, and Andriy M. Gusak, "Effect of entropy production on microstructure change in eutectic SnPb flip chip solder joints by thermomigration," Appl. Phys. Lett., 89, 221906 (2006).

附录 A　固体扩散机制中的空位扩散率

为了分析原子扩散率，我们需要考虑面心立方金属中的空位扩散机制。为建立分析模型，故作出如下假设：

（1）这是一个热激活的单分子过程。单分子过程意味着在扩散过程中我们仅需要考虑一个原子，且这是一个近平衡过程。这不像化学反应是一个双分子过程，正如岩盐的形成过程中包含了钠原子和氯原子的碰撞，这一过程远未达到平衡。

（2）这是一个缺陷调节过程。此处，缺陷指的是空位。

（3）激活状态遵循由转变态理论得到的玻尔兹曼平衡分布规律。因此，此处使用了玻尔兹曼分布函数。

（4）假设由于驱动力较小，反向跳跃的概率较大，因此必须考虑反向过程。换句话说，这个过程离平衡状态不远了。

（5）统计学上，原子扩散遵循随机游走的原则。

（6）远距离扩散需要一个驱动力。

平衡状态下，在一维构型中，原子试图以尝试频率 ν_0 越过势能势垒，以与邻近空位交换位置，如图 A.1 所示。根据玻尔兹曼分布，成功的或交换的跃迁频率可表示为

$$\nu = \nu_0 \exp\left(\frac{-\Delta G_m}{kT}\right)$$

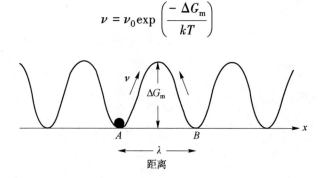

附图 A.1

式中，ν_0 为尝试频率；ν 为交换频率；ΔG_m 为鞍点能量（运动活化能）。

我们注意到，在相同尝试频率下存在反向跃迁。

现在考虑驱动力 F（等于图 A.2 中基准线的斜率），之后会讨论 F 的意义。正向跃迁的增量为

$$\nu^+ = \nu \exp\left(+\frac{\lambda F}{2kT}\right)$$

式中，λ 为跃迁距离。反向跃迁的减少量为

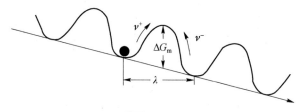

附图 A. 2

$$\nu^- = \nu\exp\left(-\frac{\lambda F}{2kT}\right)$$

频率为

$$\nu_n = \nu^+ - \nu^- = 2\nu\sin h\left(\frac{\lambda F}{2kT}\right)$$

此时，我们取线性化条件，即

$$\frac{\lambda F}{kT} \ll 1$$

则净跃迁频率 ν_n 与驱动力成线性正比关系：

$$\nu_n = \nu\frac{\lambda F}{kT}$$

我们可定义迁移速度

$$\nu = \lambda\nu_n = \frac{\nu\lambda^2}{kT}F$$

而原子通量 J（单位为单位面积单位时间内的原子数）可表达为

$$J = C\nu = \frac{C\nu\lambda^2}{kT}F$$

式中，$M = \nu\lambda^2/kT$ 为原子迁移量。则可知原子通量 J 与驱动力 F 成线性正比关系。驱动力一般定义为势梯度：

$$F = -\frac{\partial\mu}{\partial x}$$

在原子扩散中，此处 μ 是原子的化学势，恒温恒压环境下可定义为

$$\mu = \left(\frac{\partial G}{\partial C}\right)_{T, p}$$

其中，G 是吉布斯自由能，C 为浓度。对于理想的稀固溶体，

$$\mu = kT\ln C$$

$$F = -\frac{\partial\mu}{\partial C}\frac{\partial C}{\partial x} = -\frac{kT}{C}\frac{\partial C}{\partial x}$$

$$J = \frac{C\nu\lambda^2}{kT}F = \frac{C\nu\lambda^2}{kT}\left(-\frac{kT}{C}\frac{\partial C}{\partial x}\right) = -\nu\lambda^2\left(\frac{\partial C}{\partial x}\right) = -D\left(\frac{\partial C}{\partial x}\right)$$

因此，可得到菲克第一扩散定律：

$$\frac{J}{-\left(\frac{\partial C}{\partial x}\right)} = D = \nu\lambda^2$$

式中，D 为扩散系数，单位为 cm^2/sec。此外，$M = D/(kT)$。在上述推导过程中，如图 A.1 所示，我们假设扩散原子有一个邻近空位。对于晶格中的大多数原子而言，并不是如此，因此，我们必须把固体中原子有相邻空位的概率定义为

$$\frac{n_V}{n} = \exp\left(-\frac{\Delta G_f}{kT}\right)$$

式中，n_V 为固体中空位总数，n 为固体中晶格位置的总数，ΔG_f 为空位形成的吉布斯自由能。由于在面心立方金属中，一个晶格原子有 12 个最近邻原子，一个特定原子拥有一个邻近空位的概率为

$$n_c \frac{n_V}{n} = n_c \exp\left(-\frac{\Delta G_f}{kT}\right) \quad n_c = 12$$

接下来，我们需要考虑面心立方晶格中的相关因子。相关因子的物理意义是反向跃迁的可能性；当原子与空位交换位置后，它有很高的概率在激活后的构型松弛前回到原来的位置。这个因子的范围在 0 和 1 之间，当 $f = 0$ 时，意味着反向跃迁的概率是 100%，此时原子和空位来回交换位置，而这不会导致随机游走，而是相关游走。当 $f = 1$ 时，意味着原子在跃迁后不会回到原来的位置，由于下一次跃迁与原子附近出现空位的随机概率有关，因此这是一个随机游走过程。在面心立方金属中，$f = 0.78$，因此，几乎 80% 的跃迁都属于随机游走，而大约 20% 的跃迁为相关游走。最后，可得扩散率为

$$D = f n_c a^2 \nu_0 \exp\left(-\frac{\Delta G_m + \Delta G_f}{kT}\right)$$

$$D = f n_c \lambda^2 \nu_0 \exp\left(\frac{\Delta S_m + \Delta S_f}{k}\right) \exp\left(-\frac{\Delta H_m + \Delta H_f}{kT}\right) = D_0 \exp\left[-\frac{\Delta H}{kT}\right]$$

附录 B 析出物的生长与熟化方程

一组析出物的分布函数可通过求解尺寸空间中的连续性方程获得：

$$\frac{\partial f}{\partial t} = \nu \, \frac{\partial f}{\partial x}$$

式中，f 为析出物的尺寸分布函数，ν 为析出物的生长/溶解速率。为了求解连续性方程，第一步是得出生长/溶解速率。在该附录中，我们可推导出球形析出物的速率。当析出物的直径为纳米尺度时，像在 LSW 熟化理论中一样考虑曲率的吉布斯–汤姆逊势十分重要。换言之，界面处析出物/基体处的平衡浓度与半径存在函数关系。当析出物直径大时，我们假设平衡浓度为常数，与半径无关。

B.1 偏析动力学

我们先考虑球形颗粒或析出物的生长或溶解过程。以 R 为变量，球坐标系下的扩散方程（假设为稳态）为

$$\frac{\partial^2 C}{\partial R^2} + \frac{2}{R} \, \frac{\partial C}{\partial r} = 0$$

解为

$$C = \frac{b}{R} + d \tag{B.1}$$

边界条件为

当 $R = r_0$，$C = C_0$ 时，有 $C_0 = \dfrac{b}{r_0} + d$ $\hspace{3cm}$ (B.2)

当 $R = r$，$C = C_r$ 时，有 $C_r = \dfrac{b}{r} + d$ $\hspace{3.5cm}$ (B.3)

若取上述两个等式的差值，可得

$$C_r - C_0 = b\left(\frac{1}{r} - \frac{1}{r_0}\right) = b\,\frac{r_0 - r}{r r_0} \cong \frac{b}{r} \,, \text{ 其中 } r_0 \gg r \tag{B.4}$$

这是一个很重要的假设。这意味着析出物彼此间距离很远。注意如果我们取体积分数 f，即析出物颗粒的体积与扩散区域的体积比或析出相总体积与基体总体积的比则可表示为

$$f = \frac{\dfrac{4\pi}{3} r^3}{\dfrac{4\pi}{3} r_0{}^3} = \frac{r^3}{r_0{}^3} \to 0$$

这是一个很小的值，$f \to 0$。（这是在 LSW 熟化理论中很重要的一个假设，之后会讨论到。）

故有 $b = r(C_r - C_0)$。将 b 代入式（B.3）中，可得

$$C_r = \frac{r(C_r - C_0)}{r} + d \tag{B.5}$$

同时，有 $d = C_0$，则式（B.1）可转变为

$$C(R) = \frac{(C_r - C_0)r}{R} + C_0 \tag{B.6}$$

因此，

$$\frac{dC}{dR} = -\frac{(C_r - C_0)r}{R^2}$$

对于半径为 r 的颗粒而言，在颗粒/基体界面处，或当 $R = r$ 时，有

$$\frac{dC}{dR} = -\frac{C_r - C_0}{r} \tag{B.7}$$

而到达界面处的原子通量为

$$J = +D\frac{\partial C}{\partial R} = \frac{D(C_0 - C_r)}{r}, \quad \text{此时 } R = r \tag{B.8}$$

注意：当 $C_r > C_0$，$J < 0$ 时，净通量是指向析出物颗粒的，因此，析出物会生长。当 $C_r < C_0$，$J > 0$ 时，净通量方向远离析出物颗粒，故析出物颗粒溶解。

B.2　假设 C_r 为常数时球形颗粒的生长速率

如果 Ω 是原子体积，在 dt 时间内，球形颗粒增加的体积为

$$\Omega J A dt = \Omega J 4\pi r^2 dt = 4\pi r^2 dr$$

式中，最后一个式子是由于生长所带来的球壳增量。因此，

$$\frac{dr}{dt} = \Omega J = \frac{\Omega D(C_0 - C_r)}{r} \tag{B.9}$$

B.2.1　案例 1：析出物的生长

通过积分和假设，当 $t = 0$，$r = 0$ 时

$$r^2 = 2\Omega D(C_0 - C_r)t \tag{B.10}$$

此处需注意，如果我们按照 Ham 的方法，取 C_r 为常数，则它不是吉布斯-汤姆逊方程所给出的 r 的函数。从上述等式可知，$r \cong t^{\frac{1}{2}}$，$r^3 \cong t^{\frac{3}{2}}$。或者可得

$$r^3 = \left[2\Omega D(C_0 - C_r)t\right]^{\frac{3}{2}} \tag{B.11}$$

B.2.2　案例 2：基体中浓度的消耗（考虑平均场）

另一方面，我们考虑基体中平均浓度由于析出物形成的损耗，$\Delta\bar{C} = C_0 - \bar{C}$，其中基体中平均浓度为 $\bar{C}$，可视为 "平均场" 浓度（平均场理论中的概念）。开始时，平均浓度为

C_0，随后由于析出物生长，平均浓度变为 $\bar{C}$。

令 $1/\Omega = C_p$ 为固态析出物的浓度，则根据质量守恒，可简单得到

$$\frac{4\pi}{3} r_0^3 (C_0 - \bar{C}) = \frac{4\pi}{3} r^3 \frac{1}{\Omega} = \frac{4\pi}{3\Omega} \left[2\Omega D (C_0 - C_r) t \right]^{\frac{3}{2}} \tag{B.12}$$

$$\bar{C} = C_0 - \left[\frac{2D(C_0 - C_r)\Omega^{1/3}}{r_0^2} t \right]^{3/2} = C_0 - \left[\frac{2Bt}{3} \right]^{\frac{3}{2}} \tag{B.13}$$

式中，

$$B \equiv \frac{3D(C_0 - C_r)}{C_0^{1/3} r_0^2}$$

B.2.3　案例3：同时考虑析出物的生长与基体的消耗

我们可通过一种略微不同的方式推导出上述最后一个等式。析出物的生长会减少基体中的浓度。时间 Δt 内，溶质原子向析出物中扩散的数量为：

$$J(r) 4\pi r^2 \Delta t = 原子数$$

它应该等于半径为 r_0 扩散球体积中平均浓度的减少量。因此，如果取基体中平均浓度为 $\bar{C}$，则

$$\frac{4\pi r_0^3}{3} \Delta \bar{C} = J(r) 4\pi r^2 \Delta t$$

或者，我们有

$$\frac{\Delta \bar{C}}{\Delta t} = \frac{3}{4\pi r_0^3} 4\pi r^2 J(r) = -\frac{3D}{r_0^3} (C_0 - C_r) r \tag{B.14}$$

根据质量守恒，则

$$\frac{4\pi}{3} r_0^3 (C_0 - C_r) = \frac{4\pi}{3} r^3 C_p \tag{B.15}$$

式中，C_p 为固体析出物溶质的浓度，且 $C_p = 1/\Omega$。

因此，

$$r = r_0 \left(\frac{C_0 - \bar{C}}{C_p} \right)^{\frac{1}{3}} \tag{B.16}$$

把 r 代入上述速率方程，则有

$$\frac{\Delta \bar{C}}{\Delta t} = -\frac{3D}{r_0^2} (C_0 - C_r) \frac{1}{C_p^{\frac{1}{3}}} (C_0 - \bar{C})^{\frac{1}{3}} \tag{B.17}$$

令

$$B \equiv \frac{3D(C_0 - C_r)}{C_p^{\frac{1}{3}} r_0^2}$$

故有

$$\frac{d\bar{C}}{dt} = -B (C_0 - \bar{C})^{\frac{1}{3}}$$

通过推导，我们可获得

$$-\frac{3}{2}(C_0 - \overline{C})^{\frac{2}{3}} = -Bt + \beta$$

当 $t = 0$，$C_0 = \overline{C}$ 时，$\beta = 0$，

因此，我们有溶质

$$\overline{C} = C_0 - \left(\frac{2Bt}{3}\right)^{3/2} \tag{B.18}$$

这与我们所获得的公式一致。因此，有

当三维方向生长时，$C_0 - \overline{C} \cong t^{\frac{3}{2}}$。

令

$$\overline{C} = C_0\left[1 - \left(\frac{2Bt}{3\,C_0^{\frac{2}{3}}}\right)^{\frac{3}{2}}\right] = C_0\left[1 - \left(\frac{t}{\tau}\right)^{\frac{3}{2}}\right] = C_0\exp\left(-\left(\frac{t}{\tau}\right)^{\frac{3}{2}}\right) \tag{B.19}$$

若假设 $t \ll \tau$，其中

$$\tau = \frac{C_p^{\frac{1}{3}} r_0^2 C_0^{\frac{2}{3}}}{2D(C_0 - C_r)} \cong \frac{r_0^2}{2D}\left(\frac{C_p}{C_0}\right)^{\frac{1}{3}} \tag{B.20}$$

通常，D，C_p，C_0 已知，因此我们可设计试验来控制析出物的生长。

B.3 吉布斯–汤姆逊势：表面曲率的影响

考虑半径为 r 的球状物及单位面积 γ 的表面能。由于球状物趋向于收缩以减小表面能，因此表面能对球体施加一个压力。压力为

$$p = \frac{F}{A} = \frac{-\dfrac{dE}{dr}}{A} = \frac{-\dfrac{d4\pi r^2 \gamma}{dr}}{4\pi r^2} = -\frac{8\pi r\gamma}{4\pi r^2} = -\frac{2\gamma}{r} \tag{B.21}$$

如果我们用原子体积 Ω 乘 p，则可得到化学势：

$$\mu_r = -\frac{2\gamma\Omega}{r} \tag{B.22}$$

这被称为因表面曲率而得到的吉布斯–汤姆逊势。我们注意到这不只是析出物表面原子的势，而是析出物所有原子的表面能。我们可以看到对于平坦平面而言，$r = \infty$，$\mu_\infty = 0$，因此有

$$\mu_r - \mu_\infty = \frac{2\gamma\Omega}{r} \tag{B.23}$$

接下来，我们将利用这个势来确定曲率对溶解度的影响。当我们考虑合金 $\alpha = A(B)$，其中 B 为溶剂 A 中的溶质。在温度 T 时，B 会析出。我们考虑 B 的两种析出物，其中一种比另一种大，则 B 在大分子附近的溶解度小于在小分子周围的溶解度。如果我们令 X 为溶解度，则有

$$X_\infty < X_{\text{large}} < X_{\text{small}}$$

将溶解度与吉布斯–汤姆逊势相联系，则有 B 化学势关于半径的函数，即

$$\mu_{B,r} - \mu_{B,\infty} = \frac{2\gamma\Omega}{r} \tag{B.24}$$

式中，γ 为析出物与基体之间的表面能。若定义 B 的标准状态为纯 B，$r = \infty$，则有

$$\mu_{B,r} = \mu_{B,\infty} + RT\ln a_B \tag{B.25}$$

式中，a_B 为活性。根据亨利定律，则

$$a_B = kX_{B,r}$$

式中，$X_{B,r}$ 为 B 在半径为 r 的析出物旁的溶解度。当 $r = \infty$ 时，

$$\mu_{B,\infty} = \mu_{B,\infty} + RT\ln a_B$$

这表明，$RT\ln a_B = 0$ 或 $a_B = 1$。因此，$k = 1/X_{B,\infty}$。所以，

$$\mu_{B,r} = \mu_{B,\infty} + RT\ln\frac{X_{B,r}}{X_{B,\infty}} \tag{B.26}$$

因此，

$$\ln\frac{X_{B,r}}{X_{B,\infty}} = \frac{\mu_{B,r} - \mu_{B,\infty}}{RT} = \frac{2\gamma\Omega}{rRT}$$

或者，若考虑用 kT 代替 RT，则有

$$X_{B,r} = X_{B,\infty}\exp\left(\frac{2\gamma\Omega}{rkT}\right) \tag{B.27}$$

B.4　曲率对溶解性的影响（熟化）

溶质 B 在半径为 r 的球形粒子周围的溶解度可由下公式计算得到：

$$X_{B,r} = X_{B,\infty}\exp\left(\frac{2\gamma\Omega}{rkT}\right)$$

式中，$r = \infty$ 时，指数等于1。因此，当 r 减小时，$X_{B,r}$ 增大。现在，我们用 C_r 取代 $X_{B,r}$，用 C_∞ 取代 $X_{B,\infty}$，即可得到平面上平衡浓度的表达式，即为

$$C_r = C_\infty\exp\left(\frac{2\gamma\Omega}{rkT}\right) \tag{B.28}$$

若 $2\gamma\Omega \ll rkT$，则有

$$C_r = C_\infty\left(1 + \frac{2\gamma\Omega}{rkT}\right)$$

$$C_r - C_\infty = \frac{2\gamma\Omega C_\infty}{rkT} = \frac{\alpha}{r} \tag{B.29}$$

式中，$\alpha = \frac{2\gamma\Omega}{kT}C_\infty$，

$$C_r = C_\infty + \frac{\alpha}{r} \tag{B.30}$$

因此，C_r 不是常数，而是一个关于 r 的函数。现在，我们将 C_r 代入生长方程 $\frac{\mathrm{d}r}{\mathrm{d}t} = \Omega J = \frac{\Omega D(C_0 - C_r)}{r}$ 中，则有

$$\frac{\mathrm{d}r}{\mathrm{d}t} = \frac{\Omega D}{r}\left(C_0 - C_\infty - \frac{\alpha}{r}\right) \qquad (B.31)$$

此处应注意 $C_0 - C_\infty > 0$ 始终成立。我们可定义临界半径 r^* 为

$$C_0 - C_\infty = \frac{\alpha}{r^*}$$

因此，可得

$$\frac{\mathrm{d}r}{\mathrm{d}t} = \frac{\alpha\Omega D}{r}\left(\frac{1}{r^*} - \frac{1}{r}\right) \qquad (B.32)$$

参数 r^* 可定义为：

$r > r^*$，$\dfrac{\mathrm{d}r}{\mathrm{d}t} > 0$ 析出物颗粒在生长。

$r < r^*$，$\dfrac{\mathrm{d}r}{\mathrm{d}t} < 0$ 析出物颗粒在溶解。

$r = r^*$，$\dfrac{\mathrm{d}r}{\mathrm{d}t} = 0$ 析出物颗粒达到一种平衡状态。界面处浓度为 $\overline{C}$，或 $C_{r^*} = \overline{C}$。

在熟化过程中，大粒子的生长是以小粒子的牺牲为代价的。它会达到一个颗粒尺寸的动态平衡分布。这个分布函数可通过在尺寸空间中推导连续性方程得到。得到 $\mathrm{d}r/\mathrm{d}t$，即是 LSW 熟化理论的开端。

附录 C 电子风力亨廷顿模型的推导

接下来，我们给出了电子风力亨廷顿模型的假设和逐步推导。

（1）考虑是半经典的。每个电子被视为一组波或布洛赫波，其平均波矢量为 $\boldsymbol{k}$，群速度为 $\overline{V}=\dfrac{1}{\hbar}\dfrac{\partial E(\overline{k})}{\partial \overline{k}}$，其中，函数 $E(\overline{k})$ 可从电子带理论（色散定律）中找到。对于自由电子而言，$E(\overline{k})=\dfrac{\hbar^2 \boldsymbol{k}^2}{2m^*}$，对于导带底部的电子而言，$E(\overline{k})=E_{\min}+\dfrac{\hbar^2 \boldsymbol{k}^2}{2m_0}$，其中 $m^*=\hbar^2\left(\dfrac{\partial^2 E}{\partial \boldsymbol{k}^2}\right)^{-1}$ 是有效电子质量。我们注意到，$\dfrac{\partial E}{\partial \boldsymbol{k}}$ 意味着 $\boldsymbol{k}$ 系空间内的梯度，如具有分量 $\dfrac{\partial E}{\partial k_x}$、$\dfrac{\partial E}{\partial k_y}$、$\dfrac{\partial E}{\partial k_z}$ 的矢量。

对于布洛赫波而言，根据布洛赫理论，我们回想一下，每个独立电子在周期势 $U(\overline{r}+\overline{R})=U(\overline{r})$ 及 $\overline{R}=n_1 \overline{a}_1+n_2 \overline{a}_2+n_3 \overline{a}_3$ 中的量子态可由平面波和周期函数的乘积描述，$\varPsi_{\hbar\overline{k}}(\overline{r})=\mathrm{e}^{\mathrm{i}\overline{k}\overline{r}}W_{\hbar\overline{k}}(\overline{r})$，其中，$W_{\hbar\overline{k}}(\overline{r}+\overline{R})=W_{\hbar\overline{k}}(\overline{r})$，且 n 为波段指数。

（2）$\dfrac{1}{\hbar}\left(\dfrac{\partial E}{\partial \overline{k}'}-\dfrac{\partial E}{\partial \overline{k}}\right)=\overline{V}'-\overline{V}$ 是电子群速度由于散射的改变量。

（3）$-\dfrac{m_0}{\hbar}\left(\dfrac{\partial E}{\partial k_x'}-\dfrac{\partial E}{\partial k_x}\right)=-(p_x'-p_x)$ 是沿 x 轴的动量，在上述提到的个别散射过程中会转移到缺陷。

（4）$f(\overline{k})$ 是量子态 $\overline{k}$ 被一些电子占据的概率。k 空间中具有"k 体积"的量子单元可由 $\Omega=\dfrac{2\overline{\mu}}{L_x}\cdot\dfrac{2\overline{\mu}}{L_y}\cdot\dfrac{2\overline{\mu}}{L_z}=\dfrac{8\pi^3}{V}$ 表示，其中 V 为真实的总体积。在平衡态下时，$f_0=\dfrac{1}{\mathrm{e}^{\frac{E-\mu}{kT}}+1}$。（费米-狄拉克分布）

（5）$1-f(\overline{k}')$ 是量子态 $\overline{k}'$ 在散射过程前处于自由状态或不被占据的概率，因此，泡利不相容原理不仅指 $\overline{k}\to\overline{k}'$ 的转变。

（6）$W_\mathrm{d}(\overline{k}\to\overline{k}')$ 是单位时间内转变的概率，这意味着如果 $\mathrm{d}t\ll\tau_\mathrm{d}$，则 $W_\mathrm{d}\mathrm{d}t$ 是 $\mathrm{d}t$ 时间内转变的概率。

（7）根据泡利原理，$\boldsymbol{k}$ 空间中每一个量子单元 $\left(\Omega=\dfrac{8\pi^3}{V}\right)$ 可以最多包容两个旋转方向相反的电子，因此，每个电子的 $\boldsymbol{k}$ 体积为 $\dfrac{\Omega}{2}=\dfrac{4\pi^3}{V}$。

（8）现在我们考虑单位体积 $V = 1\ \mathrm{m}^3$。

（9）"初级" $\boldsymbol{k}$ 体积 $d_k^3 = \mathrm{d}k_x\mathrm{d}k_y\mathrm{d}k_z$ 中可能的电子态数为 $\dfrac{\mathrm{d}^3\boldsymbol{k}}{\dfrac{\Omega}{2}} = \dfrac{\mathrm{d}^3\boldsymbol{k}}{4\pi^3}$。初级 $\boldsymbol{k}$ 体积物理上

极小。

（10）单位体积 $V = 1\ \mathrm{m}^3$、单位时间内从电子转移到缺陷的沿 x 轴的动量 M_x 可表示为

$$-\iint \frac{\mathrm{d}^3\boldsymbol{k}}{4\pi^3}\frac{\mathrm{d}^3\boldsymbol{k}'}{4\pi^3}(p_x' - p_x)f(\bar{\boldsymbol{k}})(1 - f(\bar{\boldsymbol{k}'}))W_\mathrm{d}(\bar{\boldsymbol{k}},\bar{\boldsymbol{k}'})$$

或者

$$\frac{\mathrm{d}M_x}{\mathrm{d}t} = -\left(\frac{1}{4\pi^3}\right)^2\iint \frac{m_0}{\hbar}\left(\frac{\partial E}{\partial k_x'} - \frac{\partial E}{\partial k_x}\right)f(\bar{\boldsymbol{k}})(1 - f(\bar{\boldsymbol{k}'}))W_\mathrm{d}(\bar{\boldsymbol{k}},\bar{\boldsymbol{k}'})\mathrm{d}^3\boldsymbol{k}'\mathrm{d}^3\boldsymbol{k}$$

（11）我们将用两个积分来表示上述最后一个方程：

$$\frac{\mathrm{d}M_x}{\mathrm{d}t} = I_1 + I_2$$

式中，

$$I_1 = -\left(\frac{1}{4\pi^3}\right)^2\iint \frac{m_0}{\hbar}\frac{\partial E}{\partial k_x'}f(\bar{\boldsymbol{k}})(1 - f(\bar{\boldsymbol{k}'}))W_\mathrm{d}(\bar{\boldsymbol{k}},\bar{\boldsymbol{k}'})\mathrm{d}^3\boldsymbol{k}'\mathrm{d}^3\boldsymbol{k}$$

$$I_2 = -\left(\frac{1}{4\pi^3}\right)^2\iint \frac{m_0}{\hbar}\frac{\partial E}{\partial k_x}f(\bar{\boldsymbol{k}})(1 - f(\bar{\boldsymbol{k}'}))W_\mathrm{d}(\bar{\boldsymbol{k}},\bar{\boldsymbol{k}'})\mathrm{d}^3\boldsymbol{k}'\mathrm{d}^3\boldsymbol{k}$$

由于积分是变量 $\bar{\boldsymbol{k}}$ 和 $\bar{\boldsymbol{k}'}$ 的集合，所以我们可以把第一个积分中的变量替换为

$$I_1 = -\left(\frac{1}{4\pi^3}\right)^2\iint \frac{m_0}{\hbar}\frac{\partial E}{\partial k_x}f(\bar{\boldsymbol{k}'})(1 - f(\bar{\boldsymbol{k}}))W_\mathrm{d}(\bar{\boldsymbol{k}'},\bar{\boldsymbol{k}})\mathrm{d}^3\boldsymbol{k}'\mathrm{d}^3\boldsymbol{k}$$

因此，在 I_1 和 I_2 中，有相同的 $\dfrac{\partial E}{\partial k_x}$，因此，可有

$$\frac{\mathrm{d}M_x}{\mathrm{d}t} = (-I_2) - (-I_1)$$

$$= \left(\frac{1}{4\pi^3}\right)^2\iint \frac{m_0}{\hbar}\frac{\partial E}{\partial k_x}[f(\bar{\boldsymbol{k}'})(1 - f(\bar{\boldsymbol{k}}))W_\mathrm{d}(\bar{\boldsymbol{k}},\bar{\boldsymbol{k}'}) -$$

$$f(\bar{\boldsymbol{k}'})(1 - f(\bar{\boldsymbol{k}}))W_\mathrm{d}(\bar{\boldsymbol{k}'},\ \bar{\boldsymbol{k}})]\mathrm{d}^3\boldsymbol{k}'\mathrm{d}^3\boldsymbol{k} \qquad (\mathrm{C}.1)$$

（12）亨廷顿证明，为了简化最后一个方程的表达式，他使用了松弛时间的概念 τ_d。这一概念最初是在气体动力学玻尔兹曼方程的分析中引入的。在一定的近似下，对于平衡分布而言，分布函数的变化率可以表示为

$$\frac{\partial f(t,\ \bar{\boldsymbol{k}})}{\partial t} = \frac{1}{4\pi^3}\int\{f(\bar{\boldsymbol{k}})(1 - f(\bar{\boldsymbol{k}'}))W_\mathrm{d}(\bar{\boldsymbol{k}},\bar{\boldsymbol{k}'}) -$$

$$f(\bar{\boldsymbol{k}'})(1 - f(\bar{\boldsymbol{k}}))W_\mathrm{d}(\bar{\boldsymbol{k}'},\ \bar{\boldsymbol{k}})\}\mathrm{d}^3\boldsymbol{k}' - \frac{f(t,\bar{\boldsymbol{k}}) - f(\bar{\boldsymbol{k}})}{\tau_\mathrm{d}}$$

对于固定情况，$\dfrac{\partial f}{\partial t} = 0$，因此，

$$\frac{1}{4\pi^3}\int\{f(\overline{\boldsymbol{k}})(1-f(\overline{\boldsymbol{k}'}))W_{\mathrm{d}}(\overline{\boldsymbol{k}},\overline{\boldsymbol{k}'})-f(\overline{\boldsymbol{k}'})(1-f(\overline{\boldsymbol{k}}))W_{\mathrm{d}}(\overline{\boldsymbol{k}'},\overline{\boldsymbol{k}})\}\mathrm{d}^3\boldsymbol{k}'$$

$$=\frac{f(t,\overline{\boldsymbol{k}})-f(\overline{\boldsymbol{k}})}{\tau_{\mathrm{d}}} \tag{C.2}$$

在上述等式中，假设转变前的 $\overline{\boldsymbol{k}}$ 状态为原子填充状，$\overline{\boldsymbol{k}'}$ 为空位状态，则 $f(\overline{\boldsymbol{k}})(1-f(\overline{\boldsymbol{k}'}))\cdot$ $W_{\mathrm{d}}(\overline{\boldsymbol{k}},\overline{\boldsymbol{k}'})$ 是单位时间内 $\overline{\boldsymbol{k}}\rightarrow\overline{\boldsymbol{k}'}$ 转变的可能性。$f(\overline{\boldsymbol{k}'})(1-f(\overline{\boldsymbol{k}}))W_{\mathrm{d}}(\overline{\boldsymbol{k}'},\overline{\boldsymbol{k}})$ 则为单位时间内反向转变的可能性。

（13）通过将式（C.2）代入式（C.1）中，可得

$$\frac{\mathrm{d}M_x}{\mathrm{d}t}=\frac{1}{4\pi^3}\int\mathrm{d}^3k\frac{m_0}{\hbar}\frac{\partial E(\overline{\boldsymbol{k}})}{\partial k_x}\frac{f(\overline{\boldsymbol{k}})-f_0(\overline{\boldsymbol{k}})}{\tau_{\mathrm{d}}}$$

（14）令松弛时间与 $\overline{\boldsymbol{k}}$ 分离开，而 τ_{d} 为常数，则有

$$\frac{\mathrm{d}M_x}{\mathrm{d}t}=\frac{m_0}{\hbar\tau_{\mathrm{d}}}\frac{1}{4\pi^3}\int\mathrm{d}^3\boldsymbol{k}\frac{\partial E(\overline{\boldsymbol{k}})}{\partial k_x}f(\overline{\boldsymbol{k}})-\frac{m_0}{\hbar\tau_{\mathrm{d}}}\frac{1}{4\pi^3}\int\mathrm{d}^3\boldsymbol{k}\frac{\partial E(\overline{\boldsymbol{k}})}{\partial k_x}f_0(\overline{\boldsymbol{k}})$$

（15）显然，平衡态时电子的平均矢量速度为 0：

$$\overline{V_x}=\frac{1}{\hbar}\overline{\frac{\partial E}{\partial k_x}}\bigg|_{\mathrm{eq}}=\frac{1}{\hbar}\overline{\frac{\partial E}{\partial k_y}}\bigg|_{\mathrm{eq}}=\frac{1}{\hbar}\overline{\frac{\partial E}{\partial k_z}}\bigg|_{\mathrm{eq}}=0$$

因此，

$$\int\frac{\partial E}{\partial k_x}f_0(\overline{\boldsymbol{k}})\mathrm{d}^3\boldsymbol{k}=0$$

所以，

$$\frac{\mathrm{d}M_x}{\mathrm{d}t}=\frac{m_0}{\hbar\tau_{\mathrm{d}}}\frac{1}{4\pi^3}\int\frac{\partial E}{\partial k_x}f(\overline{\boldsymbol{k}})\mathrm{d}^3\boldsymbol{k} \tag{C.3}$$

（16）为了将动量变化和力联系起来，我们用下式来表示电流密度：

$$j_x=(-e)n\overline{V_x}=(-e)\int\frac{\mathrm{d}^3\boldsymbol{k}}{4\pi^3}f(\overline{\boldsymbol{k}})\cdot\frac{1}{\hbar}\frac{\partial E(\overline{\boldsymbol{k}})}{\partial k_x} \tag{C.4}$$

式中，$n=\int\frac{\mathrm{d}^3\boldsymbol{k}}{4\pi^3}f(\overline{\boldsymbol{k}})$ 为单位体积 $\mathrm{d}^3\boldsymbol{k}$ 中 $\overline{\boldsymbol{k}}$ 状态的电子。确实，$\frac{\mathrm{d}^3\boldsymbol{k}}{4\pi^3}$ 是 $\boldsymbol{k}$ 空间中 $\mathrm{d}^3\boldsymbol{k}$ 体积中 "单电子晶胞" 的数量，而 $f(\overline{\boldsymbol{k}})$ 是晶胞的聚集。

（17）结合式（C.3）和式（C.4），我们可得到

$$\frac{\mathrm{d}M_x}{\mathrm{d}t}=-\frac{j_x m_0}{e\tau_{\mathrm{d}}} \tag{C.5}$$

这是沿 x 方向，单位时间单位体积内传递给缺陷（扩散的原子）的动量改变量。

（18）令 N_{d} 表示缺陷密度（单位体积内的缺陷数），则根据牛顿第二定律，由电子风力导致的作用于一个缺陷上的力可表示为

$$F_x=\frac{1}{N_{\mathrm{d}}}\frac{\mathrm{d}M_x}{\mathrm{d}t}=-\frac{j_x m_0}{e\tau_{\mathrm{d}}N_{\mathrm{d}}} \tag{C.6}$$

当原子跳跃过程中缺陷参与多次碰撞时，这个力有一个明确的物理意义。一次成功跳跃

的特征时间与德拜时间的顺序一致，$\tau_{\text{Debye}} \sim 10^{-13}\text{s}$。因此，为了使式（C.6）合理，必须使散射频率 ν_{scatter} 和德拜时间的乘积比单位数小得多：

$$\nu_{\text{scatter}} \approx \frac{kT}{\varepsilon_{\text{p}}}\frac{V_{\text{F}}}{l}$$

式中，l 为电子在缺陷周围的平均自由路径长度；V_{F}/l 为"可能"碰撞的频率；$kT/\varepsilon_{\text{p}}$ 为根据泡利原理，能够被散射的电子的比例。

$l = \dfrac{1}{n\sigma}$，其中 σ 为横截面，大约为 10^{-19}m^2（根据亨廷顿估计）。

$$n \sim 10^{29}\text{m}^{-3}\left(n_{\text{ex}} \approx \frac{kT}{\varepsilon_{\text{p}}}n \approx 10^{27}\text{m}^{-3}\right),\quad \frac{kT}{\varepsilon_{\text{p}}} \approx 10^{-2},\quad V_{\text{F}} = \frac{\hbar k_{\text{F}}}{m_0} \approx 10^6\text{m/s}$$

因此，$\nu_{\text{scatter}} \approx 10^{-1} \times 10^6 n\sigma \approx 10^{-2} \times 10^6 \times 10^{29} \times 10^{-19} \approx 10^{-14}\text{s}^{-1}$。

所以，$\nu_{\text{scatter}}\tau_{\text{Debye}} \approx 10 \gg 1$。

（19）依据电场，可变换式（C.6）：$j_x = \dfrac{\varepsilon_x}{\rho}$，其中 ρ 是金属的平均电阻。根据 Drude Lorentz Sommerfeld 模型，一个金属的电阻 ρ 可以表示为

$$\rho = \frac{|m^*|}{ne^2\tau}$$

式中，$m^* = \dfrac{\hbar^2}{\dfrac{\partial^2 E}{\partial k^2}}$ 为有效电子质量。

亨廷顿使用同样的表达式来表示缺陷的电阻：

$$\rho_{\text{d}} = \frac{|m^*|}{ne^2 \tau_{\text{d}}}$$

因此，我们有 $\tau_{\text{d}} = \dfrac{|m^*|}{ne^2 \rho_{\text{d}}}$

因此，从式（C.6）可获得

$$F_x = -\frac{\varepsilon_x}{\rho}\frac{m_0}{eN_{\text{d}}}\frac{ne^2 \rho_{\text{d}}}{|m^*|} = -\left(\frac{m_0}{|m|}\frac{ZN\rho_{\text{d}}}{N_{\text{d}}\rho}\right)e\,\varepsilon_x \tag{C.7}$$

式中，N 是离子密度；Z 是化合价，$n = ZN$。

因此，我们可以得到有效电荷为

$$Q^* = -Z^*e,\quad \text{其中，}\quad Z^* = \frac{m_0}{|m^*|}\frac{ZN\rho_{\text{d}}}{N_{\text{d}}\rho} = Z\frac{m_0}{|m^*|}\frac{\dfrac{\rho_{\text{d}}}{N_{\text{d}}}}{\dfrac{\rho}{N}}\text{。}$$

（20）现在，我们充分考虑这个事实，即 τ_{d}、ρ_{d}、F_x 会随着位置的变化而变化。很显然，在扩散鞍点时，它们会达到最小值。

假设 $F(y) = F_{\text{m}}\sin^2\left(\dfrac{\pi y}{d}\right)$，其中 y 不是 y 轴。相反，它是沿跳跃路径的一个坐标，通常与 x 轴不重合。势垒的做功或改变为

$$U_j = \int_0^{a_j/2} F(y)\,\mathrm{d}y = F_{\mathrm{m}}\cos\theta_j \int_0^{a/2} \sin^2\frac{\pi y}{a}\,\mathrm{d}y = \frac{a_j F_{\mathrm{m}}}{4}\cos\theta_j$$

在对所有可能的跳跃方向进行平均后，有

$$J_x = C\frac{D}{kT}\frac{1}{2}F_{\mathrm{m}}$$

因数 1/2 是来自如下积分：

$$\int_0^{a/2} \sin^2\frac{\pi y}{a}\,\mathrm{d}y = \frac{1}{2}\frac{a}{2}$$

（21）因此，我们最终可得到有效电荷数：

$$Z_{\mathrm{eff}}^* = \frac{1}{2}Z_{\max}^* - Z = Z\left(\frac{1}{2}\frac{m_0}{|m^*|}\frac{\dfrac{\rho_{\mathrm{d}}^{\max}}{N_{\mathrm{d}}}}{\dfrac{\rho}{N}} - 1\right)$$